建筑专业“十三五”规划教材

建筑材料

主 编 赵丹洋 刘 芳 孙艳杰
主 审 章银祥

西安电子科技大学出版社

内 容 简 介

本书是依据最新建筑工程技术标准、材料标准，按照高等人才培养目标以及专业教学改革的需要进行编写的。本书共分十章，主要内容包括建筑材料的基本性质、砂石材料、气硬性胶凝材料、水泥、混凝土、建筑砂浆、墙体材料、建筑钢材、木材和防水材料。

本书既可作为应用型本科院校、职业院校的教材，也可作为成教和辅导用书，还可供建筑工程施工现场相关技术和管理人员工作时参考。

图书在版编目(CIP)数据

建筑材料/赵丹洋，刘芳，孙艳杰主编. -- 西安　:西安电子科技大学出版社，2016.7

ISBN 978-7-5606-4200-0

Ⅰ. ①建…　Ⅱ. ①赵…　②刘…　③孙…　Ⅲ. ①建筑材料　Ⅳ. ①TU5

中国版本图书馆 CIP 数据核字（2016）第 171656 号

策　　划　罗建锋　章银武

责任编辑　李　文

出版发行　西安电子科技大学出版社（西安市太白南路 2 号）

电　　话　（010）56091798　（029）88201467　　邮　　编　710071

网　　址　www.xduph.com　　电子邮箱　xdupfxb001@163.com

经　　销　新华书店

印刷单位　三河市悦鑫印务有限公司

版　　次　2016 年 8 月第 1 版　2023 年 8 月第 2 次印刷

开　　本　787 毫米×1092 毫米　1/16　印　张　16.25

字　　数　336 千字

印　　数　3001～5000 册

定　　价　48.00 元

ISBN 978-7-5606-4200-0

XDUP4492001-1

前言

建筑业作为国家经济支柱产业之一迅速发展。目前全国各地已先后建造了一些具有重大意义的重点工程和一大批高层、超高层建筑，因此建筑材料的使用就显得越来越重要。建筑材料是土木工程和建筑工程中使用的材料的统称，是建筑工程的物质基础。

为了落实教育规划纲要，深化高等教育和职业教育的课程改革，使大学生具备社会所需要的就业能力，特组织专家和一线骨干教师编写了《建筑材料》一书。

本书系统介绍了土建工程施工所涉及的建筑材料的性质和应用知识，将建筑材料与工程应用紧密地联系在一起。本书编写的主导思想是针对应用型本科、职业教育学生，以理论够用为度，内容简明扼要，突出常用建筑材料的性能特点及其在工程中的应用；符合新规范、新标准和有关的技术法规；紧密切合大纲，重点突出。

本书共分十章，主要内容包括建筑材料的基本性质、砂石材料、气硬性胶凝材料、水泥、混凝土、建筑砂浆、墙体材料、建筑钢材、木材和防水材料等。

本书由湖北工业职业技术学院的赵丹洋、湖南高尔夫旅游职业学院的刘芳和黑龙江林业职业技术学院的孙艳杰担任主编，由北京建筑材料科学研究总院的章银祥担任主审。其中，赵丹洋编写了第一到第四章，刘芳编写了第五到第八章，孙艳杰编写了第六到第十章。本书的相关资料和售后服务可扫本书封底的微信二维码或登录 www.bjzzwh.com 下载获得。

本书在编写过程中借鉴了一些著作，作者在此表示感谢。书中难免有所疏漏，恳请读者谅解并提出宝贵意见，以便再版时修改和完善。

编　者

目 录

第一章　建筑材料的基本性质

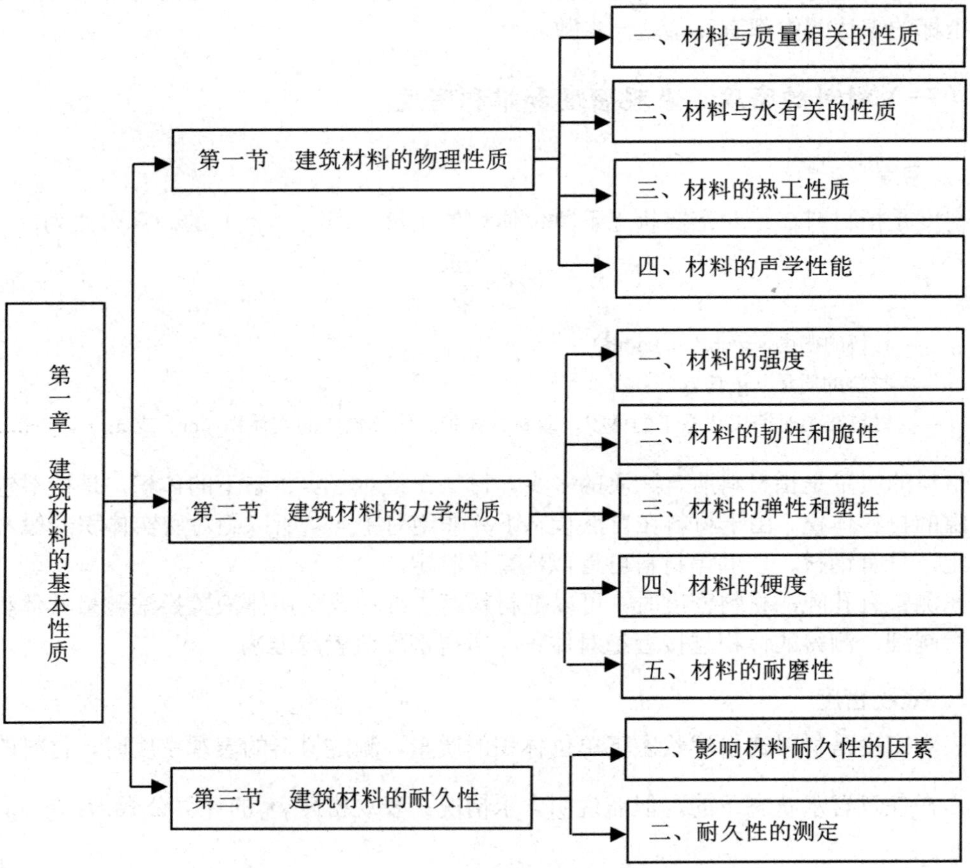

本章结构图

【学习目标】

- 掌握材料的基本物理性质和力学性能;
- 了解建筑材料的耐久性;
- 熟悉建筑材料的基本性质检测。

第一节　建筑材料的物理性质

一、材料与质量有关的性质

材料与质量有关的性质主要是指材料的各种密度和描述其孔隙与空隙状况的指标，在这些指标的表达式中都有质量这一参数。

（一）材料的密度、表观密度和堆积密度

1．密度

密度是指材料在绝对密实状态下单位体积的质量。密度（ρ）的计算公式为：

$$\rho = \frac{m}{V} \tag{1-1}$$

式中　ρ——材料的密度（g/cm^3 或 kg/m^3）；

m——材料的质量（g 或 kg）；

V——材料在绝对密实状态下的体积，即材料体积内固体物质的实体积（cm^3 或 m^3）。

材料的质量是指材料所含物质的多少。材料在绝对密实状态下的体积，是指不包括内部孔隙的材料体积。由于材料在自然状态下并非绝对密实，所以绝对密实体积一般难以直接测定，只有钢材、玻璃等材料可近似地直接测定。

在测定有孔隙的材料密度时，可以把材料磨成细粉或采用排液置换法测量其体积。材料磨得越细，测得的体积越接近绝对体积，所得密度值就越准确。

2．表观密度

表观密度是材料在自然状态下单位体积的质量，测定材料的表观密度时，材料的质量可以是在任意含水状态下的，但需说明含水情况。表观密度 ρ_0 的计算公式为：

$$\rho_0 = \frac{m}{V_0} \tag{1-2}$$

式中　ρ_0——材料的表观密度（kg/m^3 或 g/cm^3）；

m——在自然状态下材料的质量（kg 或 g）；

V_0——在自然状态下材料的体积（m^3 或 cm^3）。

在自然状态下，材料内部的孔隙可分为两类：有的孔之间相互连通，且与外界相通，称为开口孔；有的孔互相独立，不与外界相通，称为闭口孔。大多数材料在使用时，其体积是指包括内部所有孔在内的体积，即自然状态下的体积（V_0），如砖、石材、混凝土等。有的材料（如砂、石）在拌制混凝土时，因其内部的开口孔被水占据，材料体积只包括材料实体积及其闭口孔体积（以 V' 表示）。为了区别这两种情况，常将包括所有孔隙在内的

密度称为表观密度；把只包括闭口孔在内的密度称为视密度，用 ρ'表示，即 $\rho' = \dfrac{m}{V'}$。视密度当计算砂、石在混凝土中的实际体积时有实用意义。

在自然状态下，材料内部常含有水分，其质量随含水程度而改变，因此视密度应注明其含水程度。材料的视密度除取决于材料的密度及构造状态外，还与其含水程度有关。

3．堆积密度

堆积密度是指粉状、颗粒状材料在堆积状态下单位体积的质量，按下式计算：

$$\rho_0' = \frac{m}{V_0'} \tag{1-3}$$

式中　ρ_0'——材料的堆积密度（kg/m^3）；

m——材料的质量（kg）；

V_0'——材料的堆积体积（m^3）。

堆积体积包括固体物质所占体积、开口孔隙体积、闭口孔隙体积、颗粒之间的空隙体积，如图 1-1 所示。

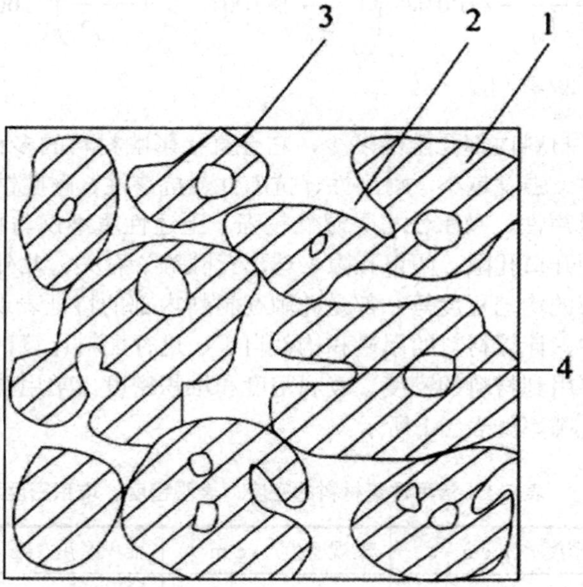

图 1-1　散粒材料堆积组成示意图

1—颗粒中的固体物质；2—颗粒的开口孔隙；3—颗粒的闭口孔隙；4—颗粒之间的空隙

散粒材料在自然状态下的体积，是指既含颗粒内部的孔隙，又含颗粒之间空隙在内的总体积。测定散粒材料的堆积密度时，材料的质量是指在一定容积的容器内的材料质量，其堆积体积是指所用容器的容积。若以捣实体积计算，则称紧密堆积密度。

（二）材料的密实度与孔隙率

1．密实度

密实度是指材料体积内被固体物质所充实的程度。密实度 D 的计算公式为：

$$D=\frac{V}{V_0}\times100\%=\frac{\rho_0}{\rho}\times100\% \tag{1-4}$$

式中 D——材料的密实度（%）；

V——材料中固体物质的体积（cm^3 或 m^3）；

V_0——在自然状态下的材料体积（包括内部孔隙体积，cm^3 或 m^3）；

ρ_0——材料的表观密度（g/cm^3 或 kg/m^3）；

ρ——材料的密度（g/cm^3 或 kg/m^3）。

2．孔隙率

孔隙率是指材料中孔隙体积所占整个体积的百分率。孔隙率 P 的计算公式为：

$$P=\frac{V_0-V}{V_0}\times100\%=\left(1-\frac{V}{V_0}\right)\times100\%=\left(1-\frac{\rho_0}{\rho}\right)\times100\%=1-D \tag{1-5}$$

式中 P——材料的孔隙率（%）。

孔隙率反映了材料内部孔隙的多少，它会直接影响材料的多种性质。若孔隙率越大，则材料的表观密度、强度越小，耐磨性、抗冻性、抗渗性、耐腐蚀性、耐水性及耐久性越差，而保温性、吸声性、吸水性与吸湿性越强。上述性质不仅与材料的孔隙率大小有关，还与孔隙特征（如开口孔隙、闭口孔隙、球形孔隙等）有关。此外，孔隙尺寸的大小、孔隙在材料内部分布的均匀程度等，都是孔隙在材料内部的特征表现。

在建筑工程中，计算材料的用量和构件自重，进行配料计算，确定材料堆放空间及组织运输时，经常要用到材料的密度、表观密度和堆积密度。常用建筑材料的密度、表观密度、堆积密度及孔隙率如表 1-1 所示。

表 1-1　常用建筑材料的密度、表观密度、堆积密度及孔隙率

材料名称	密度/（$g\cdot cm^{-3}$）	表观密度/（$kg\cdot m^{-3}$）	堆积密度/（$kg\cdot m^{-3}$）	孔隙率/（%）
石灰岩	2.60	1 800～2 600	—	0.6～1.5
花岗岩	2.60～2.90	2 500～2 800	—	0.5～1.0
碎石（石灰岩）	2.60	—	1 400～1 700	—
砂	2.60	—	1 450～1 650	—
水　泥	2.80～3.20	—	1 200～1 300	—
烧结普通砖	2.50～2.70	1 600～1 800	—	20～40
普通混凝土	2.60	2 100～2 600	—	5～20

续表

轻质混凝土	2.60	1 000～1 400	—	60～65
木　材	1.55	400～800	—	55～75
钢　材	7.85	7 850	—	—
泡沫塑料	—	20～50	—	95～99

（三）材料的填充率与空隙率

对于松散颗粒状态材料（如砂、石子等），可用填充率和空隙率表示其填充的疏松致密的程度。

1．填充率

填充率是指散粒状材料在堆积体积内被颗粒所填充的程度。填充率 D'的计算公式为：

$$D' = \frac{V_0}{V_0'} \times 100\% = \frac{\rho_0'}{\rho_0} \times 100\% \tag{1-6}$$

式中　D'——散粒状材料在堆积状态下的填充率（%）。

2．空隙率

空隙率是指散粒状材料在堆积体积内颗粒之间的空隙体积所占的百分率。空隙率 P'的计算公式为：

$$P' = \frac{V_0' - V_0}{V_0'} \times 100\% = \left(1 - \frac{V_0}{V_0'}\right) \times 100\% = \left(1 - \frac{\rho_0'}{\rho_0}\right) \times 100\% = 1 - D' \tag{1-7}$$

式中　P'——散粒状材料在堆积状态下的空隙率（%）。

空隙率考虑的是材料颗粒间的空隙，这对填充和黏结散粒材料时，研究散粒状材料的空隙结构和计算胶结材料的需要量十分重要。

（四）压实度

材料的压实度是指散粒状材料被压实的程度，即散粒状材料经压实后的干堆积密度 ρ' 值与该材料经充分压实后的干堆积密度 ρ_m' 值的比率百分数。压实度 K_y 的计算公式为：

$$K_y = \frac{\rho'}{\rho_m'} \times 100\% \tag{1-8}$$

式中　K_y ——散粒状材料的压实度（%）；

ρ' ——散粒状材料经压实后的实测干堆积密度（kg/m^3）；

ρ_m' ——散粒状材料经充分压实后的最大干堆积密度（kg/m^3）。

【案例 1】

经测定，质量为 3.4 kg，容积为 10 L 的量筒装满绝干石子后的总质量为 18.4 kg，若向量筒内注水，待石子吸水饱和后，为注满此筒共注入水 4.27 kg，将上述吸水饱和后的石子擦干表面后称得总质量为 18.6 kg（含筒重），求该石子的视密度、表观密度、堆积密度及开口孔隙率。

【解】由已知得：$V'_0=10$ L

$V_{开}=18.6-18.4=0.2$（L），$V_{开}+V_{空}=4.27$（L）

$V_{空}=4.27-0.2=4.07$（L），$V_0=10-4.07=5.93$（L）

$V'=V_0-V_{开}=5.93-0.2=5.73$（L）

视密度为：$$\rho'=\frac{m}{V'}=\frac{18.4-3.4}{5.73}=2.62\ (\text{g/cm}^3)$$

表观密度为：$$\rho_0=\frac{m}{V_0}=\frac{18.4-3.4}{5.93}=2.53\ (\text{g/cm}^3)$$

开口孔隙率为：$$P_k=\frac{m_2-m_1}{V_0}\times 100\%=\frac{18.6-18.4}{5.93}\times 100\%=3.37\%$$

堆积密度为：$$\rho'_0=\frac{m}{V'_0}=\frac{18.4-3.4}{10}=1.5\ (\text{g/cm}^3)$$

二、材料与水有关的性质

（一）亲水性与憎水性

（1）亲水性。材料能被水润湿的性质，称为亲水性。亲水性材料如砖、混凝土等。材料产生亲水性的原因是其与水接触时，材料与水分子之间的亲和力大于水分子之间的内聚力。

（2）憎水性。当材料与水接触，材料与水分子之间的亲和力小于水分子之间的内聚力时，材料则表现为憎水性。憎水性材料如沥青、石油等。

（3）润湿角。材料被水湿润的情况可用润湿角 θ 来表示。当材料与水接触时，在材料、水、空气三相的交界点，作沿水滴表面的切线，此切线与材料和水接触面的夹角 θ 称为润湿角，如图 1-2 所示。

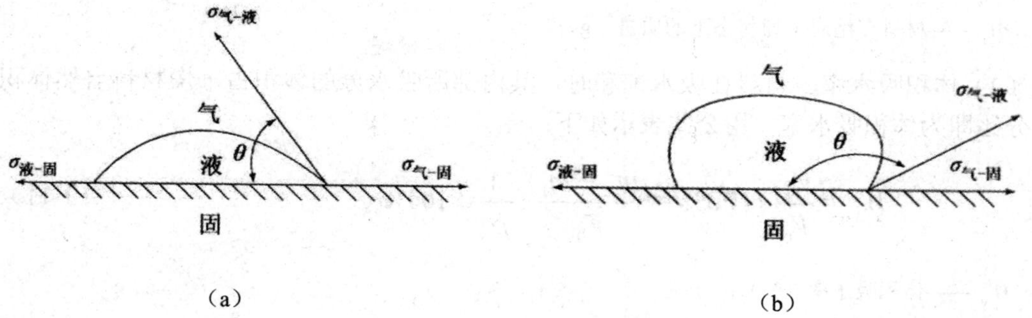

图 1-2　材料的亲水性与憎水性示意图

（a）亲水性材料；）b）憎水性材料

θ 角越小，表明材料越易被水润湿。当 $\theta<90°$时，材料表面吸附水，材料能被水润湿而表现出亲水性，这种材料称亲水性材料； 当 $\theta>90°$时，材料表面不吸附水，表现出憎水性，这种材料称憎水性材料；当 $\theta=0°$时，表明材料完全被水润湿。

上述概念也适用于其他液体对固体的润湿情况，相应称为亲液性材料和憎液性材料。

（二）材料的吸湿性与吸水性

1．吸湿性

材料在潮湿空气中吸收水分的性质称为吸湿性。潮湿材料在干燥的空气中也会放出水分，称为还湿性。材料的吸湿性用含水率表示。

含水率是指材料内部所含水的质量占材料干燥质量的百分比，用公式表示为：

$$W=\frac{m_k-m_1}{m_1}\times100\% \qquad (1\text{-}9)$$

式中　W——材料的含水率（%）；

m_k——材料吸湿后的质量（g）；

m_1——材料在绝对干燥状态下的质量（g）。

2．吸水性

材料在水中能吸收水分的性质称吸水性。材料的吸水性用吸水率表示，有质量吸水率与体积吸水率两种表示方法。

（1）质量吸水率。材料在吸水饱和时，内部所吸水分的质量占材料干燥质量的百分比即为质量吸水率，用如下公式计算：

$$W_w=\frac{m_2-m_1}{m_1}\times100\% \qquad (1\text{-}10)$$

式中　W_w——质量吸水率（%）；

m_2——材料在吸水饱和状态下的质量（g）；

m_1——材料在绝对干燥状态下的质量（g）。

（2）体积吸水率。材料在吸水饱和时，其内部所吸水分的体积占干燥材料自然体积的百分比即为体积吸水率，用公式表示如下：

$$W_v = \frac{V_w}{V_0} \times 100\% = \frac{m_2 - m_1}{V_0} \cdot \frac{1}{\rho_w} \times 100\% \tag{1-11}$$

式中 W_v——体积吸水率（%）；

V_w——材料所吸收水分的体积（cm^3）；

ρ_w——水的密度，常温下可取 1 g/cm^3。

【案例 2】

某建筑工程使用的砌筑用砖干燥时表观密度为 1 900 kg/m^3，密度为 2.5 g/cm^3，质量吸水率为 10%。求：

（1）该砖的孔隙率是多少？

（2）该砖的体积吸水率为多少？

【解】已知条件：ρ_0 = 1 900 kg/m^3，ρ = 2.5 g/cm^3，W_w = 10%。求：P、W_v。

$$P = \frac{V_0 - V}{V_0} \times 100\% = \left(1 - \frac{\rho_0}{\rho}\right) \times 100\% = \left(1 - \frac{1.9}{2.5}\right) \times 100\% = 24\%$$

V_0 为自然状态下体积，V 为实际体积。

$$W_v = W_w \times \rho_0 = 10\% \times 1.9 = 19\%$$

（三）材料的耐水性

材料长期在水的作用下不被损坏，其强度也不显著降低的性质称为耐水性。材料含水后，将会以不同方式来减弱其内部结合力，使强度产生不同程度的降低。材料的耐水性用软化系数表示为：

$$K = \frac{f_1}{f} \tag{1-12}$$

式中 K——材料的软化系数；

f_1——材料在吸水饱和状态下的抗压强度（MPa）；

f——材料在干燥状态下的抗压强度（MPa）。

（四）材料的抗渗性

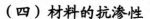

抗渗性是指材料抵抗压力水或其他液体渗透的性质。地下建筑物、水工建筑物或屋面材料都需要具有足够的抗渗性，以防出现渗水、漏水现象。

抗渗性可用渗透系数表示。根据水力学的渗透定律，在一定的时间 t 内，透过材料试件的水量 Q 与渗水面积 A 及材料两侧的水头差 H 成正比，与试件厚度 d 成反比，而其比例数 k 即定义为渗透系数。

由 $Q=k\cdot\frac{HAt}{d}$ 可得：

$$k=\frac{Qd}{HAt} \tag{1-13}$$

式中　Q——透过材料试件的水量（cm^3）；

H——水头差（cm）；

A——渗水面积（cm^2）；

d——试件厚度（cm）；

t——渗水时间（h）；

k——渗透系数（cm/h）。

材料的抗渗性也可用抗渗等级 P 表示，即在标准试验条件下，材料的最大渗水压力（MPa）。如抗渗等级为P6，表示该种材料的最大渗水压力为0.6 MPa。

（五）材料的抗冻性

材料在吸水饱和状态下能经受多次冻融循环作用而不被破坏，强度不显著降低，且其质量也不显著减小的性质称为抗冻性。通常，将经过水饱和的材料试件在 - 15℃的温度冻结后，再在 20 ℃的水中融化，这样的一个过程称为一次冻融循环。将材料所能经受的冻融循环次数作为评价抗冻性的指标，称为抗冻等级。例如，F25、F50、F75、F100 分别表示材料经受 25 次、50 次、75 次、100 次冻融循环，而未超过规定的损失程度。

材料遭受冻融破坏，主要是侵入材料孔隙的水结冰产生的膨胀应力以及冻融时的温度应力产生的破坏作用。抗冻性良好的材料对于经受温度变化、干湿交替等破坏作用的性能也较强。所以，抗冻性常作为评价材料耐久性的一个重要指标。

三、材料的热工性质

在建筑物中，建筑材料除需要满足强度及其他性能的要求外，还需要具有良好的热工性质，使室内维持一定的温度，为生产、工作及生活创造适宜的条件，并节约建筑物的使用能耗。建筑材料的热工性质有导热性、热容量、比热、耐燃性和耐火性等。

（一）材料的导热性

导热性是指材料传导热量的能力。材料导热能力的大小可用导热系数 λ 表示。导热系数的计算公式为：

$$\lambda=\frac{Qd}{At(T_2-T_1)} \tag{1-14}$$

式中　λ——材料的导热系数［W/（m·K）］；

Q——传导的热量（J）；

d——材料厚度（m）；

A——材料的传热面积（m^2）；

t——传热的时间（s）；

T_2-T_1——材料两侧的温度差（K）。

材料的导热系数大，则导热性强；反之，绝热性能强。建筑材料的导热系数差别很大，工程上通常把 $\lambda<0.23$ W/(m·K)的材料作为保温隔热材料。

材料导热系数的大小与材料的组成、含水率、孔隙率、孔隙尺寸及孔的特征等有关，与材料的表观密度有很好的相关性。当材料的表观密度小、孔隙率大、闭口孔多、孔分布均匀、孔尺寸小、含水率小时，导热性差，绝热性好。通常所说的材料导热系数是指干燥状态下的导热系数，材料一旦吸水或受潮，导热系数会显著增大，绝热性变差。

（二）材料的热容量与比热

1．材料的热容量

热容量是指材料受热时吸收热量或冷却时放出热量的能力。热容量 Q 的计算公式为：

$$Q=cm（T_2-T_1） \tag{1-15}$$

式中　Q——材料的热容量（J）；

c——材料的比热［J/（g·K）］；

m——材料的质量（g）；

T_2-T_1——材料受热或冷却前后的温度差（K）。

2．材料的比热

比热 c 是真正反映不同材料热容性差别的参数，它可由式（1-15）导出：

$$c=\frac{Q}{m(T_2-T_1)} \tag{1-16}$$

比热表示质量为 1 g 的材料，在温度每改变 1 K 时所吸收或放出热量的大小。材料的比热值大小与其组成和结构有关。通常所说材料的比热值是指其干燥状态下的比热值。

比热 c 与质量 m 的乘积称为热容。选择高热容材料作为墙体、屋面、内装饰，在热流变化较大时，对稳定建筑物内部温度变化有重要意义。

几种常用建筑材料的导热系数和比热值见表 1-2。

表 1-2　几种常用建筑材料的导热系数和比热值

材　料	导热系数/［W·（m·K）$^{-1}$］	比热/［J·（g·K）$^{-1}$］	材　料	导热系数/［W·（m·K）$^{-1}$］	比热/［J·（g·K）$^{-1}$］
钢　　材	58	0.48	泡沫塑料	0.035	1.30
花 岗 岩	3.49	0.92	水	0.58	4.19
普通混凝土	1.51	0.84	冰	2.33	2.05
普通黏土砖	0.80	0.88	密闭空气	0.023	1.00
松　　木	横纹 0.17/顺纹 0.35	2.5			

（三）材料的耐燃性与耐火性

1．材料的耐燃性

耐燃性是指材料在火焰或高温作用下可否燃烧的性质。我国相关规范把材料按耐燃性分为非燃烧材料（如钢铁、砖、石等）、难燃材料（如纸面石膏板、水泥刨花板等）和可燃材料（如木材、竹材等）。在建筑物的不同部位，根据其使用特点和重要性，可选择不同耐燃性的材料。

2．材料的耐火性

耐火性是指材料在火焰或高温作用下，保持自身不被破坏、性能不明显下降的能力。用材料耐火性耐受时间（h）来表示，称为耐火极限。要注意耐燃性和耐火性概念的区别，耐燃的材料不一定耐火，耐火的一般都耐燃。如钢材是非燃烧材料，但其耐火极限仅有 0.25 h，因此钢材虽为重要的建筑结构材料，但其耐火性却较差，使用时须进行特殊的耐火处理。常用材料的极限耐火温度见表 1-3。

表 1-3　常用材料的极限耐火温度

材料	温度/℃	注　　解	材料	温度/℃	注　　解
普通黏土砖砌体	500	最高使用温度	预应力混凝土	400	火灾时最高允许温度
普通钢筋混凝土	200	最高使用温度	钢　材	350	火灾时最高允许温度
普通混凝土	200	最高使用温度	木　材	260	火灾危险温度
页岩陶粒混凝土	400	最高使用温度	花岗石（含石英）	575	相变发生急剧膨胀温度
普通钢筋混凝土	500	火灾时最高允许温度	石灰岩、大理石	750	开始分解温度

（四）材料的温度变形性

材料的温度变形性是指温度升高或降低时材料的体积变化程度。多数材料在温度升高时体积膨胀，温度降低时体积收缩，这种变化在单向尺寸上表现为线膨胀或线收缩。对应的技术指标为线膨胀系数（α）。材料的单向线膨胀量或线收缩量计算公式为：

$$\Delta L = (t_1 - t_2) \cdot \alpha \cdot L \qquad (1\text{-}17)$$

式中 ΔL——线膨胀或线收缩量（mm）；

$(t_1 - t_2)$——材料升降温前后的温度差（K）；

α——材料在常温下的平均线膨胀系数（1/K）；

L——材料原来的长度（mm）。

材料线膨胀系数大小与建筑温度变形的产生有着直接的关系，在工程中需选择合适的材料来满足工程对温度变形的需求。

四、材料的声学性能

材料的声学性能是通过材料与声波相互作用而呈现的，主要有吸声性和隔声性。

（一）吸声性

吸声性是指声能穿透材料和被材料消耗的性质。材料吸声性能用吸声系数α表示。吸声系数是材料指吸收的能量与声波原先传递给材料全部能量的百分比。吸声系数的计算公式为：

$$\alpha = \frac{E}{E_0} \times 100\% \qquad (1\text{-}18)$$

式中 α——材料的吸声系数；

E_0——传递给材料的全部入射声能；

E——被材料吸收（包括透过）的声能。

当声波传播到材料表面时，一部分声波被反射，另一部分穿透材料，而其余部分则在材料内部的孔隙中引起空气分子与孔壁的摩擦和黏滞阻力，这样相当一部分声能转化为热能而被吸收。

材料的吸声特性除与材料的表观密度、孔隙特征、厚度及表面的条件（有无空气层及空气层的厚度）有关外，还与声波的入射角及频率有关。一般而言，材料内部具有开放、连通的细小孔隙越多，吸声性能越好；增加多孔材料的厚度，可提高对低频声音的吸收效果。同一材料，对于高、中、低不同频率的吸声系数不同。为了全面反映材料的吸声性能，规定取 125 Hz、250 Hz、500 Hz、1 000 Hz、2 000 Hz、4 000 Hz 六个频率的平均吸声系数来表示材料吸声的频率特性。材料的吸声系数为 0～1，平均吸声系数≥0.2 的材料称为吸声材料。

吸声材料能抑制噪声和减弱声波的反射作用。为了改善声波在室内传播的质量，保持良好的音响效果和减少噪声的危害，在进行音乐厅、电影院、大会堂、播音室等内部装饰时，应使用适当的吸声材料。在噪声大的厂房内，有时也采用吸声材料。

（二）隔声性

声波在传播过程中被减弱或隔断的性能称为材料的隔声性。声波的传播主要通过空气和固体来实现，因而隔声分为隔空气声和隔固体声。

1．隔空气声

声波在空气中传播遇到密实的围护结构（如墙体）时，声波将激发墙体产生振动，并使声音透过墙体传至另一空间中。空气对墙体的激发服从"质量定律"，即墙体的单位面积质量越大，隔声效果越好。因此，砖及混凝土等材料的结构，隔声效果都很好。

透射声功率与入射声功率的比值称为声透射系数 τ，该值越大则材料的隔声性能越差。材料或构件的隔声能力用隔声量 R 来表示，$R=10\lg(1/\tau)$。与声透射系数 τ 相反，隔声量 R 越大，材料或构件的隔声性能越好。对于均质材料，隔声量符合"质量定律"，即材料单位面积的质量越大或材料的体积密度越大，隔声效果越好，轻质材料的质量较小，隔声性较密实材料差。

2．隔固体声

固体声是由于振源撞击固体材料，引起固体材料受迫振动而发声，并向四周辐射声能。固体声在传播过程中，声能的衰减极少。对固体声隔绝的最有效措施是断绝其声波继续传递的途径，即在产生和传递固体声波的结构层中加入具有一定弹性的衬垫材料，如木板、地毯、壁布、橡胶片等，以阻止或减弱固体声波的继续传播。

第二节　建筑材料的力学性质

材料的力学性质是指材料在外力作用下，抵抗破坏和变形方面的性质。其对建筑物的正常、安全及有效使用是至关重要的。

一、材料的强度

材料的强度是指材料在外力作用下抵抗破坏的能力。建筑材料受外力作用时，内部就产生应力。外力增加，应力相应增大，直至材料内部质点结合力不足以抵抗外力时，材料即发生破坏，此时的应力值就是材料的强度，也称极限强度。

（一）强度的分类

根据外力作用方式的不同，材料强度有抗拉、抗压、抗剪、抗弯（抗折）强度等，如图 1-3 所示。

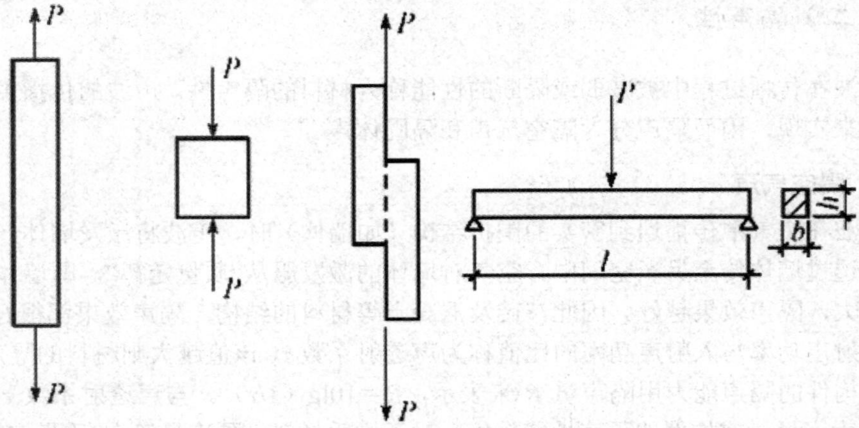

图 1-3　材料承受各种外力示意图

（a）抗拉；）b）抗压；（c）抗剪；（d）抗弯

材料的强度常通过破坏性试验测定。将试件放在材料试验机上，施加荷载，直至破坏，根据破坏时的荷载，即可计算出材料的强度。

1．抗拉（压、剪）强度

材料承受荷载（拉力、压力、剪力）作用直到破坏时，单位面积上所承受的拉力（压力、剪力）称为抗拉（压、剪）强度。材料的抗拉、抗压、抗剪强度按下式计算：

$$f=\frac{F}{A} \tag{1-19}$$

式中　f——抗拉、抗压、抗剪强度（MPa）；

F——材料受拉、压、剪时的破坏荷载（N）；

A——材料受力面积（mm^2）。

2．抗弯（折）强度

材料的抗弯（折）强度与材料受力情况有关，对于矩形截面试件，若两端支撑，中间承受荷载作用，则其抗弯（折）强度按下式计算：

$$f_m=\frac{3Fl}{2bh^2} \tag{1-20}$$

式中　f_m——材料的抗弯（折）强度（MPa）；

F——受弯时的破坏荷载（N）；

l——两支点间距（mm）；

b、h——材料截面宽度、高度（mm）。

另外，强度还有断裂强度、剥离强度等。

断裂强度是指承受荷载时材料抵抗断裂的能力。剥离强度是指在规定的试验条件下，对标准试件施加荷载，使其承受线应力，且加载的方向与试件表面保持规定角度，胶黏剂单位宽度上所能承受的平均荷载，常用 N/m 来表示。常见建筑材料的各种强度见表 1-4。

表 1-4　常用建筑材料的各种强度值　　单位：MPa

材　　料	抗　　压	抗　　拉	抗　　折
花岗石	100～250	5～8	10～14
普通混凝土	5～60	1～9	—
轻骨料混凝土	5～50	0.4～2	—
松木（顺纹）	30～50	80～120	60～100
钢　　材	240～1 500	240～1 500	—

由表 1-4 可见，不同材料的各种强度是不同的。花岗石、普通混凝土等的抗拉强度比抗压强度甚至小几十倍，因此，这类材料只适于做受压构件（基础、墙体、桩等）。钢材的抗压强度和抗拉强度相等，所以作为结构材料性能最为优良。

（二）强度等级

对于以强度为主要指标的材料，通常按材料强度值的高低划分成若干等级，称为强度等级。如硅酸盐水泥按 7 d、28 d 抗压、抗折强度值划分为 42.5、52.5、62.5 等强度等级。测定强度的标准试件见表 1-5。

表 1-5　测定强度的标准试件

受力方式	试　件	简　　图	计算公式	材　　料	试件尺寸/mm
	（a）轴向抗压强度极限				
轴向受压	立方体	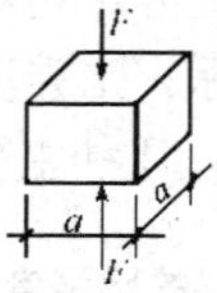	$f_{压}=\dfrac{F}{A}$	混凝土 砂　浆 石　材	150×150×150 70.7×70.7×70.7 50×50×50
	棱柱体	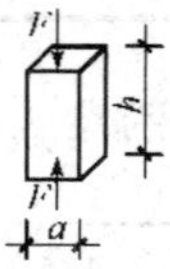		混凝土 木材	a=100，150，200 h=2a～3a a =20，h =30
	复合试件	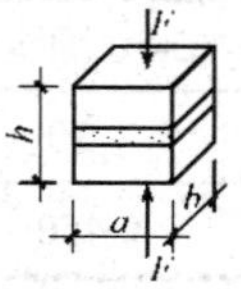		砖	S=115×120
	半个棱柱体	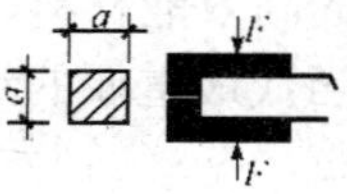		水泥	S=40×62.5

续表

	（b）轴向抗拉强度极限				
轴向受拉	钢　筋 拉伸试件	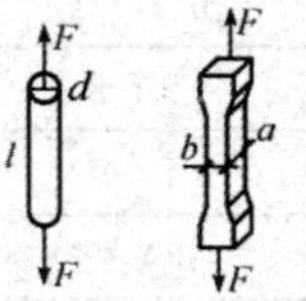 	$f_{拉}=\dfrac{F}{A}$	钢　筋	$l=5d$ 或 $l=10d$ $A=\dfrac{\pi d^2}{4}$
				木　材	$a=15,b=4$ $(A=a\cdot b)$
	立方体	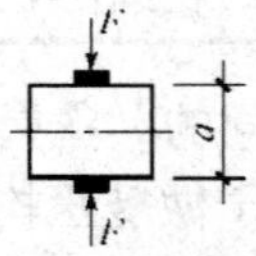 		混凝土	100×100×100 150×150×150
	（c）抗弯强度极限				
受弯	棱柱体砖	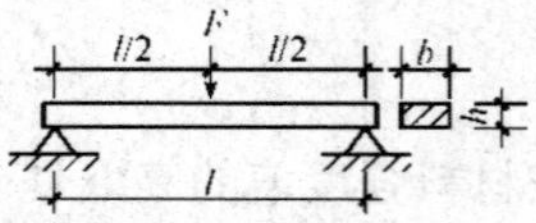 	$f_{弯}=\dfrac{3Fl}{2bh^2}$	水泥	$b=h=40$ $l=100$
	棱柱体	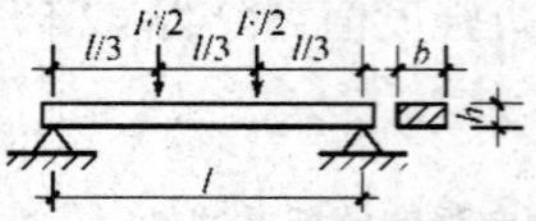 	$f_{弯}=\dfrac{Fl}{bh^2}$	混凝土 木　材	20×20×300 $l=240$

（三）比强度

比强度是按单位体积质量计算的材料强度，其值等于材料强度与其表观密度之比。对于不同强度的材料进行比较，可采用比强度这个指标。比强度是衡量材料轻质高强性能的重要指标，优质的结构材料必须具有较高的比强度。几种主要材料的比强度见表 1-6。

表 1-6　几种常用材料的比强度

材料名称	表观密度 ρ_0 /（$kg\cdot m^{-3}$）	抗压强度 f_c /MPa	比强度 f_c/ρ_0
低碳钢	7 860	415	0.053
松　木	500	34（顺纹）	0.069
普通混凝土	2 400	30	0.012
玻璃钢	2 000	450	0.225

由表 1-6 可知，玻璃钢和木材是轻质高强的高效能材料，而普通混凝土为质量大而强度较低的材料，所以努力促进普通混凝土这一当代最重要的结构材料向轻质、高强方向发展，是一项十分重要的工作。

二、材料的韧性和脆性

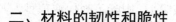

材料在冲击或振动荷载作用下能吸收较大的能量，产生一定的变形而不被破坏，这种性质称为韧性。例如，建筑钢材、木材等属于韧性较好的材料。材料的韧性值用冲击韧性指标 α_k 表示。冲击韧性指标是指用带缺口的试件做冲击破坏试验时，断口处单位面积所吸收的功。其计算公式为：

$$\alpha_k = \frac{A_k}{A} \tag{1-21}$$

式中　α_k——材料的冲击韧性指标（J/mm^2）；

A_k——试件破坏时所消耗的功（J）；

A——试件受力净截面积（mm^2）。

在建筑工程中，对于要求承受冲击荷载和有抗震要求的结构，如吊车梁、桥梁、路面等所用的材料，均应具有较高的韧性。材料在外力作用下，当外力达到一定限度后，材料发生突然破坏，且破坏时无明显的塑性变形，这种性质称为脆性。具有这种性质的材料称脆性材料。脆性材料抵抗冲击荷载或振动荷载作用的能力很差。其抗压强度远大于抗拉强度，可高达数倍甚至数十倍。所以，脆性材料不能承受振动和冲击荷载，也不宜用做受拉构件，只适于用做承压构件。建筑材料中大部分无机非金属材料均为脆性材料，如天然岩石、陶瓷、玻璃、普通混凝土等。

三、材料的弹性和塑性

材料在外力作用下产生变形，当外力取消后，材料变形即可消失并能完全恢复原来形状的性质，称为弹性。材料的这种当外力取消后瞬间内即可完全消失的变形，就称为弹性变形。

弹性变形属可逆变形，其数值大小与外力成正比，其比例系数 ε 称为材料的弹性模量。材料在弹性变形范围内，弹性模量 E 为常数，其值等于应力 σ 与应变 ε 的比值，即：

$$E = \frac{\sigma}{\varepsilon} \tag{1-22}$$

式中　σ——材料所受的应力（MPa）；

ε——在应力 σ 作用下的应变；

E——材料的弹性模量（MPa）。

弹性模量是衡量材料抵抗变形能力的一个指标。E 值越大，材料越不易变形，亦即刚度好。弹性模量是结构设计时的重要参数。

在外力作用下材料产生变形，如果取消外力，材料仍保持变形后的形状尺寸，并且不产生裂缝的性质，称为塑性。这种不能恢复的变形称为塑性变形。塑性变形为不可逆变形，是永久变形。实际上，纯弹性变形的材料是没有的，通常一些材料在受力不大时，仅产生弹性变形，受力超过一定极限后，即产生塑性变形。有些材料在受力时，如建筑钢材，当所受外力小于弹性极限时，仅产生弹性变形；而外力大于弹性极限后，则除了弹性变形外，还产生塑性变形。有些材料在受力后，弹性变形和塑性变形同时产生，当外力取消后，弹性变形会恢复，而塑性变形不能消失，如混凝土。弹塑性材料的变形曲线如图 1-4 所示。

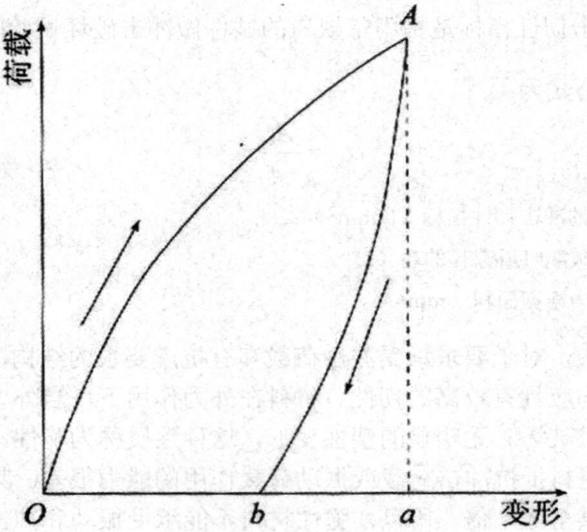

图 1-4　弹塑性材料的变形曲线

四、材料的硬度

硬度指材料表面的坚硬程度，是抵抗其他物体刻划、压入其表面的能力。建筑与装饰材料在其使用过程中，为保持建筑物的使用性能或外观，常要求材料具有一定的硬度，以防止其他物体对材料的磕碰、刻划造成材料表面破损或外观缺陷。硬度的测定方法有刻划法、回弹法、压入法等，不同材料其硬度的测定方法不同。

回弹法用于测定混凝土表面硬度，并间接推算混凝土的强度，也用于测定砖、砂浆等的表面硬度；刻划法用于测定天然矿物的硬度；压入法是用硬物压入材料表面，通过压痕的面积和深度测定材料的硬度。钢材、木材的硬度，常用钢球压入法测定。

压入法测硬度的指标有布氏硬度和洛氏硬度，它等于压入荷载值除以压痕的面积或密度。陶瓷、玻璃等脆性材料的硬度往往采用刻划法来测定，称为莫氏硬度，根据刻划矿物（滑石、石膏、磷灰石、正长石、硫铁矿、黄玉、金刚石等）的不同分为十级。

通常，硬度大的材料耐磨性较强，不易加工。在工程中，常利用材料硬度与强度间的关系，间接测定材料强度。

五、材料的耐磨性

耐磨性是指材料表面抵抗磨损的能力，耐磨性用磨损率（N）表示，它等于试件在标

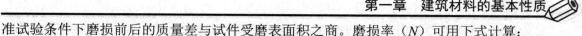

准试验条件下磨损前后的质量差与试件受磨表面积之商。磨损率（N）可用下式计算：

$$N = \frac{m_1 - m_2}{A} \tag{1-23}$$

式中　N——材料的磨损率（g/cm^2）；

m_1、m_2——材料磨损前、后的质量（g）；

A——试件受磨面积（cm^2）。

试件的磨损率表示一定尺寸的试件，在一定压力作用下，在磨损试验机上磨一定次数后，试件每单位面积上的质量损失。

材料的耐磨性与硬度、强度及内部构造有关，材料的硬度越大，则材料的耐磨性越高，材料的磨损率有时也用磨损前后的体积损失来表示；材料的耐磨性有时也用耐磨次数来表示。地面、路面、楼梯踏步及其他受较强磨损作用的部位等，需选用具有较高硬度和耐磨性的材料。

第三节　建筑材料的耐久性

建筑材料的耐久性是指用于建筑物的材料，在环境的多种因素作用下不变质、不破坏，长久地保持其使用性能的能力。耐久性是材料的一种综合性质，诸如抗冻性、抗风化性、抗老化性、耐化学腐蚀性等均属耐久性的范围。此外，材料的强度、抗渗性、耐磨性等也与材料的耐久性有密切关系。

一、影响材料耐久性的因素

（一）内部因素

内部因素是造成材料耐久性下降的根本原因。内部因素主要包括材料的组成、结构与性质。当材料的组成成分易溶于水或其他液体，或易与其他物质发生化学反应时，材料的耐久性、耐化学腐蚀性较差；无机非金属脆性材料在温度剧变时易产生开裂，即耐急冷急热性差；当材料的孔隙率较大时，材料的耐久性较差；有机材料，抗老化性较差；当材料强度较高时，材料的耐久性较好。

（二）外部因素

外部因素是影响耐久性的主要原因。外部因素主要有以下几种：

（1）化学作用。包括各种酸、碱、盐及其水溶液，各种腐蚀性气体，对材料具有化学腐蚀作用和氧化作用。

（2）物理作用。包括光、热、电、温度差、湿度差、干湿循环、冻融循环、溶解等，可使材料的结构发生变化，如内部产生微裂纹或孔隙率增加。

（3）机械作用。包括冲击、疲劳荷载，各种气体、液体及固体引起的磨损等。

（4）生物作用。包括菌类、昆虫等，可使材料产生腐朽、虫蛀等。

实际工程中，材料受到的外界破坏因素往往是两种以上的因素同时作用。金属材料常由化学和电化学作用引起腐蚀和破坏；无机非金属材料常由化学作用、溶解、冻融、风蚀、温差、湿差、摩擦等其中某些因素或综合作用而引起破坏；有机材料常由生物作用、溶解、化学腐蚀、光、热、电等作用而引起破坏。

二、耐久性的测定

对材料耐久性最可靠的判断是在使用条件下进行长期观测，但这需要很长的时间。通常根据使用条件及要求，在实验室进行快速实验，根据实验结果，对材料的耐久性作出判定，其实验项目主要有干湿循环、冻融循环、碳化、化学介质浸渍、加湿与紫外线干燥循环等。

本章小结

本章重点介绍了建筑材料的基本性质，包括物理性质、力学性质和耐久性，并从材料的组成、结构出发，阐述了影响材料基本性质的内在因素。材料的物理性质主要包括材料与质量有关的性质、与水有关的性质、与热有关的性质和材料的声学性能。材料的力学性质是指材料在外力作用下，抵抗破坏和变形方面的性质，主要包括材料的强度、强度等级及比强度，材料的韧性和脆性，材料的弹性和塑性，材料的硬度和耐磨性。材料的耐久性是一项综合属性，在实际工程中应根据材料的种类和建筑物所处环境条件提出不同的耐久性要求。通过本章的学习，读者应该会进行建筑材料基本物理性质、力学性能和耐久性的判断； 能掌握材料基本物理性质的检测方法。

复习思考题

1. 材料的密度、表观密度及堆积密度三者之间区别在哪？
2. 什么是材料的亲水性与憎水性？材料的吸湿性与吸水性有何关系？
3. 材料与热有关的性质包括哪些内容？
4. 材料的韧性与脆性之间有什么关系？
5. 影响材料耐久性的因素有哪些？

第二章　砂石材料

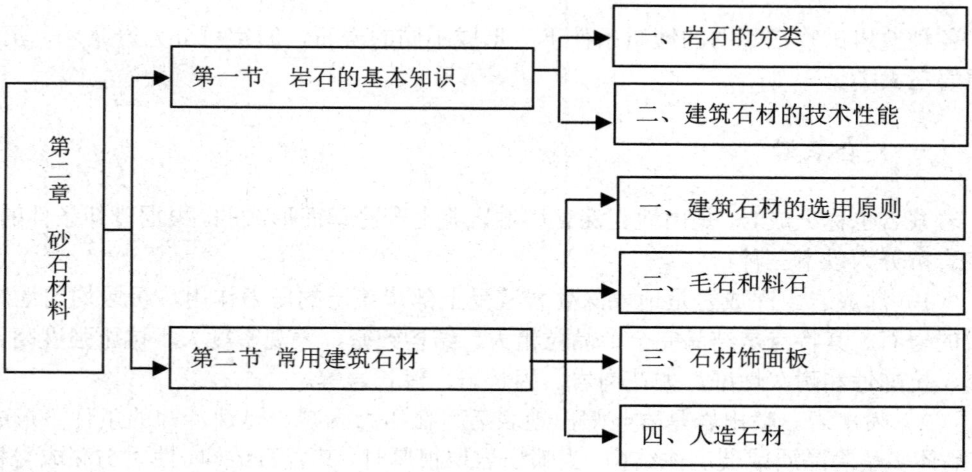

本章结构图

【学习目标】

- 掌握造岩矿物从不同角度的分类，能描述建筑上常用岩石中存在的主要矿物；
- 能对岩石从成因上进行分类；
- 熟悉岩石的基本性质，包括物理性质、力学性质、化学性质、热学性质等；
- 掌握建筑石材的常用规格和选用原则。

第一节　岩石的基本知识

岩石是由各种不同地质作用所形成的天然矿物的集合体。组成岩石的矿物称为造岩矿物。由单一的矿物组成的岩石称为单矿岩，如石灰岩就是由95%以上的方解石组成的单矿岩。由两种或两种以上的矿物组成的岩石称为多矿岩（复矿岩），如主要由长石、石英、云母组成的花岗岩。

矿物是在地壳中受各种不同地质作用所形成的具有一定化学组成和物理性质的单质（如石英、方解石等）或化合物（如云母、角闪石等）。目前已发现的矿物有3 300多种，绝大多数是固态无机物，其中主要造岩矿物有30多种。大部分岩石都是由多种造岩矿物所组成，并无确定的化学成分和物理性质，同一类岩石由于产地不同，其矿物组成、颗粒结构都有差异，因而其颜色、强度等性能也有差别。岩石的性质是由其矿物的特性、结构、构造等因素决定的。所谓岩石的结构，是指矿物的结晶程度、结晶大小和形态，如玻璃状、细晶状、相晶状、斑状等。岩石的构造是指矿物在岩石中的排列及相互配置关系，如致密状、层状、多孔状、流纹状、纤维状等。

一、岩石的分类

各种造岩矿物在不同的地质条件下，形成不同的岩石，通常可分为岩浆岩、沉积岩、变质岩三大类。

（一）岩浆岩

岩浆岩也称火成岩，是由地壳深处熔融岩浆上升冷却而形成的。根据冷却条件的不同，岩浆岩可分为以下三种：

（1）深成岩。深成岩是地表深处岩浆受上部覆盖层的压力作用，缓慢均匀地冷却而形成的岩石。其特点是结晶完全、晶粒粗大、结构致密、表观密度大、抗压强度高、吸水率小、抗冻性和耐久性好，如花岗岩、闪长岩、辉长岩等。

（2）喷出岩。喷出岩是岩浆喷出地表后，在压力骤减、迅速冷却的条件下形成的岩石。晶体多呈隐晶质或玻璃体结构。当喷出岩层很厚时，其岩石结构、性质与深成岩相似；当岩层很薄时，常呈多孔结构，近于火山岩。基性的喷出岩为玄武岩，中性的喷出岩为安山岩，酸性的喷出岩为流纹岩，半碱性和碱性喷出岩为粗面岩和响岩。

（3）火山岩。火山岩是火山爆发时，岩浆被喷到空中，急速冷却后形成的岩石，火山岩为玻璃体结构，呈多孔构造，孔隙率大，吸水性强，导热性差。工程上常用的火山岩有火山灰、浮石、火山凝灰岩等。

（二）沉积岩

沉积岩又称为水成岩，是三种组成地球岩石圈的主要岩石之一（另外两种是岩浆岩和变质岩），是在地表不太深的地方，将其他岩石的风化产物和一些火山喷发物，经过水流或冰川的搬运、沉积、成岩作用形成的岩石。在地球地表，有70%的岩石是沉积岩，但如果从地球表面到16 km深的整个岩石圈算，沉积岩只占5%。沉积岩主要有石灰岩、砂岩、页岩等。沉积岩中所含有的矿产，占全部世界矿产蕴藏量的80%。与岩浆岩相比，沉积岩的表观密度较小、密实度较差、吸水率较大、强度较低、耐久性也较差。沉积岩一般具有层理，各层的成分、结构、颜色、厚度都有差异。沉积岩根据形成条件不同，又分为如下三种：

（1）机械沉积岩。机械沉积岩是由自然风化的岩石碎屑经流水、冰川或风力作用搬运，逐渐沉积而成的。散粒状的有黏土、砂、卵石等，碎屑由自然胶结物胶结成整体，相应是成为页岩、砂岩、砾岩等。

（2）化学沉积岩。化学沉积岩是指岩石中的矿物溶于水，经聚积、沉积、重结晶、化学反应等过程而形成的岩石，如石膏、白云石等。

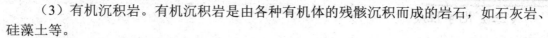

（3）有机沉积岩。有机沉积岩是由各种有机体的残骸沉积而成的岩石，如石灰岩、硅藻土等。

沉积岩在地表分布很广，容易加工，因此其应用也较为广泛。

（三）变质岩

变质岩是指地壳中原有的岩石受构造运动、岩浆活动或地壳内热流变化等内营力影响，使其矿物成分、结构构造发生不同程度的变化而形成的岩石。沉积岩变质后，结构较原来的更致密，性能更好；而岩浆岩变质后，有时构造不如原岩坚实，性能变差。建筑上常用的变质岩为大理岩、石英岩、片麻岩等。

二、建筑石材的技术性能

（一）物理性质

工程上一般对石材的体积密度、吸水率和耐水性等有要求。

（1）大多数岩石的体积密度均较大，且主要与其矿物组成、结构的致密程度等有关。常用致密岩石的体积密度为 2 400～2 850 kg/m^3，饰面用大理岩和花岗岩的体积密度须分别大于 2 300 kg/m^3、2 560 kg/m^3。同种岩石，若体积密度越大，则孔隙率越低，强度、吸水率、耐久性等越高。

（2）岩石的吸水率与岩石的致密程度和岩石的矿物组成有关。深成岩和多数变质岩的吸水率较小，一般不超过 1%。二氧化硅的亲水性较高，因而二氧化硅含量高则吸水率较高，即酸性岩石（SiO_2 的含量大于等于 63%）的吸水率相对较高。若岩石的吸水率越小，则岩石的强度与耐久性越高。为保证岩石的性能，有时要限制岩石的吸水率，如饰面用大理岩和花岗岩的吸水率须小于 0.5%、0.6%。

（3）大多数岩石的耐水性较高。当岩石中含有较多黏土时，其耐水性较低，如黏土质砂岩等。致密石材的导热系数较高，可达 2.5～3.5 W/(m·K)；多孔石材的导热系数较低，如火山渣、浮石的导热系数为 0.2～0.6 W/(m·K)，因而适用于配制保温用轻骨料混凝土。

（二）力学性质

岩石的抗压强度很大，而抗拉强度却很小，后者为前者的 1/10～1/20。岩石是典型的脆性材料，这是岩石区别于钢材和木材的主要特征之一，也是限制石材作为结构材料使用的主要原因。岩石的比强度也小于木材和钢材。岩石属于非均质的天然材料。由于生成的原因不同，大部分岩石呈现出各向异性。一般而言，加压方向垂直于节理面或裂纹时，其抗压强度大于加压方向平行于节理面或裂纹时的抗压强度。即使在应力很小的范围内，岩石的应力）一应变曲线也不是直线，所以在曲线上各点的弹性模量是不同的。同时也说明岩石受力后没有一个明显的弹性变化范围，属于非弹性变形。

（三）化学性质

通常认为岩石是一种非常耐久的材料，然而按材质而言，其抵抗外界作用的能力是比较差的。石材的劣化现象是指长期日晒夜露及受风雨和气温变化而不断风化的状态。风化是指岩石在各种因素的复合或者相互促进下发生物理或化学变化，直至破坏的复杂现象。化学风化是指雨水和大气中的气体（O_2、CO_2、CO、SO_2、SO_3 等）与造岩矿物发生化学反应的现象，主要有水化、氧化、还原、溶解、脱水、碳化等反应，在含有碳酸钙和铁质成分的岩石中容易产生这些反应。由于这些作用在表面产生，因此风化破坏表现为岩石表面有剥落现象。

化学风化与物理风化经常相互促进，例如，在物理风化作用下石材产生裂缝，雨水就渗入其中，进而促进了化学风化作用。另外，发生化学风化作用之后，石材的孔隙率增加，就易受物理风化的影响。

从抗物理风化、化学风化的综合性能来看，一般花岗岩耐久性最佳，安山岩次之，软质砂岩和凝灰岩最差。大理岩的主要成分碳酸钙的化学性质不稳定，故容易风化。

（四）热学性质

岩石属于不燃烧材料，但从其构造可知，岩石的热稳定性不一定很好。这是因为各种岩石的热膨胀系数各不相同。当岩石温度发生大幅度升高或降低时，其内部会产生内应力，导致岩石崩裂；其次，有些造岩矿物（如碳酸钙）因热的作用会发生分解反应，导致岩石变质。岩石的比热大于钢材、混凝土和烧结普通砖，所以用石材建造的房屋，在热流变动或采暖设备供热不足时，能较好地缓和室内的温度波动。岩石的导热系数小于钢材，大于混凝土和烧结普通砖，说明其隔热能力优于钢材，但比混凝土和烧结普通砖要差。

第二节　常用建筑石材

建筑石材是指主要用于建筑工程中的砌筑或装饰的天然石材。

一、建筑石材的选用原则

在建筑工程设计和施工中，石材的选用应遵循以下原则。

（一）经济性

天然石材的密度大、运输不便、运费高，应综合考虑地方资源，尽可能做到就地取材。难于开采和加工的石料，将使材料成本提高，选材时应加以注意。

（二）适用性

要按使用要求分别衡量各种石材在建筑中是否适用。

（三）安全性

由于天然石材是构成地壳的基本物质，因此可能含有放射性物质。放射性物质在衰变中会产生对人体有害的物质，因此，在选用天然石材时，应有放射性检验合格证明或检测鉴定。

石材的放射性是石材内部的品质指标，不是人为所能控制和改变的，不能反映石材企业产品质量的高低。只要科学认识石材，分级分类合理使用石材，加强检测和管理，并采取适当措施加强生产与管理，石材就可以发挥它应有的装饰作用。

二、毛石和料石

砌筑用石材可分为毛石和料石。

（一）毛石

毛石（又称片石或块石）是由爆破直接获得的石块。依据其平整程度，又分为乱毛石和平毛石两类。

（1）乱毛石。乱毛石形状不规则，一般在一个方向的尺寸达 300～400 mm，质量为 20～30 kg，其中部厚度一般不宜小于 150 mm。乱毛石主要用来砌筑基础、勒脚、墙身、堤坝、挡土墙壁等，也可作毛石混凝土的骨料。

（2）平毛石。平毛石由乱毛石略经加工而成，形状较乱毛石整齐，其形状基本上有六个面，但表面粗糙，中部厚度不小于 200 mm。常用于砌筑基础、墙身、勒脚、桥墩、涵洞等。

（二）料石

料石（又称条石）是由人工或机械开采出的较规则的六面体石块，略经加工凿琢而成。按其加工后的外形规则程度，分为毛料石、粗料石、半细料石和细料石四种。

（1）毛料石。其外形大致方正，一般不加工或仅稍加修整，高度不应小于 200 mm，叠砌面凹入深度不大于 25 mm。

（2）粗料石。其截面的宽度、高度应不小于 200mm，且不小于长度的 1/4，叠砌面凹入深度不大于 20 mm。

（3）半细料石。其规格尺寸同上，但叠砌面凹入深度不应大于 15 mm。

（4）细料石。它通过细加工，外形规则、规格尺寸同上，叠加面凹入深度不大于 10 mm。

上述料石常由砂岩、花岗岩等质地比较均匀的岩石开采琢制，至少应有一个面较整齐，以便互相合缝。料石主要用于砌筑墙身、踏步、地坪、拱和纪念碑；形状复杂的料石制品，用于柱头、柱脚、楼梯踏步、窗台板、栏杆和其他装饰面等。

三、石材饰面板

天然大理石、花岗石板材采用“平方米（m^2）”计量，出厂板材均应注明品种代号标记、商标、生产厂名。配套工程用材料应在每块板材侧面标明其图纸编号。板材包装时应将光面相对，并按板材品种规格、等级分别包装，运输搬运过程中严禁滚摔碰撞。板材直立码放时，倾斜角不大于 15°；平放时地面必须平整，垛高不超过 1.2 m。

（一）天然花岗石板材

天然花岗岩经加工后的板材简称花岗石板材。花岗石板材以石英、长石和少量云母为主要矿物组分，随着矿物成分的变化，可以形成多种不同色彩和颗粒结晶的装饰材料。花岗石板材结构致密、强度高、空隙率和吸水率小、耐化学侵蚀、耐磨、耐冻、抗风蚀性能优良，经加工后色彩多样且具有光泽，是理想的天然装饰材料，常用于高、中级公共建筑（如宾馆、酒楼、剧院、商场、写字楼、展览馆、公寓别墅等）内外墙饰面和楼地面铺贴，也用于纪念碑（雕像）等饰面，具有庄重、高贵、华丽的装饰效果。

花岗石板可按下列类别进行划分：

（1）按形状分为毛光板（MG）、普型板（PX）、圆弧板（HM）、异型板（YX）。

（2）按表面加工程度分为镜面板（JM）、细面板（YG）、粗面板（CM）。

（3）按用途分为一般用途（用于一般性装饰用途）、功能用途（用于结构性承载用途或特殊功能要求）。

（4）按加工质量和外观质量可分为如下等级：

①毛光板按厚度偏差、平面度公差、外观质量等分为优等品（A）、一等品（B）、合格品（C）三个等级。

②普型板按规格尺寸偏差、平面度公差、角度公差、外观质量等分为优等品（A）、一等品（B）、合格品（C）三个等级。

③圆弧板按规格尺寸偏差、直线度公差、线轮廓度公差、外观质量等分为优等品（A）、一等品（B）、合格品（C）三个等级。

（二）天然大理石板材

天然大理石板材简称大理石板材，是建筑装饰中应用较为广泛的天然石饰面材料。由于大理岩属碳酸岩，是石灰岩、白云岩经变质而成的结晶产物，矿物组分主要是石灰石、方解石和白云石。大理石板材的结构致密、密度为 2.7 g/cm^3 左右、强度较高，吸水率低，但表面硬度较低、不耐磨、耐化学侵蚀和抗风蚀性能较差。大理石板材长期暴露于室外受阳光雨水侵蚀易褪色失去光泽，一般多用于中高级建筑物的内墙、柱的镶贴，可以获得理想的装饰效果。

大理石板材按形状可分为普型板（PX）、圆弧板（HM）。普型板是指正方形和长方形的板材；圆弧板是指装饰面轮廓线的曲率半径处处相同的装饰石板材。常用普通板材的厚度，不管其长度和宽度如何变化，一般为 20 mm。

普型板按规格尺寸偏差、平面度公差、角度公差及外观质量等标准，分为优等品（A）、一等品（B）、合格品（C）三个等级。圆弧板按规格尺寸偏差、直线度公差、线轮廓度公差及外观质量等标准，分为优等品（A）、一等品（B）、合格品（C）三个等级。

（三）青石装饰板材

青石装饰板材简称青石板，属于沉积岩类（砂岩），主要成分为石灰石、白云石。随着岩石埋深条件的不同和其他杂质（如铜、铁、锰、镍等金属氧化物）的混入而形成多种色彩。青石板质地密实、强度中等，易于加工，可采用简单工艺凿割成薄板或条形材，是理想的建筑装饰材料。青石板用于建筑物墙裙、地坪铺贴以及庭园栏杆（板）、台阶等处，具有古建筑的独特风格。

常用青石板的色泽为豆青色、深豆青色以及青色带灰白结晶颗粒等多种。青石板根据加工工艺的不同分为粗毛面板、细毛面板和剁斧板等多种，还可根据建筑意图加工成光面（磨光）板。青石板的主要产地有浙江台州、江苏吴县等。青石板以“立方米（m^3）”或“平方米（m^2）”计量。包装、运输、储存条件类似于花岗石板材。

【案例 1】

某高档写字楼共计 16 层，业主周先生购买了其中的一整层。因为天然石材具有强度高，耐久性、耐磨性好等特点，在建筑装饰工程中应用广泛。因此，在装修设计时，经征求设计单位、施工单位的意见后，周先生决定采用天然石材做饰面装饰。请问：

【问】（1）在选用饰面石材时，应考虑哪些因素？

（2）对于石材的颜色，一般有哪些要求？

【答】（1）用于建筑物饰面的石材，选用时必须考虑其色彩及天然纹理与建筑物周围环境的相协调性，充分体现建筑物的艺术美。对于石材的颜色，一般要求纯正、鲜艳为好，要尽量避免选用色差较明显的石材，特别要注意不能选用有色疤的石材。天然装饰石材的颜色大致上分为纯色和杂色。

（2）近几年来，人们在进行居室装修中，越来越喜欢选用天然岩石材料。但不同品种的天然石材，性能变化较大，而且由于其密度大、体重、运输不方便，再加上材质坚硬，加工较困难，因此成本较高，尤其是一些珍贵品种。所以，在建筑装饰工程中选用天然石材，必须要慎重。

四、人造石材

人造石材是以不饱和聚酯树脂为黏结剂，配以天然大理石或方解石、白云石、硅砂、玻璃粉等无机物粉料，以及适量的阻燃剂、颜色等，经配料混合、瓷铸、振动压缩、挤压等方法成型固化制成的。与天然石材相比，人造石材具有色彩艳丽、光洁度高、颜色均匀一致、抗压耐磨、韧性好、结构致密、坚固耐用、比重轻、不吸水、耐侵蚀风化、色差小、不褪色、放射性低等优点，具有资源综合利用的优势，在环保节能方面具有不可低估的作用。人造石材也是名副其实的建材绿色环保产品，已成为现代建筑首选的饰面材料。

（一）人造石材的材料分类

人造石材主要包括以下几类：

1．树脂型人造石材

树脂型人造石材是以不饱和聚酯树脂为黏结剂，与天然大理碎石、石英砂、方解石、石粉或其他无机填料按一定的比例配合，再加入催化剂、固化剂、颜料等外加剂，经混合搅拌、固化成型、脱模烘干、表面抛光等工序加工而成的。使用不饱和聚酯树脂的产品光泽好、颜色鲜艳丰富、可加工性强、装饰效果好；这种树脂黏度低，易于成型，常温下可固化。成型方法有振动成型、压缩成型和挤压成型。室内装饰工程中采用的人造石材主要是树脂型的。

2．复合型人造石材

复合型人造石材采用的黏结剂中，既有无机材料，又有有机高分子材料。其制作工艺是：先用水泥、石粉等制成水泥砂浆的坯体，再将坯体浸于有机单体中，使其在一定条件下聚合而成。对板材而言，底层用性能稳定而价廉的无机材料，面层用聚酯和大理石粉制作。无机胶结材料可用快硬水泥、自水泥、普通硅酸盐水泥、铝酸盐水泥、粉煤灰水泥、矿渣水泥以及熟石膏等。有机单体可用苯乙烯、甲基丙烯酸甲酯、醋酸乙烯、丙烯腈、丁二烯等，这些单体可单独使用，也可组合使用。复合型人造石材制品的造价较低，但它受温差影响后聚酯面易产生剥落或开裂。

3．水泥型人造石材

水泥型人造石材是以各种水泥为胶结材料，砂、天然碎石粒为粗细骨料，经配制、搅拌、加压蒸养、磨光和抛光后制成的人造石材。配制过程中，混入色料，可制成彩色水泥石。水泥型人造石材的生产取材方便、价格低廉，但其装饰性较差，水磨石和各类花阶砖即属此类。

4. 烧结型人造石材

烧结型人造石材的生产方法与陶瓷工艺相似，是将长石、石英、辉绿石、方解石等粉料和赤铁矿粉，以及一定量的高岭土共同混合，一般配比为石粉 60%、黏上 40%，采用混浆法制各坯料，用半干压法成型，再在窑炉中以 1 000 ℃左右的高温焙烧而成。烧结型人造石材的装饰性好、性能稳定，但需经高温焙烧，因而能耗大、造价高。

由于不饱和聚酯树脂具有黏度小、易成型、光泽好、颜色浅、容易配制成各种明亮的色彩与花纹、固化快、常温下可进行操作等特点，因此在上述石材中，目前使用最广泛的是以不饱和聚酯树脂为黏结剂而生产的树脂型人造石材，其物理、化学性能稳定，适用范围广，又称聚酯合成石。

（二）人造石材的性能优点

人造石材的性能特点主要有以下几个：

1．高性能

使用性能高综合起来讲就是强度高、硬度高、耐磨性能好、厚度薄、重量轻、用途广泛、加工性能好。

在居室装修施工中，采用天然大理石大面积用于室内装修时会增加楼体承重，而聚酯人造大理石就克服了上述缺点。它以不饱和聚酯树脂作为黏合剂，与石英砂、大理石粉、方解石粉等搅拌混合，浇铸成型，在固化剂作用下产生固化作用，经脱模、烘干、抛光等工序而制成。这种材料质量轻（比天然大理石轻 25%左右）、强度高、厚度薄，并易于加工、拼接无缝、不易断裂，能制成弧形、曲面等形状，比较容易制成形状复杂、多曲面的各种各样的洁具，如浴缸、洗脸盆、坐便器等，并且施工比较方便。

2．多种花色

复合型人造石材由于在加工过程中石块粉碎的程度不同，再配以不同的色彩，可以生产出多种花色品种，每个系列又有许多种颜色可供选择。选购时，可以选择纹路、色泽都适宜的人造石材，来配合各种不同的居家色彩和装修档次，同种类型人造石材没有色差与纹路的差异。

3．用途广泛

人造石材从诞生至今经历了几十年的研究、开发和创新，使其能够广泛应用于商业、住宅甚至军事领域等。

人造石材可用于健康中心、医疗机构、公共写字楼、厂矿公司、购物中心等空间里的设备设施。当它用于柜台、墙体、水槽、展示架、家具、电梯等器物时，色彩纹理设计独特的人造石材无不显示其体贴、温暖、可塑性强、可自由切裁、弯曲、研磨、接合耐久等卓越性能。

在家居装饰方面，人造石材具有一般传统建材所没有的耐酸、耐碱、耐冷热、抗冲击等特点。它作为一种质感佳、色彩多的饰材，不仅能美化内外装饰，满足其设计上的多样化需求，更能为建筑师和设计师提供极为广阔的设计空间，以创造空间，表达自然感觉。

4．环保

人造石材产业属资源循环利用的环保利废产业，发展人造石材产业本身不直接消耗原生的自然资源，不破坏自然环境，该产业利用了天然石材开矿时产生的大量的难以有效处理的废石料资源，本身的生产方式是环保型的。人造石材的生产方式不需要高温聚合，也就不存在消耗大量燃料和废气排放的问题。因此，人造石材产业是一个前途无量的新型建筑装饰材料产业，有广阔的发展空间，当前大力发展人造石材产业的条件已经具备，人造石材产业必将获得快速的发展。

（三）人造石材和天然石材的区别

人造石材和天然石材的主要区别就是天然特点。天然石材在颜色花纹、质地和结构上都具有明显的天然特征，它会有色差，强度和硬度也会有差别，还会出现病变。人造石材不具有天然石材的这些天然特点，颜色和纹路比较均匀，透气性较差，强度较好。天然石材的天然特性和自然美是任何人造石材所无法替代的。

一般最常见的区别人造石材和天然石材方法有三种：一是用火烧，因人造石材含胶会出现焦痕（烧结型的除外）；二是敲击，人造石材声音比较哑（烧结型的除外）；三是看，天然的石材比较亮，但反光差一些。用尖锐物刻划，天然石材一般不会有太大的划痕。天然石材表面有细孔，所以在耐污方面比较弱，人造石材板背面有磨蹭的痕迹。鉴别人造和天然大理石还有更简单的方法：滴几滴稀盐酸，天然大理石剧烈起泡，人造大理石则起泡弱甚至不起泡。

本章小结

本章主要讲述了岩石的基本知识、常用建筑石材。天然石材按地质形成条件分为岩浆岩、沉积岩和变质岩三大类。通过本章的学习，读者应了解天然石材形成过程；能够分析岩石的形成条件对其结构、构造和性质的影响；能够掌握建筑石材的选用原则；能够在实际生产中正确选用建筑石材。

复习思考题

1．岩石包括哪几类？
2．简述建筑石材的技术性能。
3．简述建筑石材的选用原则。
4．天然岩石的主要技术性质包括哪些？选用石材需要考虑的技术性质条件是什么？
5．人造石材按生产材料不同和制造工艺的不同可分为哪几类？各有什么特点？

第三章　气硬性胶凝材料

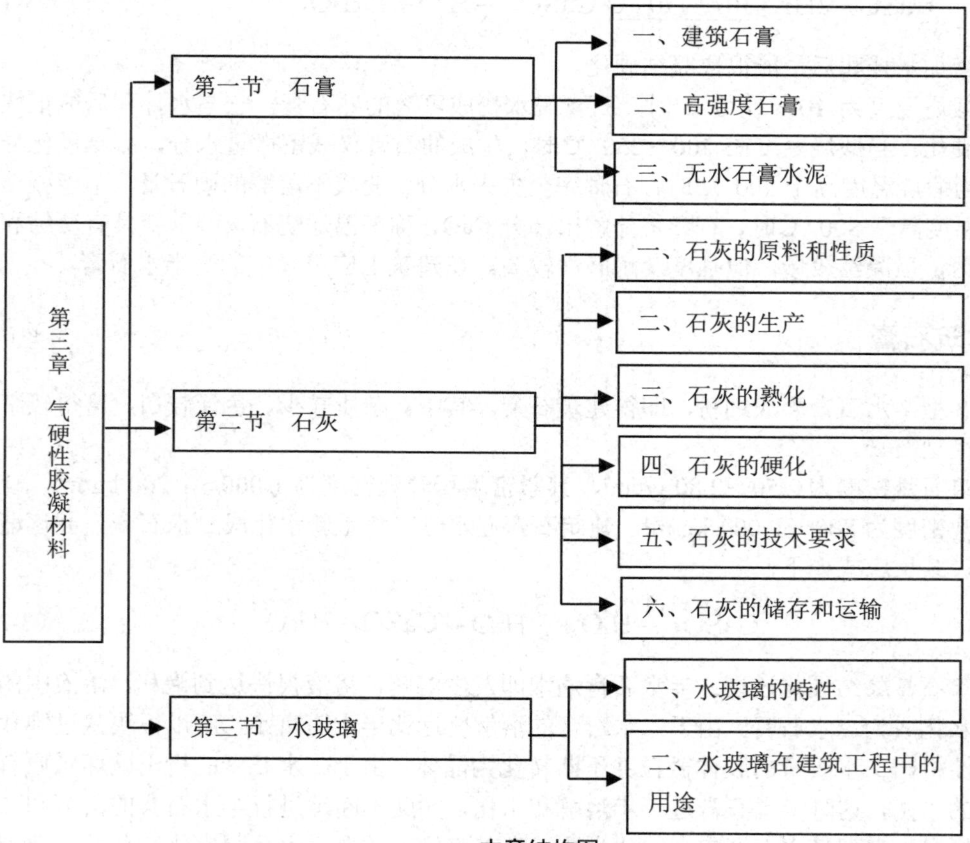

本章结构图

【学习目标】

- 了解石膏、石灰、水玻璃的基本知识;
- 掌握辨别石灰品种的不同分类方法;
- 熟悉气硬性胶凝材料的取样与验收;
- 能够正确进行生石灰的基本性质检测。

第一节　石膏

石膏胶凝材料主要是由天然二水石膏（$CaSO_4 \cdot 2H_2O$，生石膏）经煅烧脱水而制成的。

除天然二水石膏外，天然无水石膏（$CaSO_4$，硬石膏）、工业副产品石膏（以硫酸钙为主要成分的工业副产品，如磷石膏、氟石膏）也可作为制造石膏胶凝材料的原料。

生产石膏的主要工序是煅烧和磨细。在煅烧二水石膏时，由于加热温度不同，所得石膏的组成与结构也不同，其性质有很大差别。常压下，当加热温度在 107～170 ℃时，二水石膏逐渐失去大量水分，生成β型半水石膏（熟石膏）。反应式为：

$$CaSO_4\cdot 2H_2O \xrightarrow{107\sim170\ ℃} CaSO_4\cdot\frac{1}{2}H_2O+\frac{3}{2}H_2O \quad (3\text{-}1)$$

半水石膏加水拌和后，能很快凝结硬化。

当煅烧温度为 107～170 ℃时，石膏脱水变成可溶的熟石膏，它与水拌和后能很快地凝结与硬化。当煅烧温度在 200～250 ℃时，生成的石膏仅残留微量水分，凝结硬化异常缓慢。当煅烧温度高于 400 ℃时，石膏完全失去水分，变成不溶解的硬石膏，不能凝结硬化。当温度高于 800 ℃时，石膏将分解出部分 CaO，称高温煅烧石膏，重新具有凝结和硬化的能力，虽凝结较慢，但强度及耐磨性较高。在建筑上应用最广的是半水石膏。

一、建筑石膏

将β型半水石膏磨成细粉，即得建筑石膏。其中，杂质较少、色泽较白、磨得较细的产品称模型石膏。

建筑石膏密度为 2.50～2.80 g/cm³，其紧密堆积表观密度为 1 000～1 200 kg/m³，疏松堆积表观密度为 800～1 000 kg/m³。建筑石膏遇水时，将重新水化成二水石膏，并逐渐凝结硬化，其反应式如下：

$$CaSO_4\cdot\frac{1}{2}H_2O+\frac{3}{2}H_2O\rightarrow CaSO_4\cdot 2H_2O \quad (3\text{-}2)$$

建筑石膏凝结硬化过程：半水石膏遇水即发生溶解，溶液很快达到饱和，溶液中的半水石膏水化成为二水石膏。由于二水石膏的溶解度远比半水石膏小，所以很快从过饱和溶液中沉淀析出二水石膏的胶体微粒并不断转化为晶体。由于二水石膏的析出破坏了原有半水石膏的平衡，这时半水石膏进一步溶解和水化，如此不断地进行半水石膏的溶解和二水石膏的析晶，直到半水石膏完全水化为止。随着浆体中的自由水分因水化和蒸发而逐渐减少，浆体逐渐变稠失去塑性，呈现石膏的凝结。此后二水石膏的晶体继续大量形成、长大，晶体之间相互接触与连生，形成结晶结构网，浆体逐渐硬化成块体，并具有一定的强度。

建筑石膏凝结硬化很快，一般终凝时间不超过半个小时，硬化后体积稍有膨胀（膨胀量为 0.5%～1%），故能填满模型，形成平滑饱满的表面，干燥时也不开裂，所以石膏可以不加填充料而单独使用。

建筑石膏水化反应的理论需水量仅为石膏质量的 18.6%，但使用时，为使浆体具有一定的可塑性，需水量常达 60%～80%。多余水分蒸发后留下大量孔隙，故硬化后石膏具有多孔性、表观密度较小、导热性较小、强度也较低。

建筑石膏硬化后具有很强的吸湿性，受潮后，晶体间结合力减弱，强度急剧下降，软化系数为 0.2～0.3，耐水性及抗冻性均较差。

建筑石膏具有良好的防火性能。硬化的石膏为二水石膏，当其遇火时，二水石膏吸收大量的热而脱水蒸发，在制品表面形成水蒸气隔层，使其具有良好的防火性能。

建筑石膏的技术要求主要有强度、细度和凝结时间。按强度、细度和凝结时间将石膏划分为 3.0、2.0、1.6 共 3 个等级，各等级的技术要求见表 3-1。如有一项指标不合格，则石膏应重新检验级别或报废。

表 3-1 建筑石膏的技术指标

技术指标		3.0	2.0	1.6
抗折强度/MPa		≥3.0	≥2.0	≥1.6
抗压强度/MPa		≥6.0	≥4.0	≥3.0
细度（0.2 mm 方孔筛筛余）		≤10%		
凝结时间/min	初凝时间	≥3		
	终凝时间	≤30		

建筑石膏适用于室内装饰、抹灰、粉刷，制作各种石膏制品及石膏板等。

石膏板是一种新型轻质板材，它是以建筑石膏为主要原料，加入轻质多孔填料（如锯末、膨胀珍珠岩等）及纤维状填料（如石棉、纸筋等）而制成的。为了提高石膏板的耐水性，可加入适量的水泥、粉煤灰、粒化高炉矿渣等，或在石膏板表面粘贴纸板、塑料壁纸、铝箔等。石膏板具有质量轻、隔热保温、隔音、防火等性能，可锯、可钉，加工方便，适用于建筑物的内隔墙、墙体覆盖面、天花板及各种装饰板等。目前，我国生产的石膏板主要有纸面石膏板、纤维石膏板、石膏空心板条、石膏装饰板及石膏吸音板等。

二、高强度石膏

将二水石膏放在压力为 0.13 MPa 的蒸压锅内蒸炼（即在 1.3 个大气压、125 ℃条件下进行脱水），所得的半水石膏为 α 型半水石膏，其需水量（为 35%～45%）仅为建筑石膏的一半。故其制品密实度和强度较建筑石膏大，称为高强度石膏。它适用于强度较高的抹灰工程、石膏制品和石膏板等。

三、无水石膏水泥

将二水石膏在 600～800 ℃温度下煅烧后所得的不溶性无水石膏加入适量的催化剂，如石灰、页岩灰、粒化高炉矿渣、硫酸钠、硫酸氧钠等，共同磨细而制得的气硬性胶凝材料，称为无水石膏水泥。它具有较高的强度，可用于配制建筑砂浆、保温混凝土、抹灰、制造石膏制品和石膏板等。

第二节 石灰

石灰是对生石灰、消石灰和石灰膏的统称，是建筑上最早使用的气硬性胶凝材料之一。由于生产石灰的原料广泛、工艺简单、成本低廉，因此至今仍在建筑中广泛应用。

一、石灰的原料和性质

（一）石灰的原料

石灰的原料主要是以碳酸钙（$CaCO_3$）为主要成分的天然岩石，如石灰岩及白垩、白云质石灰岩等，经适当煅烧、分解、排出二氧化碳（CO_2）而制得的块状材料。其主要成分为氧化钙（CaO），其次为氧化镁（MgO），通常把这种白色轻质的块状物质称为块灰；以块灰为原料经粉碎、磨细制成的生石灰，称为磨细生石灰粉或建筑生石灰粉。

根据生石灰中氧化镁含量的不同，生石灰分为钙质生石灰和镁质生石灰。钙质生石灰中的氧化镁含量小于5%；镁质生石灰中的氧化镁含量为5%～24%。

建筑用石灰有生石灰（块灰）、生石灰粉、熟石灰粉（又称建筑消石灰粉、消解石灰粉、水化石灰）和石灰膏等几种形态。

（二）石灰的性质

石灰与其他胶凝材料相比具有以下特性：

（1）良好的保水性。石灰加水拌和后，具有较强的保水性（即材料保持水分不泌出的能力）。这是由于生石灰熟化为石灰浆时，氢氧化钙粒子呈胶体分散状态。熟化生成的氢氧化钙颗粒极其细小，比表面积（材料的总表面积与其质量的比值）很大，使氢氧化钙颗粒表面吸附有一层较厚的水膜，因此石灰的保水性好。

（2）良好的可塑性。由于颗粒间的水膜较厚，颗粒间的滑移较易进行，即可塑性好。这一性质常被用来改善砂浆的保水性，以克服水泥砂浆保水性差的缺点。

（3）凝结硬化慢、强度低。由于空气中的 CO_2 含量低，而且碳化后形成的碳酸钙硬壳阻止 CO_2 向内部渗透，阻止水分向外蒸发，因此石灰的凝结硬化很慢，且硬化后的强度很低。如1∶3的石灰砂浆，28 d时的抗压强度仅为0.2～0.5 MPa。

（4）耐水性差。若石灰浆体尚未硬化，则在潮湿环境中不会产生凝结硬化。硬化后的石灰浆体的主要成分为 $Ca(OH)_2$，仅有少量的 $CaCO_3$。由于 $Ca(OH)_2$ 可微溶于水，所以石灰的耐水性很差。

（5）吸湿性强。生石灰是传统的干燥剂，其吸湿性强、保水性佳。

（6）干燥时体积收缩大。石灰浆体中氢氧化钙颗粒吸附的大量水分，在石灰浆体凝结硬化过程中不断蒸发，由于毛细管失水收缩，而使石灰浆体产生很大的收缩而开裂。因此，石灰除粉刷外不宜单独使用，常掺入砂子、麻刀、纸筋等。

（7）化学稳定性较差。由于石灰是碱性材料，与酸性物质接触时，容易发生化学反应，生成新物质。石灰及含石灰的材料长期处于潮湿空气中，容易与二氧化碳作用生成碳酸钙。石灰材料还比较容易遭受酸性介质的腐蚀。

（三）石灰的应用

建筑石灰在建筑上应用很广，常用来配制石灰砂浆等，作为砌筑砖石及抹灰刷的材料。石灰乳常作为墙及天棚等的粉刷涂料使用。

消石灰与黏土可配制成灰土，再加入砂子可配成三合土，经过夯实之后，具有一定的强度和耐水性，可用于建筑物的基础和垫层，也可用于小型水利工程。三合土或灰土可就地取材，施工技术简单，成本低，具有很大的使用价值。

将生石灰磨成细粉，不经消解直接使用，称为磨细生石灰。磨细生石灰常用于制作硅酸盐制品及无熟料水泥，也可用于拌制三合土或灰土等，其物理力学性能比消石灰好。

用磨细生石灰掺加纤维状填料或轻质骨料，搅拌成型后，经人工碳化，可制成碳化石灰板，用做隔墙板、天花板等。

二、石灰的生产

石灰岩煅烧即成生石灰。煅烧时，石灰岩中碳酸钙和少量碳酸镁分解，生成氧化钙、氧化镁和二氧化碳气体。

$$CaCO_3 \xrightarrow{900^\circ C} CaO + CO_2\uparrow \quad (3\text{-}3)$$

$$MgCO_3 \xrightarrow{700^\circ C} MgO + CO_2\uparrow \quad (3\text{-}4)$$

碳酸钙煅烧温度达到 900 ℃时，分解速度开始加快。但在实际生产中，由于石灰石致密程度、杂质含量及块度大小不同，并考虑到煅烧中的热损失，实际的煅烧温度为 1 000～1 200℃或者更高。当煅烧温度达到 700 ℃时，石灰岩中的次要成分碳酸镁开始分解为氧化镁。

入窑石灰石的块度不宜过大，并应力求均匀，以保证煅烧质量的均匀。石灰石越致密，要求的煅烧温度越高。当入窑石灰石块度较大、煅烧温度较高，石灰石块的中心部位达到分解温度时，其表面已超过分解温度，得到的石灰石晶粒粗大，遇水后熟化反应缓慢，称其为过火石灰；若煅烧温度较低，则使煅烧周期延长，而且大块石灰石的中心部位不能完全分解，此时称其为欠火石灰。过火石灰熟化十分缓慢，其细小颗粒可能在石灰使用后熟化，体积膨胀，致使硬化的砂浆产生“崩裂”或“鼓泡”现象，影响工程质量。欠火石灰降低了石灰的质量，也影响了石灰石的产灰量。

三、石灰的熟化

石灰在使用前一般要加水进行熟化。经过熟化后的石灰，其主要成分是 $Ca(OH)_2$。石灰熟化的反应为：

$$CaO + H_2O \rightarrow Ca(OH)_2 + 64.8\ kJ \quad (3\text{-}5)$$

石灰在熟化过程中放出大量的热，体积膨胀 1.0～2.5 倍。根据熟化时加水量的不同，熟石灰可呈粉状或浆状。

生石灰熟化成消石灰粉的理论加水量仅为 CaO 质量的 32%，但由于一部分水分随放热过程而蒸发，故实际需水量为 70%左右。消石灰粉的密度约为 2.1 g/m^3，松散状态下的堆积表观密度为 400～450 kg/m^3。消石灰粉的生产一般多在工厂中进行。

在建筑工地上，多用石灰槽或石灰坑，将石灰熟化成石灰浆使用，通常加水量约为石灰量的 2.5～3.0 倍或更多。熟化时经充分搅拌，使之生成稀薄的石灰乳，再注入石灰坑内，澄清后约含 50%水分的石灰浆（石灰膏），其堆积表观密度为 1 300～1 400 kg/m^3。

欠火石灰的中心部分仍是碳酸钙硬块，不能熟化，形成渣子。过火石灰结构紧密，且表面有一层深褐色的玻璃状硬壳，故熟化很慢，当被用于建筑物后，能继续熟化产生体积膨胀，从而引起裂缝或局部脱落现象。为消除过火石灰的危害，石灰浆应在消解坑中存放两个星期以上（称为“陈伏”），使未熟化的颗粒充分熟化。“陈伏”期间，石灰浆表面应覆盖一层水膜，以免石灰浆碳化。

四、石灰的硬化

石灰浆体在空气中逐渐硬化，其硬化包括两个同时进行的过程：

（1）石灰浆中水分逐渐蒸发，或被周围砌体所吸收，氢氧化钙从饱和溶液中析出结晶，即结晶过程。

（2）氢氧化钙吸收空气中的二氧化碳，生成碳酸钙并放出水分，即碳化过程。其反应式如下：

$$Ca(OH)_2+CO_2+nH_2O\rightarrow CaCO_3+(n+1)H_2O \qquad (3\text{-}6)$$

碳化作用主要发生在与空气接触的表面，当表层生成致密的碳酸钙薄壳后，不但阻碍二氧化碳继续往深处透入，同时也影响水分的蒸发，因此在砌体的深处，氧氧化钙不能充分碳化，而是进行结晶，所以石灰浆的硬化是一个较缓慢的过程。

由于石灰浆的硬化是由碳化作用及水分的蒸发而引起的，故必须在空气中进行。又由于氢氧化钙能溶于水，故石灰一般不用于与水接触或潮湿环境下的建筑物。

纯石灰浆在硬化时收缩较大，易发生收缩裂缝，所以在工程上常配成石灰砂浆使用。掺入砂子除能构成坚固的骨架，以减少收缩并节约石灰外，还能形成一定的孔隙，使内部水分易于蒸发，二氧化碳易于透入，有利于硬化过程的进行。

五、石灰的技术要求

石灰的技术要求主要包括建筑生石灰、建筑生石灰粉和建筑消石灰粉的技术要求。

（一）建筑生石灰的技术要求

建筑生石灰按化学成分分为钙质生石灰（氧化镁含量小于等于 5%）和镁质生石灰（氧化镁含量大于 5%）。建筑生石灰的技术要求包括有效氧化钙和有效氧化镁含量、未消化残渣含量（即欠火石灰、过火石灰及杂质的含量）、二氧化碳含量（欠火石灰含量）及产浆量（指 1 kg 生石灰制得石灰膏的体积数），并由此划分为优等品、一等品和合格品。各等级的技术要求见表 3-2。

表 3-2　建筑生石灰技术指标［《建筑生石灰》（JC/T 479—2013）］

项目	钙质生石灰			镁质生石灰		
	优等品	一等品	合格品	优等品	一等品	合格品
CaO＋MgO 含量不小于/%	90	85	80	85	80	75
未消化残渣含量（5 mm 圆孔筛筛余）不大于/%	5	10	15	5	10	15
CO_2 含量不大于/%	5	7	9	6	8	10
产浆量不小于/（$L\cdot kg^{-1}$）	2.8	2.3	2.0	2.8	2.3	2.0

（二）建筑生石灰粉的技术要求

建筑生石灰粉按化学成分可分为钙质生石灰粉和镁质生石灰粉。钙质生石灰粉氧化镁含量小于等于 5%；镁质生石灰粉氧化镁含量大于 5%。

建筑生石灰粉的技术要求包括有效氧化钙和有效氧化镁含量、二氧化碳含量及细度，并由此划分为优等品、一等品和合格品，各等级的技术要求见表 3-3。

表 3-3　建筑生石灰粉技术指标［《建筑生石灰粉》（JC/T 479—2013）］

项目	钙质生石灰粉			镁质生石灰粉		
	优等品	一等品	合格品	优等品	一等品	合格品
CaO＋MgO 含量不小于/%	90	85	80	85	80	75
CO_2 含量不大于/%	5	7	9	6	8	10
0.90 mm 筛筛余不大于/%	0.2	0.5	1.5	0.2	0.5	1.5
0.125 mm 筛筛余不大于/%	7.0	12.0	18.0	7.0	2.0	18.0

（三）建筑消石灰粉的技术要求

建筑消石灰（熟石灰）粉按氧化镁含量分为钙质消石灰粉、镁质消石灰粉和白云石消石灰粉等，其分类界限见表 3-4。

表 3-4　建筑消石灰粉按氧化镁含量分类界限

品种名称	MgO 指标
钙质消石灰粉	≤4%
镁质消石灰粉	4%～24%
白云石消石灰粉	25%～30%

建筑消石灰粉的技术要求包括有效氧化钙和氧化镁含量、游离水含量、体积安定性及细度，并由此划分为优等品、一等品和合格品，各等级的技术要求见表 3-5。

表 3-5　建筑消石灰粉的技术指标［《建筑消石灰粉》（JC/T 481—2013）］

项目		钙质消石灰粉			镁质消石灰粉			白云石消石灰粉		
		优等品	一等品	合格品	优等品	一等品	合格品	优等品	一等品	合格品
CaO＋MgO 含量不小于/%		70	65	60	65	60	55	65	60	55
游离水含量/%		0.4～2	0.4～2	0.4～2	0.4～2	0.4～2	0.4～2	0.4～2	0.4～2	0.4～2
体积安定性		合格	合格	—	合格	合格	—	合格	合格	—
细度	0.90 mm 筛筛余不大于/%	0	0	0.5	0	0	0.5	0	0	0.5
	0.125 mm 筛筛余不大于/%	3	10	15	3	10	15	3	10	15

六、石灰的储存和运输

储存和运输生石灰时，要防止受潮，且储存时间不宜过长。这是因为生石灰会吸收空气中的水分消化成消石灰粉，进一步与空气中的二氧化碳作用生成碳酸钙，失去胶凝能力。工地上常将石灰的储存期变为陈伏期。同时在储存和运输石灰时，因生石灰受潮熟化要放出大量的热，且体积膨胀 1～2.5 倍，故要将生石灰与可燃物分开保管，以免引起火灾。

第三节　水玻璃

水玻璃俗称泡花碱，是一种水溶性的硅酸盐，由碱金属氧化物和二氧化硅结合而成，如硅酸钠 $Na_2O\cdot nSiO_2$、硅酸钾 $K_2O\cdot nSiO_2$ 等。

一、水玻璃的特性

建筑上常使用的水玻璃是硅酸钠的水溶液，为无色、青绿色或棕色黏稠液体。其制造方法是将石英砂粉或石英岩粉加入 Na_2CO_3 或 Na_2SO_4 中，在玻璃炉内以 1 300～1 400 ℃温度熔化，冷却后即成固态水玻璃。然后在 0.3～0.8 MPa 压力的蒸压锅内加热，将其溶解成液态水玻璃。它是一种胶质溶液，具有黏结能力。

水玻璃中 SiO_2 和 Na_2O 的分子数比值 n 称为水玻璃硅酸盐模数。n 值越大，水玻璃中胶体组分越多，水玻璃的黏性越大，越难溶于水，但却容易分解硬化，黏结能力较强。建筑工程中常用水玻璃的 n 值一般在 2.5～3.5。相同模数的液态水玻璃，其密度较大（即浓度较稠）者，则黏性较大，黏结性能较好。工程中常用的水玻璃密度为 1.30～1.48 g/cm^3。

水玻璃在空气中与二氧化碳作用，析出无定形二氧化硅凝胶，并逐渐干燥而硬化。反应式为：

$$Na_2O\cdot nSiO_2+CO_2+mH_2O\rightarrow Na_2CO_3+nSiO_2\cdot mH_2O \qquad (3\text{-}7)$$

由于空气中的 CO_2 含量有限，上述硬化过程进行得很慢，为加速此硬化过程，常加入促硬剂氟硅酸钠（Na_2SiF_6），以促使二氧化硅凝胶加速析出。反应式为：

$$2[Na_2O \cdot nSiO_2]+mH_2O+Na_2SiF_6 \rightarrow (2n+1)SiO_2 \cdot mH_2O+6NaF \quad (3\text{-}8)$$

氟硅酸钠的适宜掺用量为水玻璃质量的12%～15%。

二、水玻璃在建筑工程中的用途

水玻璃在建筑工程中的主要用途如下：

（1）作为灌浆材料以加固地基。水玻璃不仅可以提高基础的承载能力，而且可以增强透水性。

（2）将水玻璃溶液涂刷于混凝土、砖、石、硅酸盐制品等材料的表面，使其渗入材料的缝隙中，可以提高材料的密实性和抗风化性。但不能用水玻璃涂刷石膏制品，因硅酸钠能与硫酸钙反应生成硫酸钠，结晶时体积膨胀，使制品破坏。

（3）水玻璃能抵抗大多数无机酸（氧氟酸除外）的作用，故常与耐酸填料和骨料配制耐酸砂浆和耐酸混凝土。

（4）水玻璃的耐热性较好，可用于配制耐热砂浆和耐热混凝土。

（5）将水玻璃溶液掺入砂浆或混凝土中，砂浆或混凝土急速硬化，用于堵漏抢修等。

不同的应用条件需要选择不同 n 值的水玻璃。用于地基灌浆时，采用 n=2.7～3.0 的水玻璃较好；涂刷材料表面时，n=3.3～3.5 为宜；配制耐热混凝土或作为水泥的促凝剂时，n=2.6～2.8 为宜。水玻璃 n 值的大小可根据要求予以配制。在水玻璃溶液中加入 Na_2O 可降低 n 值，溶入硅胶（SiO_2）可以提高 n 值。也可用 n 值较大与 n 值较小的两种水玻璃掺配使用。

本章小结

本章主要讲述了石膏、石灰、水玻璃的硬化机制、技术性质等主要内容，并介绍了气硬性胶凝材料的生产工艺和应用。通过本章的学习，读者应能准确掌握石灰、石膏、水玻璃的种类、特性与应用；能够正确操作建筑生石灰的基本性质检测；能分析和处理施工中，由于气硬性材料使用不当等原因导致的工程技术问题。

复习思考题

1．建筑石膏是如何制成的？其主要化学成分是什么？

2．建筑石膏的性质特点和用途有哪些？

3．简述石灰的生产过程、熟化及硬化。

4．试述石灰的技术要求。

5．水玻璃的硬化特点及其用途什么？

第四章　水泥

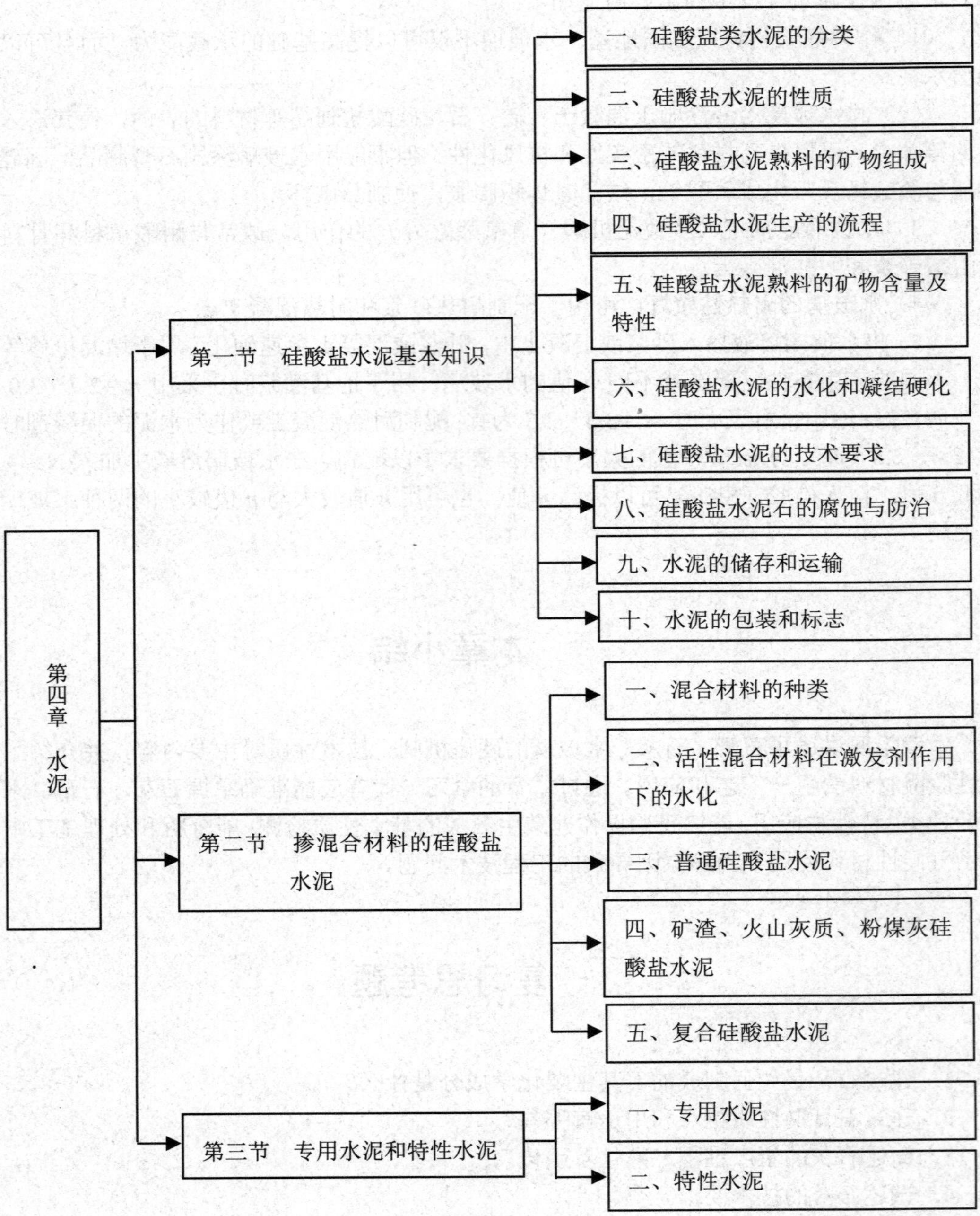
第四章 水泥
第一节　硅酸盐水泥基本知识
一、硅酸盐类水泥的分类
二、硅酸盐水泥的性质
三、硅酸盐水泥熟料的矿物组成
四、硅酸盐水泥生产的流程
五、硅酸盐水泥熟料的矿物含量及特性
六、硅酸盐水泥的水化和凝结硬化
七、硅酸盐水泥的技术要求
八、硅酸盐水泥石的腐蚀与防治
九、水泥的储存和运输
十、水泥的包装和标志
第二节　掺混合材料的硅酸盐水泥
一、混合材料的种类
二、活性混合材料在激发剂作用下的水化
三、普通硅酸盐水泥
四、矿渣、火山灰质、粉煤灰硅酸盐水泥
五、复合硅酸盐水泥
第三节　专用水泥和特性水泥
一、专用水泥
二、特性水泥

本章结构图

【学习目标】

- 掌握通用水泥中硅酸盐水泥、普通硅酸盐水泥、矿渣硅酸盐水泥、复合硅酸盐水泥的主要技术性能及应用范围，能根据工程条件选择水泥品种、等级;
- 重点掌握普通硅酸盐水泥的性能和应用;
- 了解特性水泥的相关知识。

第一节　硅酸盐水泥基本知识

凡以硅酸钙为主的硅酸盐水泥熟料，5%以下的石灰石或粒化高炉矿渣，适量石膏磨细制成的水硬性胶凝材料，统称为硅酸盐水泥（Portland cement），国际上统称为波特兰水泥。

硅酸盐水泥分两种类型：不掺加混合材料的称为Ⅰ型硅酸盐水泥，代号 P・Ⅰ；掺加不超过水泥质量 5%的石灰石或粒化高炉矿渣混合材料的称为Ⅱ型硅酸盐水泥，代号 P・Ⅱ。

一、硅酸盐类水泥的分类

硅酸盐类水泥是以水泥熟料（硅酸钙为主要成分）、适量的石膏及规定的混合材料制成的水硬性胶凝材料。硅酸盐类水泥的分类如图 4-1 所示。

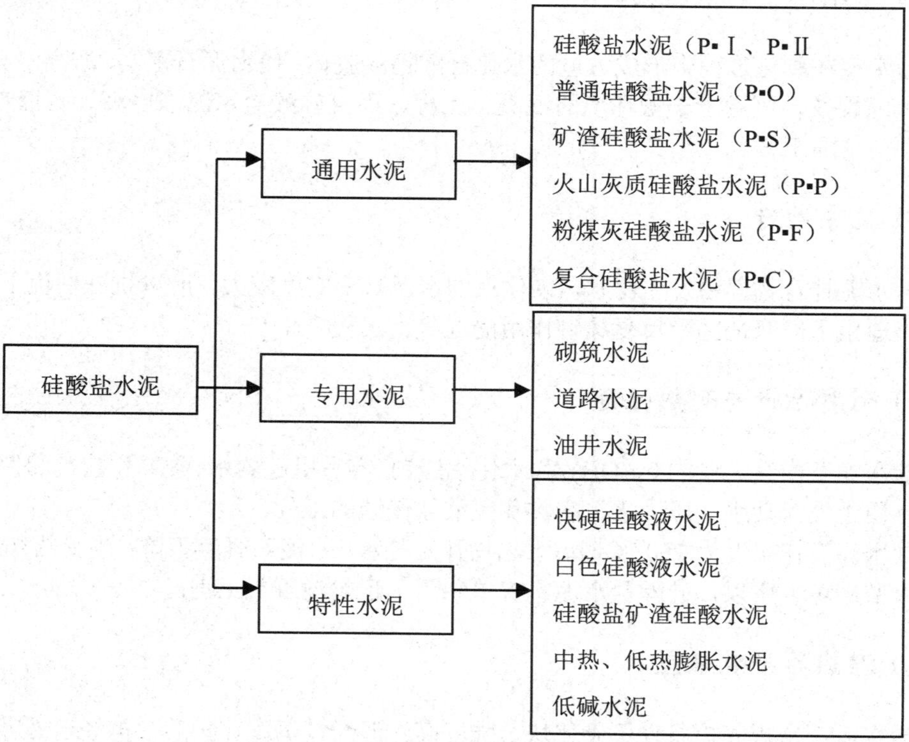

图 4-1　硅酸盐类水泥的分类

二、硅酸盐水泥的性质

硅酸盐水泥主要有以下几个性质。

（一）强度与水化热高

硅酸盐水泥 C_3S 和 C_3A 含量高，早期放热量大，放热速度快，早期强度高，用于冬期施工常可避免冻害，尤其是其早期强度增长率大，特别适合早期强度要求高的工程、高强混凝土结构和预应力混凝土工程。但高放热量对大体积混凝土工程不利，如无可靠的降温措施，不宜用于大体积混凝土工程。

（二）碱度高、抗碳化能力强

硅酸盐水泥硬化后的水泥石显示强碱性，埋于其中的钢筋在碱性环境中表面生成一层灰色钝化膜，可保持几十年不生锈。由于空气中的 CO_2 与水泥石中的 $Ca(OH)_2$ 会发生碳化反应而生成 $CaCO_3$，使水泥石逐渐由碱性变为中性。当中性化深度达到钢筋附近时，钢筋失去碱性保护而锈蚀，表面疏松膨胀，会造成钢筋混凝土构件报废。因此，钢筋混凝土构件的寿命往往取决于水泥的抗碳化性能。硅酸盐水泥碱性强且密实度高，抗碳化能力强，所以特别适用于重要的钢筋混凝土结构和预应力混凝土工程。

（三）干缩小、耐磨性好

硅酸盐水泥在硬化过程中形成大量的水化硅酸钙凝胶体，使水泥石密实，游离水分少，不易产生干缩裂纹，可用于干燥环境的混凝土工程。而且硅酸盐水泥强度高、耐磨性好，可用于路面与地面工程。

（四）抗冻性好

硅酸盐水泥拌合物不易发生泌水，硬化后的水泥石密实度较大，所以抗冻性优于其他通用水泥，适用于严寒地区受反复冻融作用的混凝土工程。

（五）耐腐蚀性与耐热性差

硅酸盐水泥石中有大量的 $Ca(OH)_2$ 和水化铝酸钙，容易引起软水、酸类和盐类的侵蚀。所以，不宜用于受流动水、压力水、酸类和硫酸盐侵蚀的工程。

硅酸盐水泥石在温度为 250 ℃时，水化物开始脱水，水泥石强度下降；当受热 700 ℃以上时，将遭破坏。所以，硅酸盐水泥不宜单独用于耐热混凝土工程。

（六）湿热养护效果差

硅酸盐水泥在常规养护条件下硬化快、强度高。但经过蒸汽养护后，再经自然养护至 28 d 测得的抗压强度，往往低于未经蒸养的 28 d 抗压强度。

三、硅酸盐水泥熟料的矿物组成

硅酸盐水泥生料在煅烧过程中，首先是石灰石和黏土分别分解出 CaO、SiO_2、Al_2O_3 和 Fe_2O_3。然后在 800～1 200 ℃的温度范围内相互反应，经过一系列的中间过程后，生成硅酸二钙（$2CaO·SiO_2$）、铝酸三钙（$3CaO·Al_2O_3$）和铁铝酸四钙（$4CaO·Al_2O_3·Fe_2O_3$）；在 1 4001 450 ℃的温度范围内，硅酸二钙又与 CaO 在熔融状态下发生反应生成硅酸三钙（$3CaO·SiO_2$）。硅酸盐水泥中，硅酸三钙、硅酸二钙一般占总量的 75%以上；铝酸三钙、铁铝酸四钙占总量的 25%左右。硅酸盐水泥熟料除上述主要组成外，尚含有以下少量成分：

（1）游离氧化钙。当含量过高将造成水泥安定性不良，危害很大。

（2）游离氧化镁。若其含量高、晶粒大时也会导致水泥安定性不良。

（3）含碱矿物以及玻璃体等。含碱矿物及玻璃体的水泥中 Na_2O 和 K_2O 含量高，当遇有活性骨料时，易产生碱—骨料膨胀反应。

水泥是由多种矿物成分组成的，不同的矿物组成具有不同的特性，改变熟料中矿物成分的含量比例，可以生产出不同性能的水泥。例如，提高硅酸三钙的含量，可以制得高强度水泥；降低硅酸三钙、铝酸三钙的含量，提高硅酸二钙的含量，可以制得水化热低的低热水泥；提高铁铝酸四钙和硅酸三钙的含量，可以制得高抗折强度的道路水泥等。

四、硅酸盐水泥生产的流程

硅酸盐水泥是硅酸盐类水泥品种中最重要的一种。生产硅酸盐水泥的原料主要是石灰质原料和黏土质原料。石灰质原料如石灰石、白垩等，主要提供氧化钙（CaO）；黏土质原料如黏土、页岩等，主要提供氧化硅（SiO_2）、氧化铝（Al_2O_3）与氧化铁（Fe_2O_3）。有时为调整化学成分，还需加入少量辅助原料，如铁矿石。为调整硅酸盐水泥的凝结时间，在生产的最后阶段还要加入石膏。其工艺流程如图 4-2 所示。

硅酸盐水泥熟料的生产是以适当比例的几种原料共同磨制成生料，将生料送入水泥窑（立窑或回转窑）中进行高温煅烧（约 1 450 ℃），生料经烧结成为熟料。

概括地讲，水泥生产主要工艺就是“两磨”（磨细生料、磨细熟料）“一烧”（生料煅烧成熟料）。

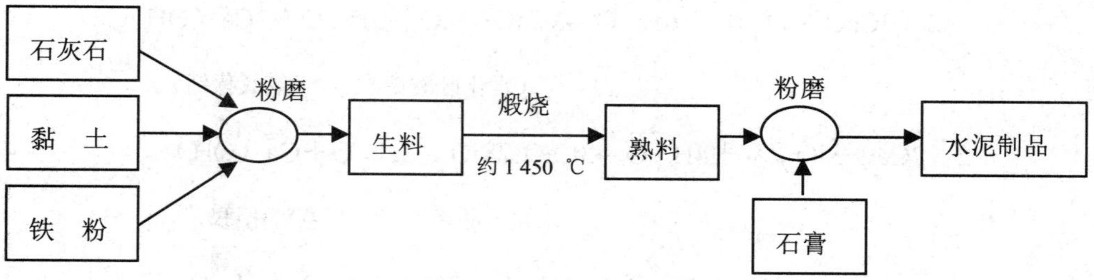

图 4-2 硅酸盐水泥生产工艺流程图

五、硅酸盐水泥熟料的矿物含量及特性

水泥在水化过程中，四种矿物组成表现出不同的反应特性，改变熟料中的矿物成分之间的比例关系，可以使水泥的性质发生相应变化，见表4-1。如适当提高水泥中的 C_3S 及 C_3A 的含量，得到快硬高强水泥，而水利工程所用的大坝水泥，则要尽可能降低 C_3A 的含量，降低水化热，提高耐腐蚀性能。

表4-1　硅酸盐水泥熟料的矿物含量及特性

矿物名称	矿物成分	简称	含量/%	密度/（$g\cdot cm^{-3}$）	水化反应速率	水化放热量	强度
硅酸三钙	$3CaO\cdot SiO_2$	C_3S	37～60	3.25	快	大	高
硅酸二钙	$2CaO\cdot SiO_2$	C_2S	15～37	3.28	慢	小	早期低、后期高
铝酸三钙	$3CaO\cdot Al_2O_3$	C_3A	7～15	3.04	最快	最大	低
铁铝酸四钙	$4CaO\cdot Al_2O_3\cdot Fe_2O_3$	C_4AF	10～18	3.77	快	中	低

六、硅酸盐水泥的水化和凝结硬化

硅酸盐水泥加水拌和后成为既有可塑性又有流动性的水泥浆，同时产生水化反应，随着水化反应的进行，逐渐失去流动能力达到“初凝”。待完全失去可塑性，开始产生强度时，即为“终凝”。随着水化、凝结的继续，浆体逐渐转变为具有一定强度的坚硬固体水泥石，这一过程称为水泥的硬化。由此可见，水化是水泥产生凝结硬化的前提，而凝结硬化则是水泥水化的结果。

（一）硅酸盐水泥的水化

水泥加水拌和后，水泥颗粒立即分散于水中并与水发生化学反应，生成水化产物并放出热量。其反应式如下：

$$2(3CaO\cdot SiO_2)+6H_2O\rightarrow 3CaO\cdot 2SiO_2\cdot 3H_2O+3Ca(OH)_2 \tag{4-1}$$

（水化硅酸钙）　（氢氧化钙）

$$2(2CaO\cdot SiO_2)+4H_2O\rightarrow 3CaO\cdot 2SiO_2\cdot 3H_2O+Ca(OH)_2 \tag{4-2}$$

（水化硅酸钙）　（氢氧化钙）

$$3CaO\cdot Al_2O_3+6H_2O\rightarrow 3CaO\cdot Al_2O_3\cdot 6H_2O \tag{4-3}$$

（水化铝酸钙）

$$4CaO \cdot Al_2O_3 \cdot Fe_2O_3 + 7H_2O \rightarrow 3CaO \cdot Al_2O_3 \cdot 6H_2O + CaO \cdot Fe_2 3 \cdot H_2O \quad (4\text{-}4)$$

（水化铝酸钙）　（水化铁一钙）

$$3CaO \cdot Al_2O_3 \cdot 6H_2O + 3(CaSO_4 \cdot 2H_2O) + 19H_2O \rightarrow 3CaO \cdot Al_2O_3 \cdot 3CaSO_4 \cdot 31H_2O \quad (4\text{-}5)$$

水化硫铝酸钙（钙矾石）

经水化反应后生成的主要水化产物中水化硅酸钙和水化铁酸钙为凝胶体，氢氧化钙、水化铝酸钙和水化硫铝酸钙为晶体。在完全水化的水泥石中，水化硅酸钙约为70%，它不溶于水，并立即以胶体微粒析出；氢氧化钙约占20%，呈六方板状晶体析出。水化硅酸钙对水泥石的强度起决定性作用。水化作用从水泥颗粒表面开始，逐步向内部渗透。

硅酸盐水泥水化反应为放热反应，其放出的热量称为水化热。硅酸盐水泥的水化热大，并且放热的周期较长，但大部分（50%以上）热量是在3 d以内，特别是在水泥浆发生凝结硬化的初期放出。水化放热量的大小与水泥的细度、水胶比、养护温度等有关，水泥颗粒越细，早期放热越显著。

（二）硅酸盐水泥的凝结硬化

硅酸盐水泥的凝结硬化过程是一个连续的、复杂的物理化学变化过程。当前，常把硅酸盐水泥凝结硬化看做是经如下几个过程完成的，如图4-3所示。

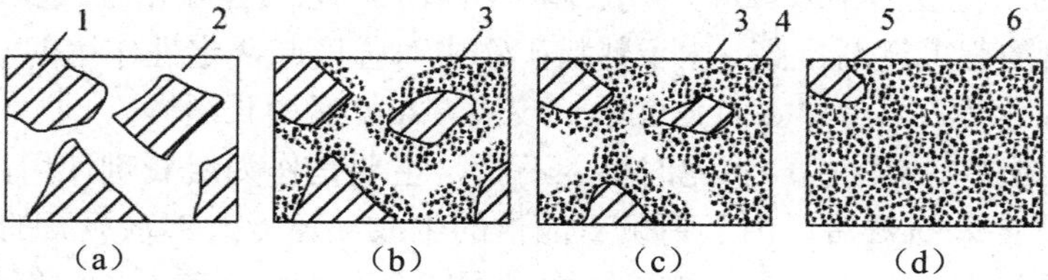

图4-3　硅酸盐水泥凝结硬化过程示意图

1—水泥颗粒；2—水分；3—凝胶；4—晶体；5—未水化水泥颗粒；6—毛细孔

（a）分散在水中未水化的水泥颗粒；（b）在水泥颗粒表面形成水化物膜层；

（c）膜层长大并互相连续（凝结）；（d）水化物进一步发展，填充毛细孔（硬化）

当水泥与水拌和后，水泥颗粒表面开始与水化合，生成水化物，其中结晶体溶解于水中，凝胶体以极细小的质点悬浮在水中，成为水泥浆体。此时，水泥颗粒周围的溶液很快成为水化产物的过饱和溶液，如图4-3（a）所示。

随着水化的继续进行，新生水化产物增多，自由水分减少，凝胶体变稠，包有凝胶层的水泥颗粒凝结成多孔的空间网络，形成凝聚结构。由于此时水化物尚不多，包有水化物膜层的水泥颗粒之间还是分离的，相互间引力较小，如图4-3（b）所示。

水泥颗粒不断水化，水化产物不断生成，水化凝胶体含量不断增加，氢氧化钙、水化铝酸钙结晶与凝胶体各种颗粒互相连接成网，不断充实凝聚结构的空隙，浆体变稠，水泥逐渐凝结，也就是水泥的初凝，水泥此时尚未具有强度，如图4-3（c）所示。

水化后期，由于凝胶体的形成与发展，水化越来越困难，未水化的水泥颗粒吸收胶体内的水分水化，使凝聚胶体脱水而更趋于紧密，而且各种水化产物逐渐填充原来水所占的空间，胶体更加紧密，水泥硬化，强度产生，如图 4-3（d）所示。

以上就是水泥的凝结硬化过程。水泥与水拌和凝结硬化后成为水泥石。水泥石是由凝胶、晶体、未水化水泥颗粒、毛细孔（毛细孔水）和凝胶孔等组成的不匀质结构体。

由上述过程可以看出，硅酸盐水泥的水化是从颗粒表面逐渐深入内层，水泥的水化速度表现为早期快、后期慢，特别是在最初的 3～7 d 内水泥的水化速度最快。所以硅酸盐水泥的早期强度发展最快，大致 28 d 可完成这个过程的基本部分。随后，水分渗入越来越困难，所以水化作用就越来越慢。实践证明，若温度和湿度适宜，则未水化水泥颗粒仍将继续水化，水泥石的强度在几年甚至几十年后仍缓慢增长。水泥石的硬化程度越高，凝胶体含量越多，未水化的水泥颗粒和毛细孔含量越少，水泥石的强度越高。

（三）影响硅酸盐水泥凝结硬化的因素

影响硅酸盐水泥凝结硬化的因素主要有以下几个：

（1）水泥的熟料矿物组成及细度。水泥熟料中各种矿物的凝结硬化特点不同，当水泥中各矿物的相对含量不同时，水泥的凝结硬化特点就不同。

水泥磨得愈细，水泥颗粒平均粒径愈小，比表面积愈大，水化时与水的接触面愈大，水化速度愈快，水泥凝结硬化速度相应就愈快，早期强度就愈高。

（2）养护龄期。水泥的水化硬化是由表及里、逐渐深入进行的过程。随着水泥颗粒内各熟料矿物水化度的不断加深，凝胶体不断增加，毛细孔隙相应减少，从而随着龄期的增长，水泥石的强度逐渐提高。由于熟料矿物中对强度起决定性作用的 C3S 在早期的强度发展快，所以水泥在 3～14 d 内强度增长较快，28 d 后增长缓慢。

（3）石膏的掺量。生产水泥时掺入石膏，主要是作为缓凝剂使用，以延缓水泥的凝结硬化速度。掺入石膏后，由于钙矾石晶体的生成，还能改善水泥石的早期强度。但是，若石膏的掺量过多，则不仅不能缓凝，而且可能会对水泥石的后期性能造成危害。

（4）水胶比。水胶比是指水泥浆中水与水泥的质量之比。当水泥浆中加水较多时，水胶比较大，此时水泥的初期水化反应得以充分进行；但是水泥颗粒间由于被水隔开的距离较远，颗粒间相互连接形成骨架结构所需的凝结时间长，所以水泥浆凝结较慢。

水泥完全水化所需的水胶比为 0.15～0.25，而实际工程中往往要加入更多的水，以便利用水的润滑取得较好的塑性。当水泥浆的水胶比较大时，多余的水分蒸发后形成的孔隙较多，造成水泥石的强度较低。因此，当水胶比过大时，会明显降低水泥石的强度。

（5）环境温度和湿度。水泥的水化、凝结、硬化与环境的温湿度关系很大。当温度低于 5 ℃时，水化、硬化大大减慢；当温度低于 0 ℃时，水化反应基本停止，同时，当水分结冰时，还会破坏水泥石结构。

潮湿环境下的水泥石，水分不易蒸发，能保持有足够的水分进行凝结硬化，生成的水化产物进一步填充毛细孔，促进水泥石的强度发展。所以，保持环境的温度和湿度，是使水泥石强度不断增长的措施，应注重养护。在测定水泥强度时，必须在规定的标准温度与湿度条件下养护至规定的龄期。

（6）外加剂的影响。硅酸盐水泥的水化、凝结硬化受硅酸三钙、铝酸三钙的制约，凡对硅酸三钙和铝酸三钙的水化能产生影响的外加剂，都能改变硅酸盐水泥的水化、凝结硬化性能。如加入促凝剂（$CaCl_2$、Na_2SO_4 等）就能促进水泥水化硬化，提高早期强度；相反，掺入缓凝剂（木钙糖类等）就会延缓水泥的水化、硬化，影响水泥早期强度的发展。

七、硅酸盐水泥的技术要求

根据国家标准《通用硅酸盐水泥》（GB 175—2007），硅酸盐水泥的技术要求包括化学性质和物理力学性质两个方面。

（一）硅酸盐水泥的化学性质

1．氧化镁（MgO）含量

水泥中氧化镁的含量不宜超过 5%。如果水泥经压蒸安定性试验合格，则水泥中氧化镁的含量允许放宽到 6%。氧化镁结晶粗大，水化缓慢，且水化生成的 $Mg(OH)_2$ 体积膨胀达 1.5 倍，过量会引起水泥安定性不良。

2．三氧化硫（SO_3）含量

水泥中三氧化硫的含量不得超过 3.5%。过量的三氧化硫会与铝酸三钙矿物生成较多的钙矾石，从而产生较大的体积膨胀，引起水泥安定性不良。

3．碱含量

水泥中碱含量按 $Na_2O+0.658K_2O$ 计算值来表示。若水泥中碱含量过高，则在混凝土中遇到活性骨料，易产生碱—骨料反应，对工程质量造成危害。若使用活性骨料，则用户要求提供低碱水泥，水泥中碱含量不得大于 0.60%或由供需双方商定。

4．不溶物含量

Ⅰ型硅酸盐水泥中不溶物含量不得超过 0.75%；Ⅱ型硅酸盐水泥中不溶物含量不得超过 1.5%。不溶物含量高，对水泥质量有不良影响。

（二）硅酸盐水泥的物理力学性质

1．密度、堆积密度、细度

硅酸盐水泥的密度约为 3.10 g/cm^3。其松散状态下的堆积密度为 1 000～1 200 kg/m。紧密堆积密度达 1 600　kg/cm^3。

细度是指水泥颗粒的粗细程度，是影响水泥性能的重要指标。颗粒越细，与水反应的表面积越大，因而水化反应的速度加快，水泥石的早期强度高，但硬化收缩较大，在储运过程中易受潮而降低活性，因此水泥细度应适当。国家标准《通用硅酸盐水泥》（GB 175—2007）规定，硅酸盐水泥比表面积应不小于 300 m^2/kg。

2．标准稠度用水量

为了测定水泥的凝结时间及体积安定性等性能，应该使水泥净浆在一个规定的稠度下进行，这个规定的稠度称为标准稠度。达到标准稠度时的用水量称为标准稠度用水量，以

水与水泥质量之比的百分数表示，按《水泥标准稠度用水量、凝结时间、安定性检验方法》（GB/T1346—2011）规定的方法测定。对于不同的水泥品种，水泥的标准稠度用水量各不相同，一般在24%～33%。

3．凝结时间

凝结时间分初凝时间和终凝时间两种。初凝时间是指从水泥全部加入水中到水泥开始失去可塑性所需的时间；终凝时间是指从水泥全部加入水中到水泥完全失去可塑性开始产生强度所需的时间。

国家标准规定，硅酸盐水泥初凝时间不小于45 min，终凝时间不大于6.5 h。水泥的凝结时间是按《水泥标准稠度用水量、凝结时间、安定性检验方法》规定的方法测定的。凝结时间的规定对工程建设有重要的意义，为了使混凝土、砂浆有足够的时间进行搅拌、运输、浇捣、砌筑，初凝时间不能过短，否则在施工前即已失去流动性而无法使用；当施工完毕时，为了使混凝土尽快硬化，产生强度，顺利进入下一道工序，终凝时间不能过长，否则将延缓施工进度与模板周转期。标准中规定，凝结时间不符合规定的硅酸盐水泥为不合格品。

4．体积安定性

水泥体积安定性简称水泥安定性，是指水泥浆硬化后体积变化是否均匀的性质。当水泥浆体在硬化过程中或硬化后发生不均匀的体积膨胀，会导致水泥石开裂、翘曲等现象，称为体积安定性不良。安定性不良的水泥会使混凝土构件产生膨胀性裂缝，从而降低建筑物的质量，引起严重事故。因此，国家标准规定水泥体积安定性必须合格，否则该水泥为不合格品。

引起水泥体积安定性不良的原因主要有熟料中含有过量的游离氧化钙、游离氧化镁或掺入的石膏过多。

游离氧化钙和游离氧化镁经过1 450 ℃的高温煅烧，属严重过火的氧化钙、氧化镁，水化极慢，在水泥凝结硬化后才逐渐开始水化，而且水化生成物$Ca(OH)_2$和$Mg(OH)_2$的体积都比原来体积增加2倍以上，从而导致水泥石开裂、翘曲、疏松，甚至完全崩溃破坏。

当石膏掺量过多时，在冰泥硬化后，残余石膏与固态水化铝酸钙反应生成高硫型水化硫铝酸钙，体积增大约1.5倍，从而导致水泥石开裂。其反应式如下：

$$3CaO\cdot Al_2O_3\cdot 6H_2O+3(CaSO_4\cdot 2H_2O)20H_2O\rightarrow 3CaO\cdot Al_2O_3\cdot 3CaSO_4\cdot 3H_2O \quad (4\text{-}6)$$

国家标准《通用硅酸盐水泥》中规定，硅酸盐水泥的体积安定性经沸煮法检验必须合格。用沸煮法只能检验出游离氧化钙造成的体积安定性不良，而游离氧化镁含量过多造成的体积安定性不良必须用压蒸法才能检验出来；石膏造成的体积安定性不良则需长时间在温水中浸泡才能发现。由于后两种原因造成的体积安定性不良都不易检验，所以国家标准规定：熟料中MgO含量不得超过5.0%，经压蒸试验合格后，允许放宽到6.0%，SO_3含量不得超过3.5%。

5．强度与强度等级

水泥强度是表示水泥力学性能的一项重要指标，是评定水泥强度等级的依据。按照《水泥胶砂强度检验方法（ISO法）》（GB/T 17671—1999）和《通用硅酸盐水泥》（GB 175—2007）

的规定，将水泥、标准砂、水按规定比例，即水泥：标准砂：水＝1：3.0：0.5 拌和成水泥胶砂，制成 40 mm×40 mm×160 mm 的标准试件，在标准养护条件下养护，测定其 3d 和 28d 的抗压、抗折强度，按标准规定的最低强度值来划分它的强度等级。根据国家标准《通用硅酸盐水泥》(GB 175—2007) 的规定，硅酸盐水泥分为 42.5、42.5R、52.5、52.5R、62.5、62.5R 共 6 个强度等级，各强度等级水泥在各龄期的强度值小得低于表 4—2 中的数值。如果有一项数值低于表中数值，则应降低强度等级，直至 4 个数值全部大于或等于表 4—2 中数值为止。同时规定，强度不符合规定的水泥，为不合格品。水泥强度的增长规律是，在水泥水化作用的最初几天内强度增长最为迅速，在合适的条件下，7 d 强度可达 28 d 强度的 70%左右，28 d 后的强度增长明显放缓。

表 4-2　硅酸盐水泥各强度等级、各龄期的强度值（GB 175—2007）　　**单位：**MPa

强度等级	抗压强度		抗折强度	
	3 d	28 d	3 d	28 d
42.5	≥17.0	≥42.5	≥3.5	≥6.5
42.5R	≥22.0		≥4.0	
52.5	≥23.0	≥52.5	≥4.0	≥7.0
52.5R	≥27.0		≥5.0	
62.5	≥28.0	≥62.5	≥5.0	≥8.0
62.5R	≥32.0		≥5.5	

注：R 表示早强型水泥

6. 水化热

水化热是指水泥与水发生水化反应时放出的热量，单位为 J/kg。水化热的大小主要与水泥的细度及矿物组成有关。颗粒越细，水化热越大；矿物成分不同，其放热量也不同（见表 4-3）。矿物中 C_3S 和 C_3A A含量越多，水化热越大。水化热的大小还与水灰比、养护温度等有关。经研究得出：波特兰水泥水化后 1～3 d 的放热量约为总放热量的 50%，7 d 累计达到总放热量的 75%，6 个月大约达到总放热量的 83%～91%。所以，波特兰水泥的放热集中在 3～7 d。

水化热能加速水泥凝结硬化过程，这对一般建筑的冬季施工是有利的，但对大体积混凝土工程（如大坝、大型基础、桥墩等）是不利的，这是由于水化热积聚在混凝土内部，散发非常缓慢，混凝土内外因温差过大而引起温度应力，使构件开裂或破坏。因此，在大体积混凝土工程中，应选用水化热低的水泥。

表 4-3　水泥熟料单矿物水化时的特征

名称	C_3S	C_2S	C_3A	C_4AF
凝结硬化速度	快	慢	最快	快
28 d 水化放热量	多	少	最多	中

强度	高	早期低、后期高	低	低

国家标准《通用硅酸盐水泥》除对上述内容作了规定外，还对不溶物、烧失量、氯离子、碱含量等提出了要求。不溶物含量：I 型硅酸盐水泥不得超 0.75%，II 型硅酸盐水泥不得超过 1.5%；烧失量：I 型硅酸盐水泥不得大于 3.0%，II 型硅酸盐水泥不得大于 3.5%。氯离子含量不得超过 0.06%，当有更低要求时，由供需双方协商确定。以上内容不符合规定的水泥，为不合格品。水泥中碱含量按$Na_2O+0.658K_2O$计算值来表示，若使用活性骨料，则用户要求提供低碱水泥，水泥中碱含量不得大于 0.60%，或由供需双方商定。

【案例】

某大体积的混凝土工程，浇注两周后拆模，发现挡墙有多道贯穿型的纵向裂缝。该工程使用某立窑水泥厂生产的 42.5 II 型硅酸盐水泥，其熟料矿物组成如下：

C_3S：61%，C_2S：14%，C_3A：14%，C_4AF：11%

【问】为什么会出现挡墙有多道贯穿型的纵向裂缝的情况？应该如何防止这种情况再次发生？

【原因分析】由于该工程所使用的水泥 C_3A 和 C_3S 含量高，导致该水泥的水化热高，且在浇注混凝土中，混凝土的整体温度高，以后混凝土温度随环境温度下降，混凝土产生冷缩，造成混凝土贯穿型的纵向裂缝。

【防止措施】对大体积的混凝土工程宜选用低水化热，即 C_3A 和 C_3S 的含量较低的水泥；水泥用量及水灰比需适当控制。

八、硅酸盐水泥石的腐蚀与防治

在通常使用条件下，硅酸盐水泥石有较好的耐久性。当硅酸盐水泥石长时间处于侵蚀性介质（如流动的淡水、酸和酸性水、硫酸盐和镁盐溶液、强碱等）中，会逐渐受到侵蚀，变得疏松，强度下降甚至破坏。

环境对硅酸盐水泥石结构的腐蚀可分为物理腐蚀与化学腐蚀。物理腐蚀是指各类盐溶液渗透到水泥石结构内部，并不与水泥石成分发生化学反应，而是产生结晶使体积膨胀，对水泥石产生破坏作用。在干湿交替的部位，物理腐蚀尤为严重。化学腐蚀是指外界各类腐蚀介质与水泥石内部的某些成分发生化学反应，并生成易溶于水的矿物和体积显著膨胀的矿物或无胶结能力的物质，从而导致水泥石结构的解体。

（一）硅酸盐水泥石腐蚀的类型

引起硅酸盐水泥石腐蚀的原因很多，下面介绍几种典型的硅酸盐水泥石腐蚀。

1．酸类侵蚀（溶解性侵蚀）

硅酸盐水泥水化生成物显碱性，其中含有较多的 $Ca(OH)_2$，当遇到酸类或酸性水时会发生中和反应，生成比 $Ca(OH)_2$ 溶解度大的盐类，导致水泥石受损破坏。

（1）碳酸的侵蚀。在工业污水、地下水中常溶解有较多的二氧化碳，这种碳酸水对水泥石的侵蚀作用如下：

$$Ca(OH)_2 + CO_2 + H_2O \rightarrow CaCO_3 + 2H_2O \quad (4\text{-}7)$$

最初生成的 $CaCO_3$ 溶解度不大，若继续处于浓度较高的碳酸水中，则碳酸钙与碳酸水进一步反应，其反应式如下：

$$CaCO_3 + CO_2 + H_2O \rightarrow Ca(HCO_3)_2 \quad (4\text{-}8)$$

此反应为可逆反应，当水中溶有较多的 CO_2 时，上述反应向右进行，所生成的碳酸氢钙溶解度大。水泥石中的 $Ca(OH)_2$ 因与碳酸水反应生成碳酸氢钙而溶失，$Ca(OH)_2$ 浓度的降低又会导致其他水化产物的分解，腐蚀作用加剧。

（2）一般酸的腐蚀。工业废水、地下水、沼泽水中常含有多种无机酸、有机酸。工业窑炉的烟气中常含有 SO_2，遇水后生成亚硫酸。各种酸类都会对水泥石造成不同程度的损害。其损害作用是酸类与水泥石中的 $Ca(OH)_2$ 发生化学反应，生成物或者易溶于水，或者体积膨胀在水泥石中造成内应力而导致破坏。无机酸中的盐酸、硝酸、硫酸、氢氟酸和有机酸中的醋酸、蚁酸、乳酸的腐蚀作用尤为严重。以盐酸、硫酸与水中的 $Ca(OH)_2$ 的作用为例，其反应式如下：

$$Ca(OH)_2 + 2HCl \rightarrow CaCl_2 + 2H_2O \quad (4\text{-}9)$$

$$Ca(OH)_2 + H_2SO_4 \rightarrow CaSO_4 \cdot 2H_2O \quad (4\text{-}10)$$

反应生成的 $CaCl_2$ 易溶于水，二水石膏（$CaSO_4 \cdot 2H_2O$）则结晶膨胀，还会进一步引起硫酸盐的腐蚀作用。

2．盐类腐蚀

（1）硫酸盐腐蚀（膨胀性腐蚀）。在海水、湖水、盐沼水、地下水、某些工业污水及流经高炉矿渣或煤渣的水中，常含钾、钠、氨的硫酸盐，它们很容易与水泥石中的氢氧化钙产生置换反应而生成硫酸钙。所生成的硫酸钙又会与硬化水泥石结构中的水化铝酸钙作用生成高硫型水化硫铝酸钙，其反应式为：

$$3(CaSO_4.2H_2O) + 3CaO \cdot Al_2O_3 \cdot 6H_2O + 19H_2O \rightarrow 3CaO \cdot Al_2O_3 \cdot 3CaSO_4 \cdot 31H_2O \quad (4\text{-}11)$$

该反应所生成的高硫型水化硫铝酸钙含有大量结晶水，且比原有体积增加 1.5 倍以上，很容易产生内部应力，对水泥石有极大的破坏作用。这种高硫型水化硫铝酸钙多呈针状晶体，对于水泥石结构的破坏十分严重，为此也将其称为“水泥杆菌”。

（2）镁盐腐蚀（双重侵蚀）。在海水及地下水中常含有大量的镁盐，主要是硫酸镁和氯化镁。它们容易与水泥石中的氢氧化钙产生置换反应而引起复分解反应，其反应式如下：

$$MgSO_4 + Ca(OH)_2 + 2H_2O \rightarrow CaSO_4 \cdot 2H_2O + Mg(OH)_2 \quad (4\text{-}12)$$

$$Ca(OH)_2 + MgCl_2 \rightarrow CaCl_2 + Mg(OH)_2 \quad (4\text{-}13)$$

由于反应生成氢氧化镁和氯化钙，氢氧化镁不仅松散而且无胶凝性能，氯化钙又易溶于水，会引起溶出性腐蚀。同时，二水石膏又将引起膨胀腐蚀。因此，硫酸镁、氯化镁对水泥石起硫酸盐和镁盐的双重侵蚀作用，危害更严重。

3．强碱腐蚀

硅酸盐水泥水化产物呈碱性，一般碱类溶液浓度不大时不会造成明显损害。但铝酸盐（C_3A）含量较高的硅酸盐水泥遇到强碱（如 NaOH）会发生反应，生成的铝酸钠易溶于水。其反应式如下：

$$3CaO \cdot Al_2O_3 + 6NaOH \rightarrow 3Na_2O \cdot Al_2O_3 + 3Ca(OH)_2 \quad (4\text{-}14)$$

若水泥石被氢氧化钠浸透后又在空气中干燥，则溶于水的铝酸钠会与空气中的 CO_2 反应生成碳酸钠。由于失去水分，碳酸钠在水泥石毛细管中结晶膨胀，引起水泥石疏松、开裂。除上述三种侵蚀类型外，对水泥石有腐蚀作用的还有糖、酒精、脂肪、氨盐和含环烷酸的石油产品等。上述各类型侵蚀作用，可以概括为下列三种破坏形式：

（1）破坏形式是溶解浸析。主要是介质将水泥石中的某些组分逐渐溶解带走，造成溶失性破坏。

（2）破坏形式是离子交换。侵蚀性介质与水泥石的组分发生离子交换反应，生成容易溶解或是没有胶结能力的产物，破坏了原有的结构。

（3）破坏形式是形成膨胀组分。在侵蚀性介质的作用下，所形成的盐类结晶长大时体积增加，产生有害的内应力，导致膨胀性破坏。

4．软水侵蚀（溶出性侵蚀）

氢氧化钙结晶体是构成水泥石结构的主要水化产物之一，它需在一定浓度的氢氧化钙溶液中才能稳定存在；如果水泥石结构所处环境的溶液（如软水）中氢氧化钙浓度低于其饱和浓度，其中的氢氧化钙将被溶解或分解，从而造成水泥石结构的破坏。

软水是不含或仅含少量钙、镁等可溶性盐的水。雨水、雪水、蒸馏水、工厂冷凝水以及含重碳酸盐甚少的河水与湖水等均属软水。软水能使水化产物中的 $Ca(OH)_2$ 溶解，并促使水泥石中其他水化产物发生分解，故软水侵蚀又称为溶析。

当环境水中含有碳酸氢盐时，碳酸氢盐可与水泥石中的氢氧化钙产生反应，并生成几乎不溶于水的碳酸钙，其反应式为：

$$Ca(OH)_2 + Ca(HCO_3)_2 \rightarrow 2CaCO_3 + 2H_2O \quad (4\text{-}15)$$

所生成的碳酸钙沉积在已硬化水泥石中的孔隙内起密实作用，从而可阻止外界水的继续侵入及内部氢氧化钙的扩散析出。因此，对需与软水接触的混凝土，若预先在空气中硬化和存放一段时间，可使其经碳化作用而形成碳酸钙外壳，这将对溶出性侵蚀起到一定的阻止效果。

（二）硅酸盐水泥石腐蚀的原因

水泥石的腐蚀往往是多种腐蚀介质同时存在的一个极其复杂的物理化学作用过程。引起水泥石腐蚀的外部因素是侵蚀介质，内在因素有两个：一是水泥石中含有易引起腐蚀的组分，即 Ca（OH）$_2$ 和水化铝酸钙（$3CaO·Al_2O_3·6H_2O$）；二是水泥石不密实。水泥水化反应理论需水量仅为水泥质量的 23%，而实际应用时拌合用水量多为 40%～70%，多余水分会形成毛细管和孔隙存在于水泥石中。侵蚀介质不仅在水泥石表面起作用，而且易于进入水泥石内部引起严重破坏。

由于硅酸盐水泥（P·Ⅰ、P·Ⅱ）水化生成物中 Ca（OH）$_2$ 和水化铝酸钙含量较多，所以其耐侵蚀性较其他品种水泥差。掺混合材料的水泥水化反应生成物中 Ca（OH）$_2$ 明显减少，其耐侵蚀性比硅酸盐水泥（P·Ⅰ、P·Ⅱ）有显著改善。

（三）水泥石腐蚀的防护措施

针对水泥石腐蚀的原理，防止水泥石腐蚀的措施有以下几种：

（1）合理选择水泥品种。如在软水或浓度很小的一般酸侵蚀条件下的工程，宜选用水化生成物中 Ca（OH）$_2$ 含量较少的水泥（即掺大量混合材料的水泥）；在有硫酸盐侵蚀的工程中，宜选用铝酸三钙（C_3A）含量低于 5%的抗硫酸盐水泥。通用水泥中，硅酸盐水泥（P·Ⅰ、P·Ⅱ）是耐侵蚀性最差的一种，有侵蚀情况时，如无可靠防护措施，应尽量避免使用。

（2）提高水泥石密实度。水泥石中的毛细管、孔隙是引起水泥石腐蚀加剧的内在原因之一。因此，采取适当措施，如强制搅拌、振动成型、真空吸水、掺加外加剂等，或在满足施工操作的前提下，努力减少水胶比，提高水泥石密实度，都将使水泥石的耐侵蚀性得到改善。

（3）表面加做保护层。在腐蚀作用较大时设置保护层，可在混凝土或砂浆表面加上耐腐蚀性高、不透水的保护层，如塑料、沥青防水层，或喷涂不透水的水泥浆面层等，以防止腐蚀性介质与水泥石直接接触。

九、水泥的储存和运输

（一）储存、运输、保管水泥时的注意事项

（1）防潮防水。水泥受潮后即产生水化作用，凝结成块，影响水泥的正常使用，所以运输和储存时应保持干燥。对于袋装水泥，地面垫板要高出地面 30 cm，四周离墙 30 cm，堆放高度一般不超过 10 袋。存放散装水泥时，应将水泥储存于专用的水泥罐中。

（2）分类储存。不同品种、不同强度等级的水泥应分别存放，不可混杂。

（3）储存期不宜过长。若储存期过长，则会由于空气中的水汽、二氧化碳作用而降低水泥强度。一般来说，储存 3 个月后的水泥强度降低 10%～20%，因此，水泥存放期一般不超过 3 个月，应做到先到的先用。快硬水泥、铝酸盐水泥的规定储存期限更短（1 个月）。使用过期水泥时必须经过试验，并按试验重新确定的强度等级使用。

（二）水泥的进场检查

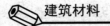

水泥进场时应对其品种、级别、包装或散装仓号、出厂日期等进行检查，并应对其强度、安定性及其他必要的性能指标进行复试，其质量必须符合国家标准《通用硅酸盐水泥》（GB 175—2007）等的规定。当在使用中对水泥质量有怀疑或水泥出厂超过 3 个月（快硬硅酸盐水泥超过 1 个月）时，应进行复验，并按复验结果使用。钢筋混凝土结构、预应力混凝土结构中，严禁使用含氯化物的水泥。

【检查数量】按同一生产厂家、同一等级、同一品种、同一批号且连续进场的水泥，袋装不超过 200 t 为一批，散装不超过 500 t 为一批，每批抽样不少于一次。

【检验方法】检查产品合格证、出厂检验报告和进场复验报告。

十、水泥的包装和标志

水泥可以散装或袋装，袋装水泥每袋净含量为 50 kg，且应不少于标志质量的 99%；随机抽取 20 袋总质量(含包装袋)应不少于 1 000 kg。其他包装形式由供需双方协商确定，但有关袋装水泥质量要求，应符合上述规定。水泥包装袋应符合 GB 977—2010 的规定。

水泥包装袋上应清楚标明：执行标准、水泥品种、代号、强度等级、生产者名称、生产许可证标志（QS）及编号、出厂编号、包装日期、净含量。包装袋两侧应根据水泥的品种采用不同的颜色印刷水泥名称和强度等级。硅酸盐水泥和普通硅酸盐水泥采用红色；矿渣硅酸盐水泥采用绿色；火 11J 灰质硅酸盐水泥、粉煤灰硅酸盐水泥和复合硅酸盐水泥采用黑色或蓝色。散装水泥发运时应提交与袋装标志相同内容的卡片。

第二节　掺混合材料的硅酸盐水泥

在硅酸盐水泥中掺加一定量的混合材料，能改善硅酸盐水泥的性能，增加水泥品种，提高产量，调节水泥强度等级，扩大水泥的使用范围。常把加到水泥中的矿物质材料称为混合材料。

一、混合材料的种类

常用的水泥混合材料分为活性混合材料和非活性混合材料两大类。

（一）活性混合材料

常温下能与氢氧化钙和水发生水化反应，生成水硬性水化产物，并能逐渐凝结硬化产生强度的混合材料称为活性混合材料。活性混合材料的主要作用是改善水泥的某些性能，同时还具有扩大水泥强度等级范围、降低水化热、增加产量和降低成本的作用。常用的活性混合材料如下：

1．粒化高炉矿渣

粒化高炉矿渣是高炉炼铁的熔融矿渣，经水或水蒸气急速冷却处理所得到的质地疏松、多孔的粒状物，也称水淬矿渣。粒化高炉矿渣在急冷过程中，熔融矿渣的黏度增加很快，来不及结晶，大部分呈玻璃态，储存有潜在的化学能；熔融矿渣任其自然冷却，凝固后呈结晶态，活性很小，属非活性混合材料。粒化高炉矿渣的活性来源主要是活性氧化硅和活性氧化铝。

2．火山灰质混合材料

火山灰质混合材料泛指以活性氧化硅及活性氧化铝为主要成分的活性混合材料。它的应用是从火山灰开始的，故而得名，但也并不限于火山灰。火山灰质混合材料结构上的特点是疏松多孔，内比表面积大，易反应。按其活性主要来源，又分为以下三类：

（1）含水硅酸质混合材料。这主要有硅藻土、蛋白质、硅质渣等。活性来源为活性氧化硅。

（2）铝硅玻璃质混合材料。这主要是火山爆发喷出的熔融岩浆在空气中急速冷却所形成的玻璃质多孔的岩石，如火山灰、浮石、凝灰岩等。活性来源于活性氧化硅和活性氧化铝。

（3）烧黏土质混合材料。这主要有烧黏土、炉渣、燃烧过的煤矸石等。其活性来源是活性氧化铝和活性氧化硅。掺这种混合材料的水泥水化后水化铝酸钙含量较高，其抗硫酸盐腐蚀性差。

3．粉煤灰

粉煤灰是煤粉锅炉吸尘器所吸收的微细粉土。灰粉经熔融、急冷，成为富含玻璃体的球状体。从化学成分讲，粉煤灰属于火山灰质混合材料一类，但粉煤灰结构致密，性质与火山灰质混合材料有所不同，又是一种工业废料，所以单独列出。

（二）非活性混合材料

常温下不能与氢氧化钙和水发生反应或与氢氧化钙和水反应甚微，也不能产生凝结硬化的混合材料，称为非活性混合材料。它掺在水泥中主要起填充作用，如扩大水泥强度等级范围、降低水化热、增加产量、降低成本等。

常用的非活性混合材料主要有石灰石、石英砂、自然冷却的矿渣等。

二、活性混合材料在激发剂作用下的水化

磨细的活性混合材料与水调合后，本身不会硬化或硬化极为缓慢，但在氢氧化钙溶液中，会发生显著水化。其水化反应式为：

$$x\text{Ca(OH)}_2+\text{SiO}_2+m\text{H}_2\text{O}\rightarrow x\text{CaO}\cdot\text{SiO}_2\cdot n\text{H}_2\text{O} \tag{4-16}$$

$$y\text{Ca(OH)}_2+\text{Al}_2\text{O}_3+m\text{H}_2\text{O}\rightarrow y\text{Ca(OH)}_2\cdot\text{Al}_2\text{O}_3\cdot n\text{H}_2\text{O} \tag{4-17}$$

式中：x、y 值取决于混合材料的种类、石灰和活性氧化硅及活性氧化铝的比例、环境温度以及作用所延续的时间等；m 值一般为 1 或稍大；n 值一般为 1～2.5。反应生成的水化硅酸钙和水化铝酸钙是具有水硬性的水化物。当有石膏存在时，水化铝酸钙还可以和石膏进一步反应，生成水硬性产物水化硫铝酸钙。

当活性混合材料掺入硅酸盐水泥中，与水拌和后，首先的反应是硅酸盐水泥熟料水化，生成氢氧化钙，然后，以掺入的石膏作为活性混合材料的激发剂，产生前述的反应（称二次反应）。二次反应的速度较慢，受温度影响敏感。温度高，水化加快，强度增长迅速；反之，水化减慢，强度增长缓慢。

三、普通硅酸盐水泥

普通硅酸盐水泥简称普通水泥，代号为 P▪O。水泥中掺活性混合材料时，其掺量应大于 5%且小于或等于 20%，其中允许用不超过水泥质量 5%的窑灰或不超过水泥质量 8%的非活性混合材料来代替。

（一）普通硅酸盐水泥的技术要求

国家标准《通用硅酸盐水泥》（GB 175—2007）对普通硅酸盐水泥的技术要求如下：

（1）细度。以比表面积表示，不小于 300 m^2/kg。

（2）凝结时间。初凝不得早于 45 min，终凝不得迟于 600 min。

（3）安定性。用沸煮法检验必须合格。为了保证水泥长期安定性，水泥中氧化镁含量不得超过 5.0%，如果水泥经压蒸安定性试验合格，则水泥中氧化镁含量允许放宽到 6.0%；水泥中三氧化硫含量不得超过 3.5%。

（4）强度。根据 3 d 和 28 d 龄期的抗折和抗压强度，将普通硅酸盐水泥划分为 42.5、42.5R、52.5、52.5R 四个强度等级。

（二）普通硅酸盐水泥的性质与应用

普通硅酸盐水泥中掺入少量混合材料的主要作用是扩大强度等级范围，以利于合理选用。由于混合材料掺量较少，其矿物组成的比例仍在硅酸盐水泥的范围内，所以其性能、应用范围与同强度等级的硅酸盐水泥相近。与硅酸盐水泥比较，其早期硬化速度稍慢、强度略低，抗冻性、耐磨性及抗碳化性稍差，而耐腐蚀性稍好，水化热略有降低。

四、矿渣、火山灰质、粉煤灰硅酸盐水泥

（一）三种水泥的代号及组分

（1）矿渣硅酸盐水泥。矿渣硅酸盐水泥简称矿渣水泥，代号 P▪S▪A、P▪S▪B。其中，P▪S▪A 型水泥中粒化高炉矿渣的掺量按质量分数计应大于 20%且小于或等于 50%，P▪S▪B 型水泥中粒化高炉矿渣的掺量按质量分数计应大于 50%且小于或等于 70%。矿渣水泥中粒化高炉矿渣的含量允许用符合要求的活性混合材料、非活性混合材料或窑灰中的任一种

代替，其替代数量不得超过水泥质量的 8%。

（2）火山灰质硅酸盐水泥。火山灰质硅酸盐水泥简称火山灰水泥，代号为 P · P。火山灰水泥中火山灰质混合材料掺加量按质量分数计应大于 20%且小于或等于 40%。

（3）粉煤灰硅酸盐水泥。粉煤灰硅酸盐水泥简称粉煤灰水泥，代号为 P·F。粉煤灰水泥中粉煤灰掺加量按质量分数计应大于 20%且小于或等于 40%。

（二）三种水泥的技术要求

《通用硅酸盐水泥》（GB 175—2007）规定的技术要求如下：

（1）细度。以筛余表示，80 μm 方孔筛筛余不得超过 10.0%或 45 μm 方孔筛筛余不超过 30%。

（2）凝结时间。初凝不得早于 45 min，终凝不得迟于 600 min。

（3）安定性。用沸煮法检验必须合格。

（4）强度等级。矿渣水泥、火山灰质水泥、粉煤灰水泥按 3d、28 d 龄期抗压强度及抗折强度分为 32.5、32.5R、42.5、42.5R、52.5、52.5R 六个强度等级。各强度等级、各龄期的强度值不得低于表 4-4 中的数值。

表 4-4 矿渣、火山灰质、粉煤灰水泥各强度等级、各龄期强度值 单位：MPa

强度等级	抗压强度		抗折强度	
	3 d	28 d	3 d	28 d
32.5	≥10.0	≥32.5	≥2.5	≥5.5
32.5R	≥15.0	≥32.5	≥3.5	≥5.5
42.5	≥15.0	≥42.5	≥3.5	≥6.5
42.5R	≥19.0	≥42.5	≥4.0	≥6.5
52.5	≥21.0	≥52.5	≥4.0	≥7.0
52.5R	≥23.0	≥52.5	≥4.5	≥7.0

注：R 表示早强型。

（三）三种水泥特性和应用的异同

由于三种水泥均掺入大量混合材料，所以这些水泥有许多共同特性，又因掺入的混合材料品种不同，故各品种水泥性质也有一定差异。

1．共同特性

（1）早期强度低，后期强度高。掺入大量混合材料的水泥凝结硬化慢，早期强度低，但硬化后期强度可以赶上甚至超过同强度等级的硅酸盐水泥。因其早期强度较低，不宜用于早期强度要求高的工程。

（2）水化热低。由于水泥中熟料含量较少，水化放热高的 C_3S、C_3A 矿物含量较少，且二次反应速度慢，所以水化热低，这些水泥不宜用于冬期施工。但水化热低，不致引起混凝土内外温差过大，所以此类水泥适用于大体积混凝土工程。

（3）耐蚀性较好。这些水泥硬化后，在水泥石中 Ca（OH）$_2$、C_3A 含量较少，抵抗软水、酸类、盐类侵蚀的能力明显提高。这些水泥用于有一般侵蚀性要求的工程时，比硅酸盐水泥耐久性好。

（4）蒸汽养护效果好。在蒸汽养护高温高湿环境中，活性混合材料参与的二次反应会加速进行，强度提高幅度较大，效果好。

（5）抗碳化能力差。这类水泥硬化后的水泥石碱度低、抗碳化能力差，对防止钢筋锈蚀不利，不宜用于重要钢筋混凝土结构和预应力混凝土。

（6）抗冻性、耐磨性差。与硅酸盐水泥相比，这些水泥的抗冻性、耐磨性差，不适用于受反复冻融作用的工程和有耐磨性要求的工程。

2．各自特性

（1）矿渣水泥。矿渣为玻璃态的物质，难磨细，对水的吸附能力差，故矿渣水泥保水性差、泌水性大。在混凝土施工中由于泌水而形成毛细管通道及水囊，水分的蒸发又容易引起干缩，影响混凝土的抗渗性、抗冻性及耐磨性等。由于矿渣经过高温，矿渣水泥硬化后氢氧化钙的含量又比较少，因此矿渣水泥的耐热性比较好。

（2）火山灰质水泥。火山灰质混合材料的结构特点是疏松多孔，内比表面积大。火山灰质水泥的特点是易吸水、易反应。在潮湿的条件下养护，可以形成较多的水化产物，水泥石结构致密，从而具有较高的抗渗性和耐水性；如处于干燥环境中，所吸收的水分会蒸发，体积收缩，产生裂缝。因此，火山灰质水泥不宜用于长期处于干燥环境和水位变化区的混凝土工程。火山灰质水泥抗硫酸盐性能随成分而异，如活性混合材料中氧化铝的含量较多，熟料中又含有较多的 C_3A 时，其抗硫酸盐能力较差。

（3）粉煤灰水泥。粉煤灰与其他天然火山灰相比，结构较致密，内比表面积小，有很多球形颗粒，吸水能力较弱。因此，粉煤灰水泥需水量比较低、抗裂性较好，尤其适合于大体积水工混凝土以及地下和海港工程等。

五、复合硅酸盐水泥

复合硅酸盐水泥简称复合水泥，代号为 P·C。复合水泥中混合材料总掺量按质量分数应大于 20%且不超过 50%。水泥中允许用不超过 8%的窑灰代替部分混合材料；掺入矿渣时，混合材料掺量不得与矿渣硅酸盐水泥重复。

（一）复合硅酸盐水泥的技术要求

《通用硅酸盐水泥》（GB 175—2007）中规定的技术要求主要有：

（1）细度。以筛余表示，80 μm 方孔筛筛余不得超过 10.0%或 45 μm 方孔筛筛余不超过 30%。

（2）凝结时间。初凝不得早于 45 min，终凝不得迟于 600 min。

（3）安定性。用沸煮法检验必须合格。

（4）强度等级。强度等级分为 32.5、32.5R、42.5、42.5R、52.5、52.5R。

（二）复合硅酸盐水泥的性能

复合水泥中掺入两种或两种以上混合材料，可以明显改善水泥性能，如单掺矿渣，水泥浆容易泌水；单掺火山灰质，往往水泥浆黏度大；两者混掺则水泥浆工作性好，有利于施工。若掺入惰性石灰石，则可起微集料作用。复合水泥早期强度高于矿渣水泥、火山灰质水泥和粉煤灰水泥，与普通水泥相同甚至略高，其他性质与矿渣水泥、火山灰质水泥相近或略好。其使用范围一般与掺入大量混合材料的其他水泥相同。

第三节 专用水泥和特性水泥

为满足工程要求而生产的专门用于某种工程的水泥属于专用水泥。专用水泥以适用的工程命名，如道路硅酸盐水泥、砌筑水泥和特性水泥等。

一、专用水泥

（一）道路硅酸盐水泥

道路硅酸盐水泥是由道路硅酸盐水泥熟料、0%～10%活性混合材料和适量石膏磨细制成的水硬性胶凝材料，简称道路水泥，代号为P·R。

1．道路硅酸盐水泥的技术要求

《道路硅酸盐水泥》（GB 13693—2005）规定的技术要求如下：

（1）氧化镁。道路水泥中氧化镁含量不得超过5.0%。

（2）三氧化硫。道路水泥中三氧化硫含量不得超过3.5%。

（3）烧失量。道路水泥中烧失量不得大于3.0%。

（4）比表面积。比表面积为300～450 m^2/kg。

（5）凝结时间。初凝不得早于1.5 h，终凝不得迟于10 h。

（6）安定性。用沸煮法检验必须合格。

（7）干缩率。28 d干缩率不得大于0.10%。

（8）耐磨性。28 d磨损量不得大于3.0 kg/m^2。

（9）强度。各强度等级、各龄期强度不低于表4-5的规定。

表4-5 道路硅酸盐水泥各强度等级、各龄期强度最低值 （GB 13693—2005） **单位/MPa**

强度等级	抗折强度		抗压强度	
	3 d	28 d	3 d	28 d
32.5	3.5	6.5	16.0	32.5
42.5	4.0	7.0	21.0	42.5
52.5	5.0	7.5	26.0	52.5

（10）碱含量。碱含量由供需双方商定。若使用活性骨料，则用户要求提供低碱水泥，水泥中碱含量应不超过 0.60%。碱含量按 $w(Na_2O)+0.658w(K_2O)$ 计算值表示。

2．道路硅酸盐水泥的性质与应用

道路水泥熟料中降低铝酸三钙（C_3A）含量，以减少水泥的干缩率；提高铁铝酸四钙含量，可使水泥耐磨性、抗折强度提高。

（二）砌筑水泥

凡由一种或一种以上的水泥混合材料，加入适量硅酸盐水泥熟料和石膏，经磨细制成的工作性较好的水硬性胶凝材料，称为砌筑水泥，代号为 M。水泥中混合材料掺加量按质量百分比计应大于 50%，允许掺入适量的石灰石或窑灰。

1．砌筑水泥的技术要求

《砌筑水泥》（GB/T 3183—2003）规定的技术要求如下：

（1）三氧化硫。水泥中三氧化硫含量应不大于 4.0%。

（2）细度。80 μm 方孔筛筛余不大于 10.0%。

（3）凝结时间。初凝不早于 60 min，终凝不迟于 12 h。

（4）安定性。用沸煮法检验，应合格。

（5）保水率。保水率应不低于 80%。

（6）强度。各等级水泥各龄期强度应不低于表 4-6 中的数值。

表 4-6　砌筑水泥各强度等级的各龄期强度最低值　　　　单位：MPa

水泥等级	抗压强度		抗折强度	
	7 d	28 d	7 d	28 d
12.5	7.0	12.5	1.5	3.0
22.5	10.0	22.5	2.0	4.0

2．砌筑水泥的性质与应用

砌筑水泥强度等级较低，能满足砌筑砂浆强度要求。利用大量的工业废渣作为混合材料，可降低水泥成本。砌筑水泥的生产、应用，一改过去用高强度等级水泥配制低强度等级砌筑砂浆、抹面砂浆的不合理、不经济现象。

二、特性水泥

与通用硅酸盐水泥相比较，有突出特性的水泥通称特性水泥。特性水泥品种繁多，包括硅酸盐类特性水泥中的抗硫酸盐硅酸盐水泥、膨胀水泥、自应力水泥、白色硅酸盐水泥及铝酸盐水泥。

在实际施工中，往往会遇到一些有特殊要求的工程，如紧急抢修工程、耐热耐酸工程等，对于这些工程，前面介绍的几种水泥均难以满足要求，需要采用有突出特性的水泥，如快硬硅酸盐水泥、白色硅酸盐水泥、钒酸盐水泥等，通称特性水泥。

（一）快硬硅酸盐水泥

凡以硅酸盐水泥熟料和适量石膏磨细制成的，以 3 d 抗压强度表示强度等级的水硬性胶凝材料，称为快硬硅酸盐水泥（简称快硬水泥）。

快硬水泥分为 32.5、37.5、42.5 等强度等级，不同强度等级水泥各龄期强度不得低于表 4-7 中的数值。

表 4-7 快硬水泥各强度等级的各龄期强度的最低值（GB 199—1990） 单位：MPa

强度等级	抗压强度			抗折强度		
	1 d	3 d	28 d	1 d	3 d	28 d
32.5	15.0	32.5	52.5	3.5	5.0	7.2
37.5	17.0	37.5	57.5	4.0	6.0	7.6
42.5	19.0	42.5	62.5	4.5	6.4	8.0

根据《快硬硅酸盐水泥》（GB 199—1990）规定，快硬水泥初凝时间不得早于 45 min，终凝时间不得迟于 10 h。由于快硬水泥凝结硬化快，故可用来配制早强高强度等级混凝土，适用于紧急抢修工程、低温施工工程和高强度等级混凝土预制件等。快硬水泥储存和运输中要特别注意防潮，施工时不能与其他水泥混合使用。另外，这种水泥水化放热量大且迅速，不适合用于大体积混凝土工程。

（二）白色硅酸盐水泥

由白色硅酸盐水泥熟料加入适量石膏磨细制成的水硬性胶凝材料，称为白色硅酸盐水泥（简称白水泥）。磨制水泥时，允许加入水泥质量 0～10％的石灰石或窑灰作为混合材料。

《白色硅酸盐水泥》（GB/T 2015—2005）规定，白水泥中SO_3的含量应不超过 3.5％；细度采用 80 μm 方孔筛筛余不超过 10％；初凝时间应不早于 45 min，终凝时间应不迟于 10 h；安定性用沸煮法检验必须合格；白度值应不低于 87；强度等级按其抗压强度和抗折强度划分为 3 个等级，各强度等级的各龄期强度值应不低于表 4-8 中的规定。同时规定，凡三氧化硫、初凝时间、安定性中任一项不符合标准规定或强度低于最低等级的指标时为废品；凡细度、终凝时间、强度和白度任一项不符合标准规定时为不合格品。

表 4-8 白水泥各强度等级的各龄期强度最低值（GB/T 2015—2005） 单位：MPa

强度等级	抗压强度		抗折强度	
	3 d	28 d	3 d	28 d
32.5	12.0	32.5	3.0	6.0
42.5	17.0	42.5	3.5	6.5
52.5	22.0	52.5	4.0	7.0

（三）铝酸盐水泥

凡以铝酸钙为主的铝酸盐水泥熟料，磨细制成的水硬性胶凝材料称为铝酸盐水泥，代号为 CA。根据需要也可在磨制 Al_2O_3 含量大于 68%的水泥时掺加适量的 α—Al_2O_3 粉。

铝酸盐水泥按 Al_2O_3 含量分为如下 4 类：

（1）CA—50：50%≤Al_2O_3 含量<60%

（2）CA—60：60%≤Al_2O_3 含量<68%

（3）CA—70：68%≤Al_2O_3 含量<77%

（4）CA—80：Al_2O_3 含量≧77%

铝酸盐水泥熟料的主要矿物成分为铝酸一钙（$CaO·Al_2O_3$，简写为 CA），此外还有少量硅酸二钙和其他铝酸盐。

1．铝酸盐水泥的技术性质

根据《铝酸盐水泥》（GB 201—2000）规定，铝酸盐水泥的主要技术性质如下：

（1）细度。铝酸盐水泥的比表面积不小于 300 m^2/kg 或 0.045 mm 筛筛余不大于 20%，采用哪种指标由供需双方商定，在无约定的情况下发生争议时以比表面积为准。

（2）凝结时间。铝酸盐水泥的凝结时间（胶砂）应符合表 4-9 中的要求。

表 4-9　铝酸盐水泥的凝结时间（GB 201—2000）

水泥类型	初凝时间不得早于/min	终凝时间不得迟于/h
CA—50、CA—70、CA—80	30	6
CA—60	60	18

（3）强度。各类型铝酸盐水泥各龄期强度值不得低于表 4-10 中的数值。

表 4-10　各类型铝酸盐水泥胶砂强度最低值　单位：MPa

水泥类型	抗压强度				抗折强度			
	6 h	1 d	3 d	28 d	6 h	1 d	3 d	28 d
CA—50	20①	40	50	—	3.0①	5.5	6.5	—
CA—60	—	20	45	85	—	2.5	5.0	10.0
CA—70	—	30	40	—	—	5.0	6.0	—
CA—80	—	25	30	—	—	4.0	5.0	—

注：① 当用户需要时，生产厂应提供结果。

2．铝酸盐水泥的主要性能

（1）早期强度高，后期强度下降。铝酸盐水泥加水后，迅速与水发生水化反应，其

1 d 强度可达 3 d 强度的 80%以上，3 d 强度可达到普通水泥 28 d 的强度，但由于水化产物晶体易转化，后期强度明显下降。其晶体转化速度和强度下降速度与环境的温度和湿度有关。当温度大于 30 ℃时，即生成含水铝酸三钙，使水泥强度降低；若在 35 ℃的饱和温度下，28 d 即可完成晶体转化，强度可下降至最低值；而在温度低于 20 ℃的干燥条件下转化的速度就非常缓慢。

因此，铝酸盐水泥适用于紧急抢修、低温季节施工、早期强度要求高的特殊工程，但不宜在高温季节施工。另外，铝酸盐水泥硬化体中的晶体结构在长期使用中会发生转移，引起强度下降，因此一般不宜用于长期承载的结构工程中。

（2）耐高温。铝酸盐水泥硬化时不宜在较高温度下进行，但硬化后的水泥石在高温下（1 000 ℃以上）仍能保持较高强度，主要是因为在高温下各组分发生固相反应而呈烧结状态，因此铝酸盐水泥有较好的耐热性。如采用耐火的粗细骨料（如铬铁矿等）可以配制成使用温度为 1 300～1 400 ℃的耐热混凝土，用于窑炉炉衬。

（3）抗渗性及耐腐蚀性强。硬化后的铝酸盐水泥石中没有氢氧化钙，且水泥石结构密实，因而具有较高的抗渗、抗冻性，同时具有良好的抗硫酸盐等腐蚀性溶液的作用，因此适用于有抗渗、抗硫酸盐要求的工程。但铝酸盐水泥对碱的侵蚀无抵抗能力，禁止用于与碱溶液接触的工程。

（4）水化热高，放热快。铝酸盐水泥硬化过程中放热量大且主要集中在初凝早期，1 d 即可放出总水化热的 70%～80%，因此，特别适合于寒冷地区的冬季施工，但不宜用于大体积混凝土工程。

此外，铝酸盐水泥不得与硅酸盐水泥、石灰等能析出 $Ca(OH)_2$ 的材料混合使用，以免产生“闪凝”（浆体迅速失去流动性，且强度大大降低）。

（四）膨胀水泥

由硅酸盐水泥熟料与适量石膏和膨胀剂共同磨细制成的水硬性胶凝材料，称为膨胀水泥。按水泥的主要成分不同，分为硅酸盐、铝酸盐和硫铝酸盐型膨胀水泥三类；按水泥的膨胀值及其用途不同，又分为收缩补偿水泥和自应力水泥两大类。

硅酸盐膨胀水泥是以硅酸盐水泥为主要组分，外加铝酸盐水泥和石膏配制而成的一种水硬性胶凝材料。这种水泥的膨胀作用，主要是由于铝酸盐水泥中的铝酸盐矿物和石膏遇水后化合形成具有膨胀性的钙矾石（$3CaO\cdot Al_2O_3\cdot 3CaSO_4\cdot 31H_2O$）晶体，其膨胀值大小可通过改变铝酸盐水泥和石膏的掺量来调节。如用 85%～88%的硅酸盐水泥熟料、6%～7.5%的铝酸盐水泥、6%～7.5%的二水石膏可配制成收缩补偿水泥，常用这种水泥拌制混凝土作屋面刚性防水层、锚固地脚螺丝或修补等用途。如提高其膨胀组分，即可增加膨胀量，则配成自应力水泥，用于制造自应力钢筋混凝土压力管及配件。

铝酸盐膨胀水泥是由铝酸盐水泥熟料和二水石膏为组成材料，采用混合磨细或分别磨细后混合而成，具有自应力高、抗渗、气密性好等优点，可用来制作大口径或较高压力的自应力水管或输气管等。

硫铝酸盐膨胀水泥是以含有适量无水硫铝酸钙熟料，加入较多的石膏磨细而成。如果所加入的石膏掺量足够供应无水硫铝酸钙反应要求，则可配成硫铝酸盐自应力水泥。这种

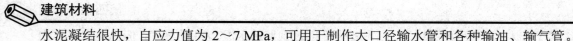

水泥凝结很快，自应力值为2～7 MPa，可用于制作大口径输水管和各种输油、输气管。

本章小结

本章主要介绍了硅酸盐水泥和掺混合材料的硅酸盐水泥的生产、凝结硬化过程、技术要求、性质与应用、验收与保管等内容。通过本章的学习，读者应该掌握硅酸盐水泥的水化产物主要有哪些；会根据水泥包装袋的颜色区分水泥品种；能根据工程特点或所处环境正确选择水泥品种；能根据相关标准对水泥的密度、细度、标准稠度用水量、凝结时间、安定性、胶砂强度等指标进行检测。

复习思考题

1. 简述硅酸盐水泥的分类和性质。
2. 硅酸盐水泥熟料由哪些主要的矿物组成？其在水泥水化中有何特性？
3. 影响硅酸盐水泥凝结硬化的因素有哪些？
4. 硅酸盐水泥石腐蚀的类型有哪些？有什么防治措施？
5. 简述硅酸盐水泥混合材料的种类。
6. 国家标准对普通硅酸盐水泥的技术要求有哪些？
7. 简述矿渣、火山灰质、粉煤灰硅酸盐水泥的代号及组分。
8. 简述铝酸盐水泥的主要性能。

第五章　混凝土

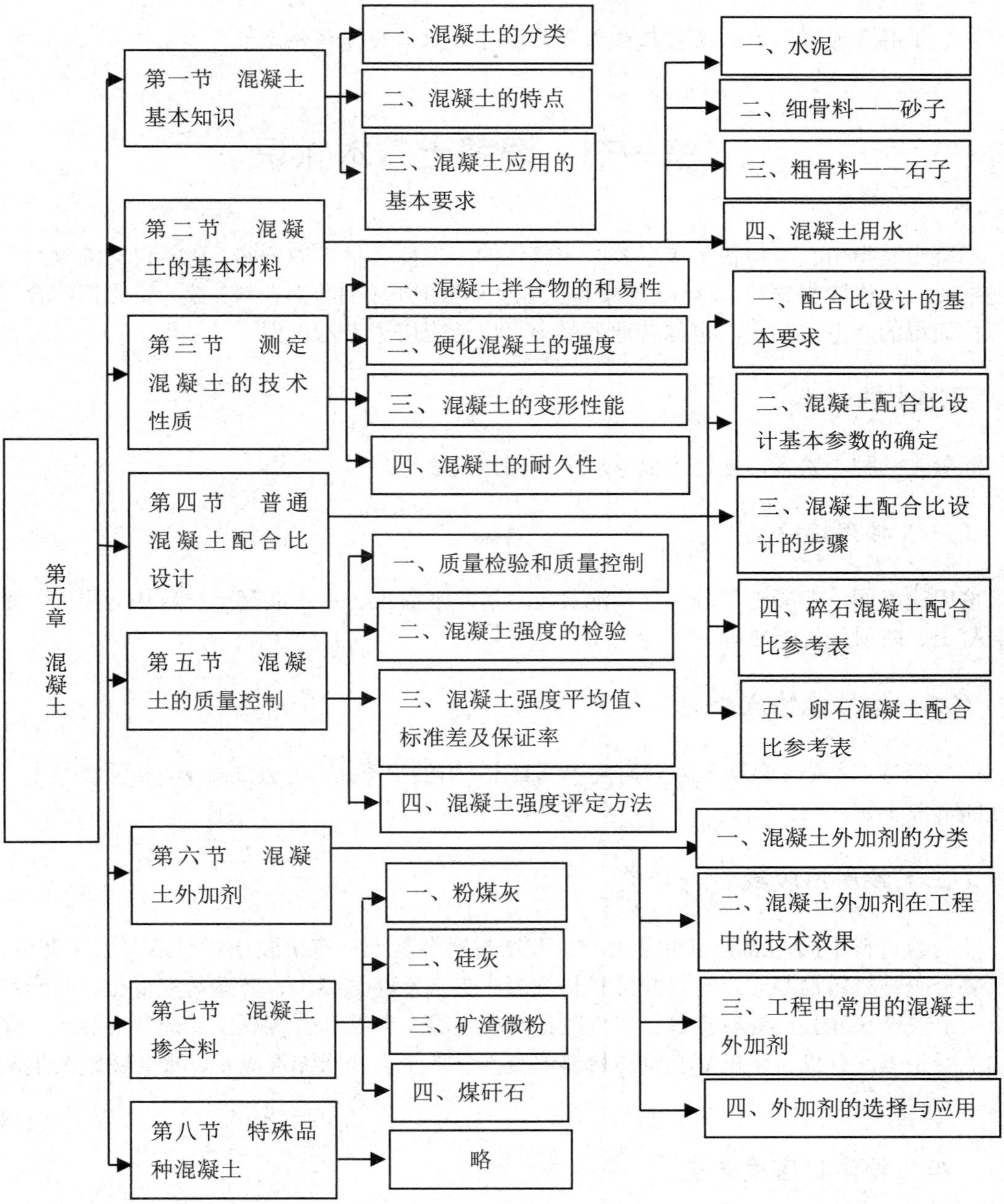

本章结构图

【学习目标】

- 掌握普通混凝土的组成材料的品种、技术要求和选用原则;
- 掌握普通混凝土三大技术性质:和易性、强度、耐久性;
- 掌握普通混凝土配合比设计;
- 掌握普通混凝土粗细骨料和普通混凝土技术性能的检测;
- 了解普通混凝土的质量控制及其他品种混凝土的特点和应用。

第一节　混凝土基本知识

混凝土是指由胶凝材料将集料胶结成整体的工程复合材料的统称。通常讲的混凝土一词是指用水泥作胶凝材料,砂、石作集料,与水(可含外加剂和掺合料)按一定比例配合,经搅拌而得的水泥混凝土,也称普通混凝土,广泛应用于土木工程。

一、混凝土的分类

混凝土的种类繁多,通常可以从以下不同角度进行分类。

(一)按用途分类

按用途不同,混凝土可分为结构混凝土、道路混凝土、水工混凝土、耐热混凝土、耐酸混凝土、防射线混凝土等。

(二)按性能特点分类

按性能特点不同,混凝土可分为抗渗混凝土、耐酸混凝土、耐热混凝土、高强混凝土、高性能混凝土等。

(三)按所用胶凝材料分类

按胶结材料不同,混凝土可分为无机胶结材料混凝土、有机胶结材料混凝土和有机、无机复合胶结材料混凝土。无机胶结材料混凝土包括水泥混凝土、硅酸盐混凝土、石膏混凝土、水玻璃氟硅酸钠混凝土等。有机胶结材料混凝土包括沥青混凝土、硫黄混凝土、聚合物混凝土等。有机、无机复合胶结材料混凝土包括聚合物水泥混凝土、聚合物浸渍混凝土等。

(四)按体积密度分类

按体积密度不同,混凝土可分为特重混凝土 $\rho_0>2\ 500\ \text{kg/m}^3$)、重混凝土($\rho_0=1$

900～2 500 kg/m^3)、轻混凝土（ρ_0=600～1 900 kg/m^3)、特轻混凝土（ρ_0<600 kg/m^3)。

（五）按施工方法分类

按施工方法分类，混凝土可分为现浇混凝土、预制混凝土、泵送混凝土、喷射混凝土等。在混凝土中应用最广、用量最大的是水泥混凝土，水泥混凝土按表观密度可分为以下几种：

（1）重混凝土。表观密度大于 2 800 kg/m^3，由特别密实和特别重的骨料（如重晶石、铁矿石等）制成。它具有防射线的性能。

（2）普通混凝土。表观密度为 2 000～2 800 kg/m^3，用天然砂、石作为骨料制成，是建筑结构、道路、水工工程等常用材料。

（3）轻混凝土。表观密度小于 2 000 kg/m^3，它包括轻骨料混凝土、多孔混凝土及大孔混凝土等，常用作保温隔热或结构兼保温材料。

二、混凝土的特点

混凝土是目前世界上用量最大的一种工程材料，应用范围遍及建筑、道路、桥梁、水利、国防工程等领域。近代混凝土基础理论和应用技术的迅速发展，有力地推动了土木工程的不断创新。混凝土之所以在土木工程中得到广泛应用，是由于它有许多独特的技术性能。这些特点主要反映在以下几个方面：

（1）材料来源广泛。混凝土中占整个体积 80％以上的砂、石料均可以就地取材，其资源丰富，有效降低了制作成本。

（2）施工工艺简易、多变。混凝土既可进行简单的人工浇筑，也可根据不同的工程环境特点灵活采用泵送、喷射、水下等施工方法。

（3）性能可调整范围大。根据使用功能要求，改变混凝土的材料配合比例及施工工艺，可在相当大的范围内对混凝土的强度、保温耐热性、耐久性及工艺性能进行调整。

（4）在硬化前有良好的塑性。混凝土拌合物优良的可塑成型性，使混凝土可适应各种形状复杂的结构构件的施工要求。

（5）有较高的强度和耐久性。近代高强混凝土的抗压强度可达 100 MPa 以上，且同时具备较高的抗渗、抗冻、抗腐蚀、抗碳化性，其耐久年限可达数百年以上。

混凝土除以上优点外，也存在着自重大、养护周期长、导热系数较大、不耐高温、拆除废弃物再生利用性较差等缺点。随着混凝土新功能、新品种的不断开发，这些缺点正不断得以克服和改进。

三、混凝土应用的基本要求

简单地说，混凝土的应用就是要满足强度、工作性、耐久性和经济性的要求，这些要求也是混凝土配合比设计的基本目标。混凝土应用的基本要求如下：

（1）满足设计和使用环境所需要的耐久性要求。

（2）满足节约水泥、降低成本的经济性要求。

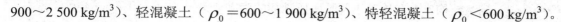

（3）满足结构安全和施工不同阶段所需要的强度要求。

（4）满足混凝土搅拌、浇筑、成型过程所需要的工作性要求。

第二节　混凝土的基本材料

普通混凝土是由水泥、粗骨料（碎石或卵石）、细骨料（砂）和水拌和，经硬化而成的一种人造石材。砂、石在混凝土中起骨架作用，并抑制水泥的收缩；水泥和水形成水泥浆，包裹在粗、细骨料表面并填充骨料间的空隙。水泥浆体在硬化前起润滑作用，使混凝土拌合物具有良好的工作性能，硬化后将骨料胶结在一起，形成坚固的整体。普通混凝土的结构如图 5-1 所示。

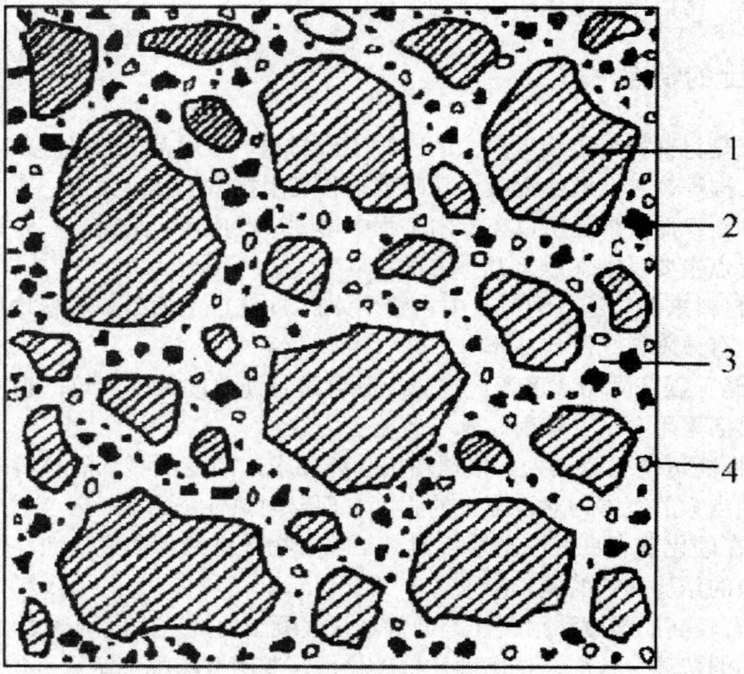

图 5-1　普通混凝土结构示意图

1—石子；2—砂子；3—水泥浆；4—气孔

一、水泥

（一）水泥品种的选择

配制混凝土时，一般可采用通用硅酸盐水泥，必要时也可采用快硬水泥、铝酸盐水泥等，水泥品种的选用见表 5-1。

表 5-1 水泥品种的选用

混凝土工程特点及所处环境条件		优先使用	可以使用	不宜使用
普通混凝土	在普通气候环境中的混凝土	普通水泥	矿渣水泥 火山灰质水泥 粉煤灰水泥	—
	在干燥环境中的混凝土	普通水泥	矿渣水泥	火山灰质水泥
	在高湿环境中或长期处于水下的混凝土	矿渣水泥 火山灰质水泥 粉煤灰水泥	普通水泥	—
	厚大体积的混凝土	矿渣水泥 火山灰质水泥 粉煤灰水泥	普通水泥	硅酸盐水泥
有特殊要求的混凝土	要求快硬高强（≥C30）的混凝土	硅酸盐水泥 快硬硅酸盐水泥	—	—
	严寒地区的露天混凝土及处于水位升降范围内的混凝土	普通水泥 硅酸盐水泥 抗硫酸盐硅酸盐水泥	矿渣水泥 （≥32.5 级）	火山灰质水泥
	有抗渗要求的混凝土	普通水泥火 山灰质水泥	硅酸盐水泥 粉煤灰水泥	矿渣水泥
	有耐磨要求的混凝土	普通水泥	矿渣水泥 （≥32.5 级）	火山灰质水泥
	受侵蚀性环境水或气体作用的混凝土	根据介质的种类、浓度等具体情况，按专门规定选用		

（二）水泥强度等级的选择

水泥强度等级应与混凝土强度等级相适应，一般以水泥强度（单位为 MPa）为混凝土强度等级的 1.5～2.0 倍较适宜，水泥强度等级过高或过低，会导致水泥用量过少或过多，对混凝土的技术性能及经济效果都不利。

二、细骨料——砂子

普通混凝土的细骨料主要采用天然砂和人工砂。

天然砂是由自然风化、水流搬运和分选、堆积形成的粒径小于 4.75 mm 的岩石颗粒，但不包括软质岩、风化岩石的颗粒。按产源不同，天然砂分为山砂、河砂和海砂。山砂表面粗糙、多棱角，含泥量较高，有机杂质含量也较多，故质量较差。河砂、海砂长期受水流的冲刷作用，颗粒表面比较圆滑，但海砂中常含有贝壳碎片及可溶性盐类等有害杂质，对混凝土有一定影响，河砂比较洁净，故应用广泛。

人工砂是经除土处理的机制砂、混合砂的统称。机制砂是由机械破碎、筛分制成的粒径小于 4.75 mm 的岩石颗粒，但不包括软质岩、风化岩石的颗粒。机制砂表面粗糙、多棱角，较为洁净，但砂中含有较多的片状颗粒及石粉，且成本较高。混合砂是由机制砂和天然砂混合制成的砂。把机制砂和天然砂相混合，可充分利用地方资源，降低机制砂的生产成本。一般仅在天然砂源缺乏时才使用人工砂。

砂按技术要求分为Ⅰ类、Ⅱ类、Ⅲ类。Ⅰ类宜用于强度等级大于 C60 的混凝土；Ⅱ类宜用于强度等级为 C30～C60 及抗冻、抗渗或其他要求的混凝土；Ⅲ类宜用于强度等级小于 C30 的混凝土和建筑砂浆。

《建筑用砂》（GB/T 14684—2011）对砂的质量和技术要求主要有以下几方面。

（一）砂的粗细程度及颗粒级配

在混凝土拌合物中，水泥浆包裹骨料的表面并填充骨料间的空隙。为了节约水泥，并使混凝土结构达到较高密实度，选择骨料时，应尽可能选总表面积较小、空隙率较小的骨料，而砂子的总表面积与粗细程度有关，空隙率则与颗粒级配有关。

1．粗细程度

砂的粗细程度是指不同粒径的砂粒混合在一起的总体粗细程度。在相同质量的条件下，粗砂的总表面积小，包裹砂表面所需的水泥浆量就少；反之，细砂总表面积大，包裹砂表面所需的水泥浆量就多。因此，在和易性要求一定的条件下，采用较粗的砂配制混凝土比采用细砂节约水泥。

2．颗粒级配

砂的颗粒级配是指粒径不同的砂粒互相搭配的情况。同样粒径的砂空隙率最大，若大颗粒间空隙由中颗粒填充，则空隙率会减小；若再填充以小颗粒，则空隙率更小，如图 5-2 所示。

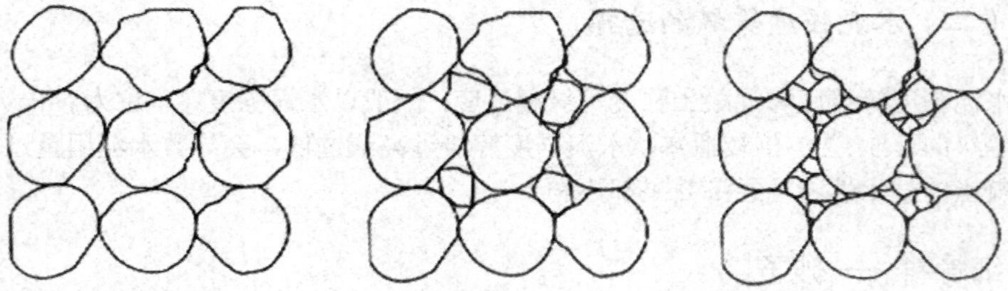

（a）　　　　（b）　　　　（c）

图 5-2　骨料颗粒级配示意图

（a）单一粒径；（b）两种粒径；（c）多种粒径

由此可见，砂子的空隙率取决于砂子各级粒径的搭配情况。级配良好的砂，空隙率较小，不仅可以节省水泥，而且可以改善混凝土拌合物的和易性，提高混凝土的密实度、强度和耐久性。

在拌制混凝土时，砂的粗细程度和颗粒级配应同时考虑。当砂中含有较多的粗颗粒，并以适量的中颗粒及少量的细颗粒填充其空隙时，其空隙率及总表面积均较小，是比较理想的搭配方式，不仅节约水泥，而且还可以提高混凝土的密实度、强度与耐久性。

3．砂的粗细程度与颗粒级配的评定

砂的粗细程度和颗粒级配，常用筛分析方法进行评定。

采用一套标准的方孔筛，孔径依次为 9.50 mm、4.75 mm、2.36 mm、1.18 mm、600 μm、300 μm、150 μm。称取试样 500 g，将试样倒入按孔径大小从七上到下组合的套筛（附筛底）上进行筛分，然后称取各筛上的筛余量，计算各筛的分计筛余百分比 a_1、a_2、a_3、a_4、a_5、a_6 及累计筛余百分比 A_1、A_2、A_3、A_4、A_5、A_6，其计算关系见表 5-2。

表 5-2　累计筛余率与分计筛余率计算关系

筛孔尺寸	分计筛余		累计筛余百分率/%
	分计筛余量/g	分级筛余百分率/%	
4.75 mm	m_1	a_1	$A_1=a_1$
2.36 mm	m_2	a_2	$A_2=a_2+a_1$
1.18 mm	m_3	a_3	$A_3=a_3+a_2+a_1$
600 μm	m_4	a_4	$A_4=a_4+a_3+a_2+a_1$
300 μm	m_5	a_5	$A_5=a_5+a_4+a_3+a_2+a_1$
150 μm	m_6	a_6	$A_6=a_6+a_5+a_4+a_3+a_2+a_1$

注：在市政和水利工程中，粗、细骨料亦称为粗、细集料。

砂的粗细程度用细度模数 M。表示，其计算公式如下：

$$M_x=\frac{(A_2+A_3+A_4+A_5+A_6)-5A_1}{100-A_1} \tag{5-1}$$

细度模数 M_x 越大，表示砂越粗。建筑用砂按细度模数分为粗、中、细 3 种规格，其细度模数分别为：粗砂 3.1～3.7；中砂 2.3～3.0；细砂 1.6～2.2。

砂的颗粒级配用级配区表示，以级配区或级配曲线判定砂级配的合格性。对细度模数为 1.6～3.7 的建筑用砂，根据 600 μm 筛的累计筛余百分比将颗粒级配分成三个级配区，见表 5-3。建筑用砂的颗粒级配应处于三个级配区中的任何一个级配区中才符合级配要求。

表 5-3　建筑用砂的颗粒级配（GB/T 14684—2011）

砂的分类	天然砂			机制砂		
级配区	1 区	2 区	3 区	1 区	2 区	3 区
方筛孔	累计筛余百分率（%）					
4.75 mm	0～10	0～10	0～10	0～10	0～10	0～10
2.36 mm	5～35	0～25	0～15	5～35	0～25	0～15
1.18 mm	35～65	10～50	0～25	35～65	10～50	0～25
600 μm	71～85	41～70	16～40	71～85	41～70	16～40
300 μm	80～95	70～92	55～85	80～95	70～92	55～85
150 μm	90～100	90～～100	90～100	85～97	80～94	75～94

注：①砂的实际颗粒级配与表中所列数字相比，除 4.75 mm 及 600 μm 筛孔外，可以略有超出，但超出总量不得大于 5%；②1 区人工砂中，150μm 筛孔的累计筛余可以放宽到 85～100；2 区人工砂中，150 μm 筛孔的累计筛余可以放宽到 80～100；3 区人工砂中，150 μm 筛孔的累计筛余可以放宽到 75～100。

为了更直观地反映砂的颗粒级配，以累计筛余百分比为纵坐标，筛孔尺寸为横坐标，根据表 5-3 中的数值可以画出砂子 3 个级配区的级配曲线，如图 5-3 所示。通过观察所试验砂的级配曲线是否完全落在 3 个级配区的任一区内，即可判定该砂级配的合格性。

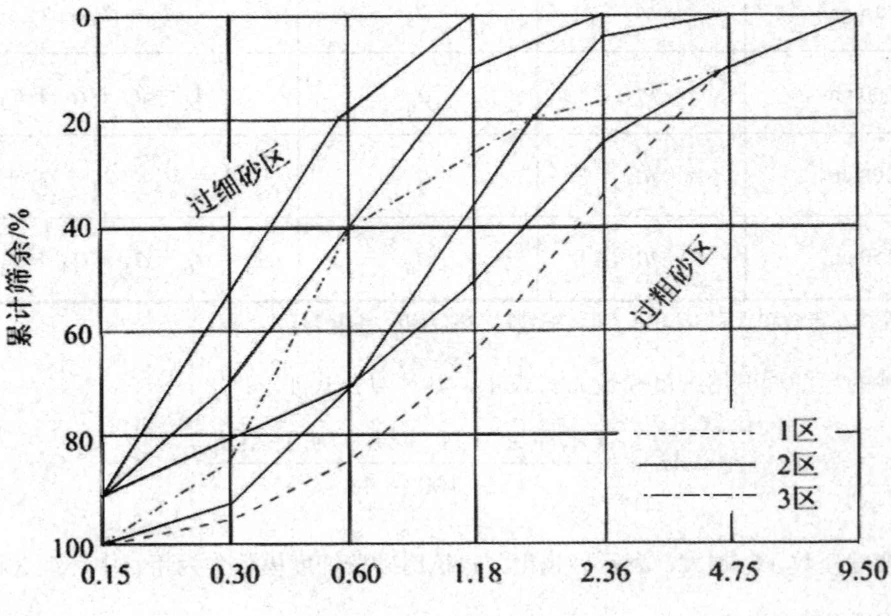

图 5-3　砂的级配曲线

在三个级配区中，2 区为中砂，粗细适宜，级配最好，配制混凝土时宜优先选用；1 区的砂较粗，当采用 1 区砂时，应提高砂率，并保持足够的水泥用量，以满足混凝土的和易性；3 区砂较细，当采用 3 区砂时，宜适当降低砂率，以保证混凝土强度。

当砂颗粒级配不符合规定的要求时，应采取相应的措施，如通过分级过筛重新组合。

（二）含泥量、石粉含量和泥块含量

含泥量是指天然砂中粒径小于 75 μm 的颗粒含量；石粉含量是指人工砂中粒径小于 75 μm 的颗粒含量；泥块含量是指砂中原粒径大于 1.18 mm，经水浸洗、手捏后小于 600 μm 的颗粒含量。

天然砂中的泥通常包裹在砂颗粒表面，妨碍了水泥浆与砂的黏结，使混凝土的强度降低。此外，泥的比表面积较大，含量多会降低混凝土拌合物的流动性，或者在保持相同流动性的条件下增加用水量，从而导致混凝土的强度、耐久性降低，干缩、徐变增大。天然砂的含泥量应符合表 5-4 中的规定。

表 5-4　天然砂的含泥量和泥块含量（GB/T 14684—2011）

项目	I 类	II 类	III类
含泥量（按质量计，%）	≤1.0	≤3.0	≤5.0
泥土块含量（按质量计，%）	0	≤1.0	≤2.0

人工砂的生产过程中会产生一定量的石粉，这是人工砂与天然砂最明显的区别之一。石粉的粒径虽小于 75 μm，但与天然砂中的泥成分不同，粒径分布不同，在使用中所起作用也不同。过多的石粉含量会妨碍水泥与骨料的黏结，对混凝土无益，但通过研究和多年实践的结果表明，适量的石粉对混凝土是有益的。由于人工砂是机械破碎制成的，其颗粒尖锐有棱角，这对于骨料和水泥之间的结合是有利的，但对混凝土的和易性是不利的，特别是强度等级低的混凝土和易性很差，而适量石粉的存在，则弥补了这一缺陷。此外，由于石粉主要是由 40～75 μm 的微粒组成，它的掺入对完善混凝土细骨料的级配、提高混凝土的密实性都是有益的，进而提高了混凝土的综合性能。人工砂的石粉含量应符合表 5-5、表 5-6 中的规定。

表 5-5　石粉含量和泥块含量（MB 值小于等于 1.4 **或快速法试验合格）**

类别	I	II	III
MB 值	≤0.5	≤1.0	≤1.4 或合格
石粉质量（按质量计，%①）	≤10.0		
泥块含量（按质量计，%）	0	≤1.0	≤2.0

注：①此指标根据使用地区和用途，经试验验证，可由供需双方协商确定。

表 5-6　石粉含量和泥块含量（MB 值大于 1.4 或快速法试验不合格）

类别	I	II	III
石粉含量（按质量计，%）	≤1.0	≤3.0	≤5.0
泥块含量（按质量计，%）	0	≤1.0	≤2.0

砂中泥块的存在对混凝土是有害的，其含量应符合表 5-4、表 5-5 和表 5-6 中的规定。

为防止人工砂在开采、加工过程中因各种因素掺入过量的泥土，而这又是目测和石粉含量试验所不能区分的，国家标准特别规定了测人工砂石粉含量之前必须先进行亚甲蓝 MB 值试验或亚甲蓝快速检验。MB 值的检验或快速检验是用于检测人工砂中小于 75 μm 的颗粒是石粉还是泥土的一种试验方法。亚甲蓝 MB 值小于 1.40 或快速检测结果合格的人工砂，石粉含量按 3%、5%、7%控制使用；MB 值大于等于 1.40 或检测结果不合格的人工砂，石粉含量按 1%、3%、5%（与天然砂含泥量相同）控制使用。这样就避免了因人工砂石粉中泥块含量过高而给混凝土带来的副作用。

（三）有害物质含量

配制混凝土的砂要清洁、不含杂质，以保证混凝土的质量。国家标准规定，砂中不应混有草根、树叶、塑料、煤块、炉渣等杂物，砂中如果含有云母、轻物质、有机物、硫化物及硫酸盐、氯化物等，其含量应符合表 5-7 的规定。

表 5-7　砂中有害物质含量

类别	I	II	III
云母（按质量计，%）	≤1.0	≤2.0	
轻物质（按质量计，%）	≤1.0		
有机物	合格		
硫化物及硫酸盐（按 SO_3 质量计，%）	≤0.5		
氯化物（以氯离子质量计，%）	≤0.01	≤0.02	≤0.06
贝壳（按质量计，%①）	≤3.0	≤5.0	≤8.0

注：①该指标仅适用于海砂，其他砂种不作要求。

云母呈薄片状，表面光滑，与水泥黏结性差，且本身强度低，会导致混凝土的强度、耐久性降低；轻物质是表观密度小于 2 000 kg/m^3 的物质，其质量轻、颗粒软，与水泥黏结性差，影响混凝土的强度、耐久性；有机物会延迟混凝土的硬化，影响强度的增长；硫化物及硫酸盐对水泥石有腐蚀作用；氯盐会使钢筋混凝土中的钢筋锈蚀。

（四）坚固性

砂的坚固性是指砂在自然风化和其他外界物理、化学因素作用下，抵抗破裂的能力。天然砂采用硫酸钠溶液法进行试验，砂样经 5 次循环后其质量损失应符合表 5-8 中的规定。

表 5-8 天然砂坚固性指标

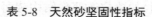

类别	I	II	III
质量损失/%	≤8		≤10

（五）表观密度、堆积密度和空隙率

砂的表观密度、堆积密度、空隙率应符合如下规定：表观密度大于 2 500 kg/m^3，松散堆积密度大于 1 350 kg/m^3，空隙率小于 47%。人工砂采用压碎指标法进行试验，压碎指标值应符合表 5-9 的规定。

表 5-9 机制砂压碎指标

类别	I	II	III
单级最大压碎指标/%	≤20	≤25	≤30

（六）碱—骨料反应

碱—骨料反应是指水泥、外加剂等混凝土组成物及环境中的碱与骨料中碱活性矿物在潮湿环境下缓慢发生并导致混凝土开裂破坏的膨胀反应。经碱—骨料反应试验后，由砂制备的试件无裂缝、酥裂、胶体外溢等现象，在规定的试验龄期膨胀率应小于 0.10%。

三、粗骨料——石子

粗骨料是指粒径大于 4.75 mm 的岩石颗粒，俗称石子。

普通混凝土常用的粗骨料有碎石和卵石。碎石是由天然岩石、卵石或矿山废石经机械破碎、筛分制成的粒径大于 4.75 mm 的岩石颗粒。卵石是由天然岩石经自然风化、水流搬运和分选、堆积形成的粒径大于 4.75 mm 的岩石颗粒，按其产源可分为河卵石、海卵石、山卵石等。天然卵石表面光滑，棱角少，空隙率及表面积小，拌制的混凝土和易性好，但与水泥的黏结能力较差；碎石表面粗糙，有棱角，与水泥浆黏结牢固，拌制的混凝土强度较高。使用时，应根据工程要求及就地取材的原则选用。

《建设用卵石、碎石》（GB/T 14685—2011）将碎石、卵石按技术要求分为 I 类、II 类和III类。I 类用于强度等级大于 C60 的混凝土；II 类用于强度等级为 C30～C60 及抗冻、抗渗或有其他要求的混凝土；III类适用于强度等级小于 C30 的混凝土。粗骨料的技术要求如下。

（一）最大粒径及颗粒级配

粗骨料的粗细程度用最大粒径表示。公称粒级的上限称为该粒级的最大粒径。例如 5～40 mm 粒级的粗骨料，其最大粒径为 40 mm。粗骨料最大粒径增大时，骨料的总表面积减小，可见采用较大最大粒径的骨料可以节约水泥。因此，当配制中、低强度等级混凝土时，粗骨料的最大粒径应尽可能选用得大些。

在工程中，粗骨料最大粒径的确定还要受结构截面尺寸、钢筋净距及施工条件的限制。《混凝土结构工程施工质量验收规范（2011 年版）》（GB 50204—2002）中规定，混凝土用的粗骨料，其最大颗粒粒径不得超过结构截面最小尺寸的 1/4，且不得超过钢筋最小净距的 3/4。对混凝土实心板，骨料的最大粒径不宜超过板厚的 1/3，且不得超过 40 mm。

粗骨料的颗粒级配与细骨料级配的原理相同。采用级配良好的粗骨料对节约水泥和提高混凝土的强度是极为有利的。石子级配的判定也是通过筛分析方法，其标准筛的孔径为 2.36 mm、4.75 mm、9.50 mm、16.0 mm、19.0 mm、26.5 mm、31.5 mm、37.5 mm、53.0 mm、63.0 mm、75.0 mm、90.0 mm 十二个筛档。分析筛余百分率及累计筛余百分率的计算方法，与细骨料的计算方法相同。卵石、碎石的颗粒级配应符合表 5-10 的规定。

表 5-10　卵石、碎石的颗粒级配

级配情况	公称粒级/mm	累计筛余（按质量计，%）											
		筛孔尺寸/mm											
		2.36	4.75	9.50	16.0	19.0	26.5	31.5	37.5	53.0	63.0	75.0	90.0
连续粒级	5～16	95～100	85～100	30～60	0～10	0	0						
	5～20	95～100	90～100	40～80	—	0～10	0～5						
	5～25	95～100	90～100	—	30～70	—							
	5～31.5	95～100	90～100	70～90	—	15～45	—		0				
	5～40	—	95～100	70～90	—	30～65	—	—	0～5	0			
单粒级	5～10	95～100											
	10～16		80～100	0～15	0								
	10～20		95～100	80～100	0～15	0～15	0						
	16～25		95～100	85～100	55～70	25～40	0～10						
	16～31.5			95～100	85～100			0～10	0				
	4～20		95～100			80～100			0～10	0			
	40～80			95～100		95～100			70～100		30～60	0～10	0

（二）含泥量和泥块含量

卵石、碎石的含泥量和泥块含量应符合表 5-11 的规定。

表 5-11　卵石、碎石的含泥量和泥块含量

类别	I	II	III
含泥量（按质量计，%）	≤0.5	≤1.0	≤1.5
泥块含量（按质量计，%）	0	≤0.2	≤0.5

（三）针片状颗粒

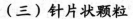

骨料颗粒的理想形状应为立方体。但实际骨料产品中，常会出现颗粒长度大于平均粒径 4 倍的针状颗粒和厚度小于平均粒径 2/5 的片状颗粒。针片状颗粒的外形和较低的抗折能力，会降低混凝土的密实度和强度，并使其工作性变差，故对其含量应予以控制。卵石、碎石的针片状颗粒含量应符合表 5-12 的规定。

表 5-12　卵石、碎石的针片状颗粒含量

类别	I	II	III
针片状颗粒总含量（按质量计，%）	≤5	≤10	≤15

（四）有害物质

与砂相同，卵石和碎石中不应混有草根、树叶、树枝、塑料、煤块和炉渣等杂物，且其中有害物质（如有机物、硫化物和硫酸盐）的含量控制应满足表 5-13 的规定。

表 5-13　卵石和碎石中有害物质限量

类别	I	II	III
硫化物及硫酸盐（按 SO_3 质量计，%）	≤0.5	≤1.0	≤1.0

（五）坚固性

骨料颗粒在气候、外力及其他物理力学因素作用下抵抗碎裂的能力，称为坚固性。骨料的坚固性，采用硫酸钠溶液浸泡法来检验。该种方法是将骨料颗粒在硫酸钠溶液中浸泡若干次，取出烘干后，测定在硫酸钠结晶晶体的膨胀作用下骨料的质量损失率，来说明骨料的坚固性，其指标应符合表 5-14 的规定。

表 5-14　卵石、碎石的坚固性指标

类别	I	II	III
质量损失（%）	≤5	≤8	≤12

（六）强度

粗骨料在混凝土中要形成坚实的骨架，故其强度要满足一定的要求。粗骨料的强度有立方体抗压强度和压碎指标值两种。

立方体抗压强度即浸水饱和状态下的骨料母体岩石制成的 50 mm×50 mm×50 mm 立方体试件，在标准试验条件下测得的抗压强度值。要求该强度火成岩不小于 80 MPa，变质岩不小于 60 MPa，水成岩不小于 30 MPa。

压碎指标是对粒状粗骨料强度的另一种测定方法。该方法是将气干的石子按规定方法填充于压碎指标测定仪（内径 152 mm 的圆筒）内，其上放置压头，在试验机上均匀加荷至 200 kN 并稳荷 5 s，卸荷后称量试样质量（G_1），然后再用孔径为 2.36mm 的筛进行筛分，称其筛余量（G_2），则压碎指标 Q_e 可用下式表示：

$$Q_e = \frac{G_1 - G_2}{G_1} \times 100\% \qquad (5\text{-}2)$$

压碎指标值越大，说明骨料的强度越小。压碎指标操作简便，在实际生产质量控制中应用较普遍。根据《建设用卵石、碎石》（GB/T 14685—2011）的规定，粗骨料的压碎指标值控制可参照表 5-15。

表 5-15　碎石或卵石的压碎指标值

类别	I	II	III
碎石压碎指标/%	≤10	≤20	≤30
卵石压碎指标/%	≤12	≤16	≤16

（七）表观密度、连续级配松散堆积空隙率

卵石、碎石的表观密度、连续级配松散堆积空隙率应符合如下规定：

（1）表观密度应不小于 2 600 kg/m^3。

（2）连续级配松散堆积空隙率应符合表 5-16 的规定。

表 5-16　卵石、碎石的连续级配松散堆积空隙率

类别	I	II	III
空隙率/%	≤43	≤45	≤47

（八）碱骨料反应

卵石和碎石经碱—骨料反应试验后，试件应无裂缝、疏裂、胶体外溢等现象，在规定的试验龄期膨胀率应小于 0.10%。

四、混凝土用水

对混凝土用水的质量要求主要有：不得影响混凝土的和易性及凝结；不得有损于混凝土强度的发展；不得降低混凝土的耐久性、加快钢筋锈蚀及导致预应力钢筋脆断；不得污染混凝土表面。

《混凝土用水标准》（JGJ 63—2006）对混凝土用水提出了具体的质量要求。混凝土用水按水源不同，分为饮用水、地表水、地下水、再生水、混凝土设备洗刷水和海水等。

（1）符合国家标准的饮用水可用于拌制混凝土。

（2）地表水、地下水和再生水等必须按照标准规定检验合格后，方可使用。

（3）混凝土企业设备洗刷水不宜用于预应力混凝土、装饰混凝土、加气混凝土和暴露于腐蚀环境的混凝土，不得用于使用碱活性骨料的混凝土。

（4）海水中含有较多硫酸盐、镁盐和氯盐，影响混凝土的耐久性并加速钢筋的锈蚀。因此，未经处理的海水严禁用于混凝土和预应力混凝土，在无法获得水源的情况下，海水可用于素混凝土，但不宜用于装饰混凝土。

水中物质含量限值见表 5-17。

表 5-17　水中物质含量限值

项目	预应力混凝土	钢筋混凝土	素混凝土
pH 值	≥5.0	≥4.5	≥4.5
不溶物/（$mg\cdot L^{-1}$）	≤2 000	≤2 000	≤5 000
可溶物/（$mg\cdot L^{-1}$）	≤2 000	≤5 000	≤10 000
Cl^-/（$mg\cdot L^{-1}$）	≤500	≤1 100	≤3 500
SO_4^{2-}/（$mg\cdot L^{-1}$）	≤600	≤2 000	≤2 700

注：使用钢丝或经热处理钢筋的预应力混凝土氯化物含量不得超过 350 mg/L。

第三节　测定混凝土的技术性质

普通混凝土的主要技术性质包括混凝土拌合物的和易性、硬化混凝土的强度、混凝土的变形性能和混凝土的耐久性。

一、混凝土拌合物的和易性

和易性又称工作性，是指混凝土拌合物在一定的施工条件下，便于各种施工工序的操作（拌和、运输、浇灌、捣实），以保证获得质量均匀、成型密实的混凝土的性能。

（一）和易性的内容

和易性是一项综合技术指标，包括流动性（稠度）、黏聚性和保水性三个方面。

1．流动性

流动性是指拌合物在自重或施工机械振捣作用下，能产生流动并均匀密实地填充整个模型的性能。流动性好的混凝土拌合物操作方便、易于捣实和成型。

2．黏聚性

黏聚性是指拌合物在施工过程中，各组成材料相互之间有一定的黏聚力，不出现分层离析，保持整体均匀的性能。黏聚性差的拌合物，在施工过程中易出现分层、离析、泌水，导致混凝土硬化后出现“蜂窝”、“麻面”等缺陷，影响混凝土强度及耐久性。

3．保水性

保水性是指拌合物保持水分，不致产生严重泌水的性能。保水性差的混凝土拌合物在运输和浇捣时，或凝结硬化前容易泌水，水分积聚在混凝土表面，硬化后引起表面疏松，水分也可能积聚在骨料或钢筋下边，削弱骨料或钢筋与水泥石的黏结力。泌水还会留下许多毛细管通道，不仅降低混凝土强度，还影响其抗冻、抗渗等耐久性能。

混凝土拌合物的流动性、黏聚性和保水性三者既互相联系，又互相矛盾。黏聚性好的混凝土拌合物，其保水性往往也好，但流动性较差；如增大流动性能，则黏聚性、保水性往往变差。因此，拌合物的工作性是三方面性能的总和，直接影响混凝土施工的难易程度，同时对硬化后的混凝土的强度、耐久性、外观完好性及内部结构都具有重要影响，和易性是混凝土的重要性能之一。施工时应兼顾三者，使拌合物既满足要求的流动性，又保证良好的黏聚性和保水性。

（二）和易性测定

目前，尚未找到一种简单易行、迅速准确又能全面反映混凝土拌合物和易性的指标及测定方法。《普通混凝土拌合物性能试验方法》（GB/T 50080—2002）规定，采用坍落度及坍落扩展度试验和维勃稠度试验来定量地评定混凝土拌合物的流动性，黏聚性、保水性，主要通过目测观察来判定。

1．坍落度及坍落扩展度试验

将混凝土拌合物分 3 次按规定方法装入坍落度筒内，刮平表面后，垂直向上提起坍落度筒。拌合物因自重而坍落，测量坍落的值（单位为 mm），即为该拌合物的坍落度（见图 5-4）。

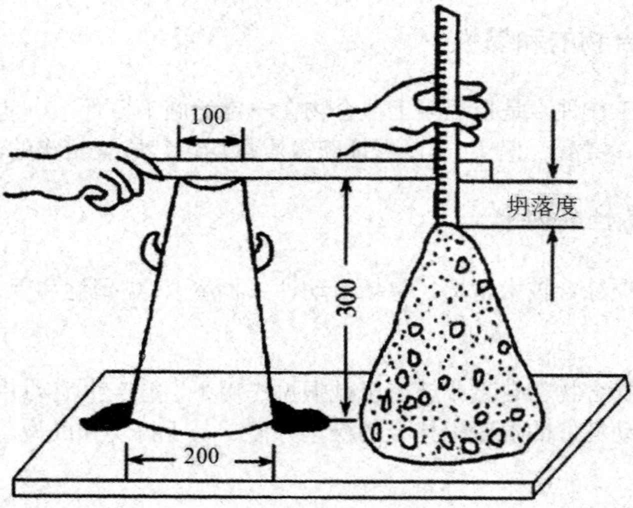

图 5-4 坍落度测定

测定坍落度后，用捣棒轻击拌合物锥体的侧面，观察其黏聚性。若锥体逐渐下沉，则表示黏聚性良好；若锥体倒塌、部分崩溃或出现离析现象，则表示黏聚性不好。保水性以混凝土拌合物稀浆析出的程度来评定。坍落度筒提起后，若有较多的稀浆从底部析出，锥体部分的混凝土也因失浆而骨料外露，则表明保水性不好；若无稀浆或仅有少量稀浆自底部析出，则表示保水性良好。

当混凝土拌合物的坍落度大于 220 mm 时，由于粗骨料堆积的偶然性，坍落度就不能很好地代表拌合物的稠度，此时需测定坍落扩展度值来表示拌合物的稠度。即用钢尺测量混凝土扩展后最终的最大直径和最小直径，在这两个直径之差小于 50 mm 的条件下，用其算术平均值作为坍落扩展度值。如果发现粗骨料在中央堆集或边缘有水泥浆析出，这是混凝土在扩展的过程中产生离析而造成的，表明混凝土拌合物抗离析性不好。

根据坍落度大小，可将混凝土拌合物分成 5 级，见表 5-18。

表 5-18　混凝土拌合物的坍落度等级划分

等级	坍落度/mm
S1	10～40
S2	50～90
S3	100～150
S4	160～210
S5	≥220

坍落度过小，说明拌合物流动性小，施工不便，往往影响施工质量，甚至造成质量事故；坍落度过大，易产生分层离析，造成混凝土结构上下不均。所以，混凝土拌合物的坍落度应在一个适宜的范围内，其值可根据工程结构种类、钢筋疏密程度及振捣方法按表 5-19 选用。

表 5-19　混凝土浇筑时的坍落度

序号	结构种类	坍落度/mm
1	基础或地面等的垫层、无配筋的大体积混凝土（挡土墙、基础等）或配筋稀疏的结构	10～30
2	板、梁和大型及中型截面的柱子等	30～50
3	配筋密列的结构（薄壁、斗仓、筒仓、细柱等）	50～70
4	配筋特密的结构	70～90

注：①本表是指采用机械振捣的坍落度，采用人工振捣时，坍落度可适当增大；

②需要配制大坍落度混凝土时，应掺用外加剂；

③曲面或斜面结构的混凝土，其坍落度值应根据实际需要另行选定；

④轻骨料混凝土的坍落度，宜比表中数值减少 10～20 mm。

坍落度及坍落扩展度试验简便易行，但观察黏聚性及保水性时受主观因素影响较大，仅适用于骨料最大粒径不大于 40 mm、坍落度不小于 10 mm 的混凝土拌合物。对于干硬性混凝土，和易性测定常采用维勃稠度试验。

2．维勃稠度试验

维勃稠度试验需用维勃稠度测定仪（见图 5-5）。先按规定的方法在坍落度筒中装满混凝土拌合物，提起坍落度筒，在拌合物试体顶面放一透明圆盘，开启振动台，同时用秒表计时，当透明圆盘的底面完全为水泥浆布满时，关闭振动台。所用的时间（单位为 s）称为该混凝土拌合物的维勃稠度。维勃稠度值越大，说明混凝土拌合物越干硬。混凝土拌合物根据维勃稠度大小分为 5 级，见表 5-20。

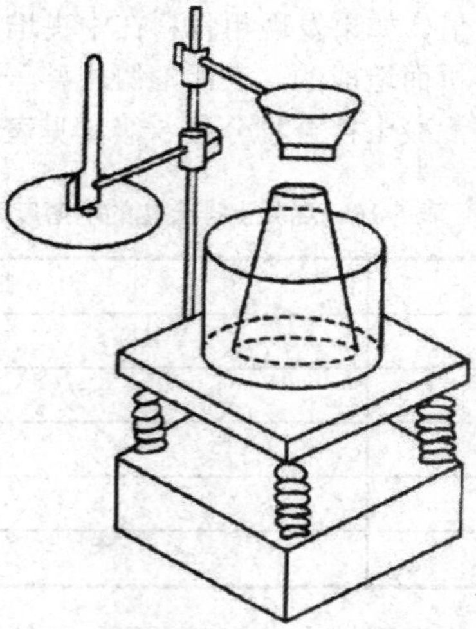

图 5-5　维勃稠度测定仪

表 5-20　混凝土按维勃稠度的分级

等级	维勃稠度/s
V0	≥31
V1	21～30
V2	11～20
V3	6～10
V4	3～5

（三）影响混凝土和易性的主要因素

影响混凝土拌合物和易性的因素很多，主要有水泥浆的数量、水泥浆的砂率、稠度、原材料性质及时间、温度等因素。

1．水泥浆的数量

它是普通混凝土拌合物工作度最敏感的影响因素。在水灰比（1 m^3 混凝土中水与水泥用量的比值）不变的条件下，增加混凝土单位体积的水泥浆数量，能使骨料周围有足够的水泥浆包裹，改善骨料之间的润滑性能，从而使混凝土拌合物的流动性提高。但水泥浆数量不宜过多，否则会出现流浆现象，黏聚性变差，浪费水泥，同时水泥浆过多还会影响混凝土的耐久性，所以现在多以掺外加剂来调整和易性，以满足施工需要。

2．砂率 β_s

砂率是指混凝土中砂的质量占砂、石总量的百分比。由于砂的粒径远小于石子，所以砂率大小对骨料空隙率及总表面积有显著影响。砂率过大时，骨料的空隙率减小而总表面积增加，在一定数量水泥浆条件下，拌合物显得干稠，流动性降低；反之，砂率过小，砂浆数量不足，不能保证石子周围形成足够的砂浆层，也会降低拌合物流动性，并影响黏聚性和保水性。因此，选择砂率应该是在用水量及水泥用量一定的条件下，使混凝土拌合物获得最大的流动性，并保持良好的黏聚性和保水性；或在保证良好和易性的同时，水泥用量最少，此时的砂率值称为合理砂率（见图 5-6 和图 5-7）。

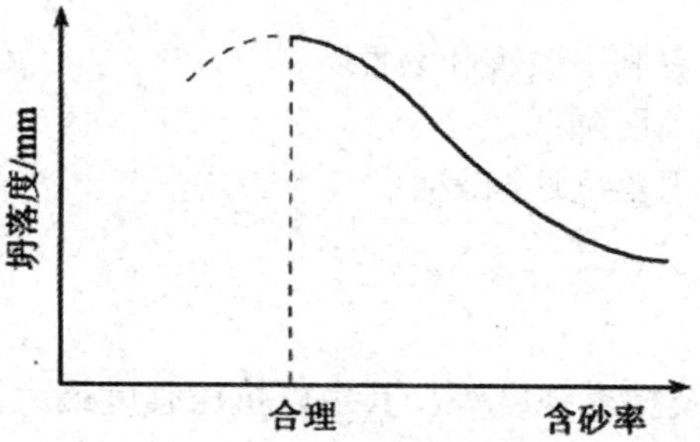

图 5-6　砂率与坍落度的关系

（水及水泥用量不变）

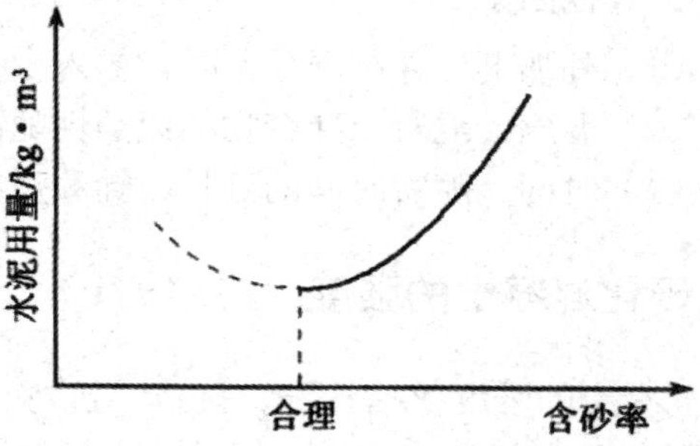

图 5-7　砂率与水泥用量关系

（坍落度不变）

合理砂率一般通过试验确定，在不具备试验的条件下，可参考表 5-21 选取。

表 5-21　混凝土的砂率　　单位：%

水灰比（*W/C*）	卵石最大公称粒径/mm			碎石最大公称粒径/mm		
	10.0	20.0	40.0	10.0	20.0	40.0
0.40	26～32	25～31	24～30	30～35	29～34	27～32
0.50	30～35	29～34	28～33	33～38	32～37	30～35
0.60	33～38	32～37	31～36	36～41	35～40	33～38
0.70	36～41	35～40	34～39	39～44	38～43	36～41

注：①本表数值是中砂的选用砂率，对细砂或粗砂，可相应地减小或增大砂率。

②本表适用于坍落度为 10～60 mm 的混凝土。对坍落度大于 60 mm 的混凝土，其砂率可经试验确定，也可在表　的基础上，按坍落度每增加 20 mm 砂率增大 1%的幅度予以调整：坍落度小于 10 mm 的混凝土，其砂率应经试验确定。

③只用一个单粒粒级粗骨料配制混凝土时，砂率应适当增大。

④掺有各种外加剂或掺合料时，其合理砂率应经试验或参照其他有关规定确定。

⑤对于薄壁构件，砂率取偏大值。

3．水泥浆的稠度

水泥浆的稠度主要取决于水灰比大小。水灰比过大，水泥浆太稀，产生严重离析及泌水现象；水灰比过小，因流动性差而难以施工。通常，水灰比在 0.40～0.75，并尽量选用小的水灰比。

4．原材料的性质

（1）水泥品种。在其他条件相同时，硅酸盐水泥和普通水泥较矿渣水泥拌制的混凝土拌合物的和易性好，原因是矿渣水泥保水性差，容易泌水。水泥颗粒越细时，拌合物流动性也越小。

（2）骨料。如其他条件相同，卵石混凝土比碎石混凝土流动性大，级配好的比级配差的流动性大。

5．其他因素

（1）外加剂。拌制混凝土时，掺入少量外加剂有利于改善和易性。

（2）温度。混凝土拌合物的流动性随温度的升高而降低。

（3）时间。随着时间的延长，拌和后的混凝土坍落度逐渐减小。

二、硬化混凝土的强度

混凝土的强度包括抗压、抗拉、抗弯、抗剪以及握裹强度等，其中以抗压强度最大，故工程上混凝土主要承受压力。另外，混凝土的抗压强度与其他强度之间有一定的相关性，可以根据抗压强度的大小来估计其他强度值，因此混凝土的抗压强度是最重要的一项性能指标。

（一）影响混凝土强度的因素

混凝土的受力破坏，主要出现在水泥石与骨料的界面上以及水泥石中，而混凝土的强度主要取决于水泥石与骨料的黏结强度和水泥石的强度。因此，水泥的强度、骨料的情况及水胶比，是影响混凝土强度的主要因素，此外还与养护条件、龄期、试验条件等有关。

1．水泥强度

在所用原材料及配合比例关系相同的情况下，所用的水泥强度愈高，水泥石的强度及与骨料的黏结强度愈高，因此制成的混凝土的强度也愈高。试验证明，混凝土的强度与水泥的强度成正比例关系。

2．骨料影响

骨料种类不同，其表面状态也不同。碎石表面粗糙并有棱角，骨料颗粒之间有嵌固作用，与水泥石的黏结力较强，而卵石表面光滑、黏结力较差。因此，在原材料和水胶比相同的条件下，用碎石拌制混凝土的强度比用卵石拌制混凝土的强度高。当粗骨料级配良好、砂率适当时，能组成密集的骨架，使水泥浆数量相对减少，也会使混凝土强度有所提高。

3．水胶比

水胶比是反映水与水泥质量之比的一个参数。一般来说，水泥水化需要的水分仅占水泥质量的 25%左右，即水胶比为 0.25 即可保证水泥完全水化，但此时水泥浆稠度过大，混凝土的工作性满足不了施工的要求。

图 5-8（a）所示即 1919 年美国学者 D▪阿布拉姆斯提出的普通混凝土的抗压强度与水胶比间的指数关系。1930 年瑞士的 J.鲍罗米又提出了如图 5-8（b）所示的普通混凝土的抗压强度与灰水比间的线性关系，该种关系极易通过试验样本值用线性拟合的方法求出，因此在国际上被广泛应用。

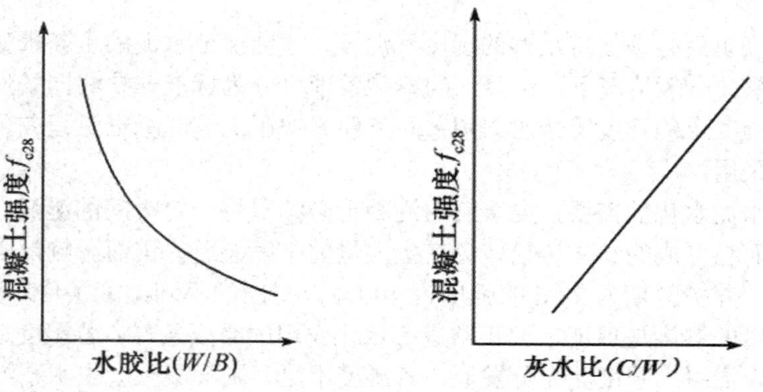

（a）　（b）

图 5-8　混凝土的抗压强度与水胶比关系

混凝土的强度与水泥强度和水胶比间的线性关系式，可按下式确定：

$$f_{cu,0}=Af_{ce}\left(\frac{C}{W}-B\right) \tag{5-3}$$

式中　$f_{cu,0}$——混凝土 28 d 的立方体抗压强度；

f_{ce}——水泥 28 d 抗压强度实测值，当无水泥 28 d 实测值时，f_{ce} 可按下式确定：

$$f_{ce}=\gamma_C\cdot f_{ce,g} \tag{5-4}$$

式（5-4）中的γ_C为水泥强度的富余系数，可按实际统计资料确定；$f_{ce,g}$ 为水泥强度等级值（MPa）。式（5-3）中 A、B 为回归系数，由试验所定。我国在全国 6 个大区的 31 个试验单位共用 84 个品种的水泥进行了 1 184 次水泥强度和 3 768 次混凝土试验，对试验结果进行了统计分析，最后得出的回归系数值$\alpha_a(A)$和$\alpha_b(B)$供全国参考使用，见表 5-22。

表 5-22 回归系数 α_a、α_b 选用表

系数 \ 石子品种	碎石	卵石
α_a	0.46	0.48
α_b	0.07	0.33

4．养护条件

混凝土浇筑后必须保持足够的湿度和温度，才能保证水泥的不断水化，以使混凝土的强度不断发展。一般情况下，混凝土的养护条件可分为标准养护和同条件养护。标准养护主要在确定混凝土的强度等级时采用；同条件养护在浇筑混凝土工程或预制构件中检验混凝土强度时采用。

为满足水泥水化的需要，浇筑后的混凝土必须保持一定时间的湿润，过早失水会造成强度下降，而且形成的结构疏松，会产生大量的干缩裂缝，进而影响混凝土的耐久性。在潮湿状态下，养护龄期为 28 d 的强度为 100%，得出的不同湿度条件对强度的影响曲线。

周围环境的湿度是保证水泥正常进行水化作用的必要条件。若湿度适当，则水泥水化能顺利进行，混凝土强度能充分发展；若湿度不足，则混凝土会失水干燥而影响水泥水化作用的正常进行，甚至停止水化。温度不足不仅降低混凝土的强度，而且使混凝土结构疏松，形成干缩裂缝，渗水性增大，从而影响耐久性。

5．龄期

在正常不变的养护条件下，混凝土的强度随龄期的增长而提高，一般来说，早期（7～14 d）增长较快，以后逐渐变缓，28d 后增长更加缓慢，但可延续几年甚至几十年。

利用混凝土强度和龄期间的关系，对于用早期强度推算长期强度和缩短混凝土强度判定的时间具有重要的实际意义。几十年来，国内外的工程界和学者对此进行了深入的研究，取得了一些重要成果，D.阿布拉姆斯提出在潮湿养护条件下，混凝土强度与龄期（以对数表示）间的直线表达式。我国对此也有诸多研究成果，但由于问题较复杂，至今还没有统一、严格的推算公式，各地、各单位常根据具体情况采用经验公式，目前采用较广泛的一种经验公式如下：

$$f_n = f_a \frac{\lg n}{\lg a} \tag{5-5}$$

式中 f_n——需推算龄期 n d 时的强度（MPa）；

f_a——配制龄期为 a d 时的强度（MPa）；

n——需推测强度的龄期（d）；

a——已测强度的龄期（d）。

式（5-5）适用于标准养护条件下所测强度的龄期小于等于 3 d，且为中等强度等级硅

酸盐水泥所拌和的混凝土。其他测定龄期和具体条件下，仅可作为参考。

6．试验条件的影响

同一批混凝土，如试验条件不同，则所测得的混凝土强度值有所差异。试验条件是指试件的尺寸、形状、表面状态及加荷速度等。

（1）试件尺寸和形状。在标准养护条件下，采用标准试件测定混凝土的抗压强度是为了具有对比性。在实际施工中，也可以按粗骨料最大粒径的尺寸选用不同的试件尺寸，但计算某抗压强度时，应乘以换算系数。

试件尺寸愈大，测得的强度值愈小，这是由于大试件内部存在的孔隙、微裂缝等缺陷的概率大，以及测试时产生的环箍效应所致。混凝土立方体试件在压力机上受压时，在沿加荷方向发生纵向变形的同时，混凝土试件和上下钢压板也按泊桑比效应产生横向变形。上下钢压板和混凝土的弹性模量及泊桑比不同，所以在荷载作用下，钢压板的横向应变小于混凝土的横向应变，造成上下钢压板与混凝土试件接触的表面之间产生摩阻力，对试件的横向膨胀起着约束作用，这种作用称为“环箍效应”，如图 5-9（a）所示。这种效应随与压板距离的加大而逐渐消失，其影响范围约为试件边长的 $\sqrt{3}/2$ 倍，这种作用使试件破坏后呈一对顶棱锥体，如图 5-9（b）所示。

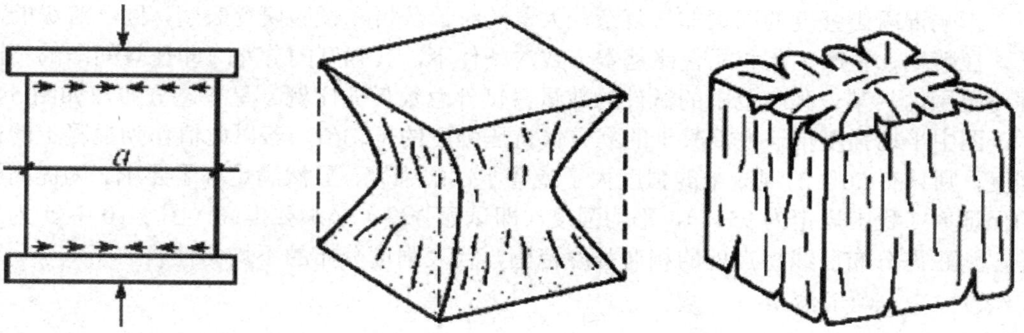

（a）　　（b）　　（c）

图 5-9　混凝土试件受压破坏状态

（a）环箍效应示意图；（b）环箍效应破坏示意图；（c）不考虑环箍效应的试件破坏示意图

（2）表面状态。若混凝土试件表面和压板之间涂有润滑剂，则环箍效应大大减小，试件将出现垂直裂缝而破坏，如图 5-19（c）所示，测得的强度值较低。

（3）加荷速度。试验时，压混凝土试件的加荷速度对所测强度值影响较大。加荷速度越大，测得的强度值越大。

我国标准规定，测混凝土试件的强度时，应连续而均匀地加荷。当强度等级低于 C30 时，加荷速度为 0.3～0.5 MPa/s；当强度等级大于等于 C30 且小于 C60 时，加荷速度为 0.5～0.8 MPa/s；当强度等级大于等于 C60 时，加荷速度为 0.8～1.0 MPa/s。

（二）混凝土的立方体抗压强度

按《普通混凝土力学性能试验方法标准》（GB/T 50081—2002）的规定，将混凝土拌合物制成边长为150 mm的立方体标准试件，在20±5℃的环境中静置一至两昼夜，拆模后，置于温度为（20±2）℃、相对湿度为90%以上的标准养护室中养护，或在温度为20±2℃的不流动的$Ca(OH)_2$饱和溶液中养护28 d，测其抗压强度，所测得的抗压强度值称为立方体抗压强度，用f_{cu}表示。

混凝土的立方体抗压强度试验，也可根据粗骨料的最大粒径而采用非标准试件得出的强度值，但必须经换算。现行国家标准《混凝土结构工程施工质量验收规范（2011年版）》（GB 50204—2002）规定的换算系数见表5-23。

表5-23　混凝土试件尺寸及强度的尺寸换算系数

试件尺寸/mm	强度的尺寸换算系数	最大粒径/mm
100×100×100	0.95	≤31.5
150×150×150	1.00	≤40.0
200×200×200	1.05	≤65.0

影响混凝土强度的因素非常复杂，大量的统计分析和试验研究表明，同一等级的混凝土，在龄期、生产工艺和配合比基本一致的条件下，其强度的分布（即在等间隔的不同的强度范围内，某一强度范围的试件的数量占试件总数量的比例）呈正态分布，如图5-8所示。图中平均强度指该批混凝土的立方体抗压强度的平均值，若以此值作为混凝土的试验强度，则只有50%的混凝土的强度大于或等于试配强度，显然满足不了要求。为提高强度的保证率（我国规定为95%），平均强度（即试配强度）必须要提高（图5-10中σ为均方差，为正态分布曲线拐点处的相对强度范围，代表强度分布的不均匀性）。

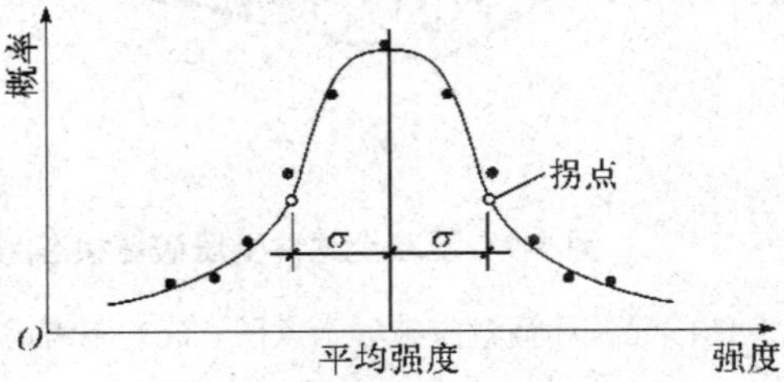

图5-10　混凝土的强度分布

立方体抗压强度的标准值是指按标准试验方法测得的立方体抗压强度总体分布中的一个值，强度低于该值的百分率不超过5%　（即具有95%的强度保证率）。立方体抗压强度标准值用$f_{cu,k}$表示（见图5-11）。

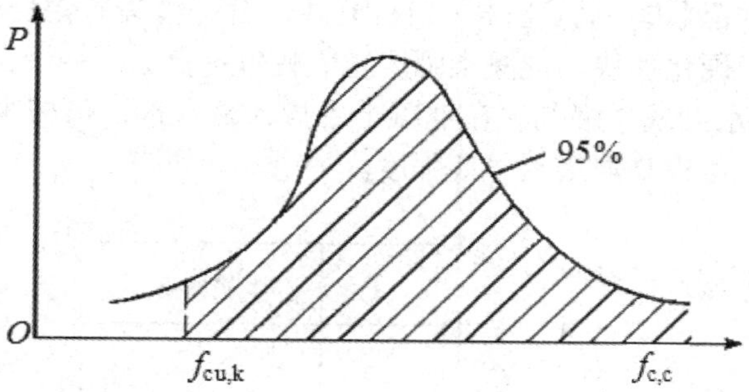

图 5-11　混凝土的立方体抗压强度标准值

（三）强度等级和轴心抗压强度

根据《混凝土强度检验评定标准》（GB/T 50107—2010），混凝土的强度等级按立方体抗压强度标准值划分。混凝土的强度等级采用符号 C 与立方体抗压强度标准值 $f_{cu,k}$（以 N/mm^2 计）表示。立方体抗压强度标准值是指按标准方法制作和养护的边长为 150 mm 的立方体试件在 28 d 龄期，用标准试验方法测得的抗压强度总体分布中的一个值，强度低于该值的百分率不超过 5%。混凝土的强度等级分为 C15、C20、C25、C30、C35、C40、C45、C50、C55、C60、C65、C70、C75、C80 十四个等级，例如，C25 表示立方体抗压强度标准值为 25 MPa，即混凝土立方体抗压强度大于 25 MPa 的概率为 95%以上。

混凝土的立方体抗压强度只是评定强度等级的一个标志，它不能直接作为结构设计的依据。为了符合实际情况，在结构设计中，混凝土受压构件的计算采用混凝土的轴心抗压强度（亦称棱柱强度）。国家标准规定，混凝土轴心抗压强度试验采用 150 mm×150 mm×300 mm 的棱柱体为标准试件。试验表明，混凝土的轴心抗压强度 f_{cp} 与立方体抗压强度 f_{cu} 之比为 0.7～0.8。

（四）提高混凝土强度的措施

（1）采用高强度等级水泥。

（2）采用干硬性混凝土。干硬性混凝土水灰比小、含砂率小，经强力振捣后，密实度大，因此强度高。

（3）采用机械搅拌和振捣。机械搅拌不仅比人工搅拌工效高，而且搅拌得更均匀，所以有利于提高混凝土强度。同样，采用机械振捣要比人工捣实效果好得多。从图 5-12 可以看出，采用机械捣实的混凝土强度明显高于人工捣实的混凝土强度，且水灰比越小，越适合采用机械捣实。

（4）蒸汽养护。蒸汽养护是将已浇灌好的混凝土构件，放在低于 100 ℃的常压蒸汽中进行养护。采用蒸汽养护的构件，16～20 h 的强度可达标准条件下养护 28 d 强度的 70%～80%。蒸汽养护特别适合于掺活性混合材料的水泥配制的混凝土。

（5）蒸压养护。蒸压养护是将已浇灌好的混凝土构件，放在 175 ℃、0.8 MPa 的密闭蒸压釜内进行养护。在高温高压下，水泥水化时析出的氢氧化钙不仅能与活性氧化硅反应，而且也能与结晶状态的氧化硅（如石英砂、石英粉等）化合，生成含水硅酸盐结晶，使水泥水化加速，硬化加快，混凝土强度也大幅度提高。

（6）掺入减水剂或早强剂。在混凝土中掺入减水剂，可减少用水量，提高混凝土强度；掺入早强剂，可提高混凝土早期强度。

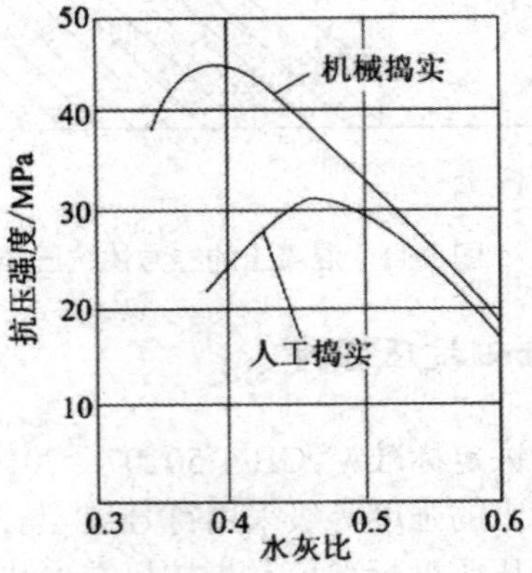

图 5-12　捣实方法对抗压强度的影响

三、混凝土的变形性能

混凝土的变形包括荷载作用下的变形和非荷载作用下的变形。

（一）荷载作用下的变形

荷载作用下的变形主要是徐变，所谓徐变是指在长期不变的荷载作用下，随时间而增长的变形。如图 5-13 所示为混凝土徐变的曲线。

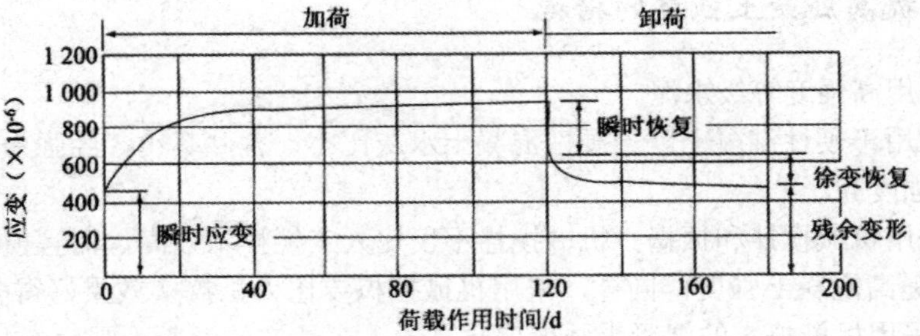

图 5-13　混凝土徐变曲线

从曲线上可以看出，开始加荷时，即产生瞬时应变，接着便发生缓慢增长的徐变。在荷载作用的初期，徐变变形增长得较快，后逐渐变慢，一般 2～3 年才趋于稳定。混凝土的徐变变形量可达 3×10^{-4}～15×10^{-4}，即 0.3～1.5 mm/m。当变形稳定后卸掉荷载，混凝土立即发生稍少于瞬时应变的恢复，称为瞬时恢复。其后，还有一个随时间而增加的应变恢复，称为徐变恢复。最后残留下来不能恢复的应变称为残余应变。

混凝土徐变大小与许多因素有关，如水灰比、养护条件、水泥用量等均对徐变有影响。水灰比较小或在水中养护的混凝土，由于水泥石中未填满的孔隙较少，故徐变小；水灰比相同时，水泥用量越多的混凝土，徐变越大。此外，徐变与混凝土弹性模量也有关系。一般弹性模量大的混凝土，徐变值小。

徐变的产生有利也有弊。徐变能消除钢筋混凝土内的应力集中，使应力较均匀地重新分布；对大体积混凝土，徐变还能消除一部分由温度变形产生的破坏应力。但对预应力钢筋混凝土，徐变能使钢筋的预应力受到损失，降低结构承载力。

（二）非荷载作用下的变形

非荷载作用下的变形有化学收缩、干湿变形及温度变形等。

1．化学收缩

化学收缩是指由于水泥水化生成物的体积比反应前物质的总体积小，致使混凝土产生收缩。水泥用量过多，在混凝土的内部易产生化学收缩而引起微细裂缝。

2．干湿变形

干湿变形即混凝土干燥、潮湿引起的尺寸变化。其中湿胀变形量很小，一般无破坏性，但干缩对混凝土危害较大，应尽量减小。如加强早期养护、采用适宜的水泥品种、限制水泥用量、减少用水量、保证一定的骨料用量等，这些方法均可在一定程度上减小干缩值。

3．温度变形

温度变形即混凝土熟胀冷缩的性能。因为水泥水化放出热量，所以，温度变形对大体积混凝土工程极为不利，容易引起内外膨胀不均而导致混凝土开裂。因此，对大体积混凝土工程应采用低热水泥。

四、混凝土的耐久性

混凝土耐久性是指混凝土在实际使用条件下抵抗各种破坏因素作用，长期保持强度和外观完整性的能力，包括混凝土的抗冻性、抗渗性、抗侵蚀性及抗碳化能力等。

（一）抗冻性

抗冻性是指混凝土在饱和水状态下，能经受多次冻融循环而不被破坏，也不明显降低强度的性能，是评定混凝土耐久性的主要指标。在寒冷地区，尤其是经常与水接触、受冻的混凝土，要求具有较高的抗冻性。

抗冻性好坏用抗冻等级表示。根据混凝土所能承受的反复冻融循环的次数，分为F10、F15、F25、F50、F100、F150、F200、F250、F300 几个等级。

混凝土的密实度、孔隙的构造特征是影响抗冻性的重要因素，密实的或具有封闭孔隙的混凝土，其抗冻性较好。

（二）抗渗性

抗渗性是指混凝土抵抗水、油等液体渗透的能力。抗渗性好坏用抗渗等级来表示，分为P4、P6、P8、P10和P12共5个等级，相应表示混凝土能抵抗0.4 MPa、0.6 MPa、0.8 MPa、1.0 MPa和1.2 MPa的水压而不被渗透。混凝土的抗渗实验采用185 mm×175mm×150 mm的圆台形试件，每组6块。按照标准实验方法成型并养护至28～60 d期间内进行抗渗试验。试验时将圆台形试件周围密封并装入模具，从圆台试件底部施加水压力，初始压力为0.1 MPa，每隔8 h增加0.1 MPa，当6个试件中有4个试件未出现渗水时的最大水压力用P_t表示。《普通混凝土配合比设计规程》（JGJ 55—2011）中规定，具有抗渗要求的混凝土，试验要求的抗渗水压值应比设计值高0.2 MPa，试验结果应符合如下要求：

$$P_t \geqslant \frac{P}{10} + 0.2 \tag{5-6}$$

式中　P_t——6个试件中4个未出现渗水的最大水压力；

P——设计要求的抗渗等级值。

混凝土水灰比对抗渗性起决定性作用。增大水灰比，由于混凝土密实度降低，导致抗渗性降低。另外，混凝土施工处理不当、振捣不密实，也会严重影响混凝土的抗渗性。渗水后的混凝土如受冻，易引起冻融破坏。对钢筋混凝土而言，渗水还会造成钢筋的锈蚀及保护层开裂。提高混凝土抗渗性的根本措施在于增强混凝土的密实度。

（三）抗侵蚀性

如果混凝土不密实，则外界侵蚀性介质就会通过孔隙或毛细管通路，侵入硬化后的水泥石内部，引起混凝土的腐蚀而破坏。腐蚀的类型通常有淡水腐蚀、硫酸盐腐蚀、溶解性化学腐蚀、强碱腐蚀等。混凝土的抗侵蚀性与密实度有关，同时，水泥品种、混凝土内部孔隙特征对抗侵蚀性也有较大影响。当水泥品种确定后，密实或具有封闭孔隙的混凝土，其抗侵蚀性较强。

（四）提高混凝土耐久性措施

混凝土耐久性主要取决于组成材料的质量及混凝土密实度。提高混凝土耐久性的措施主要有：

（1）根据工程所处环境及要求，合理选择水泥品种。

（2）控制水灰比及保证足够的水泥用量，是保证混凝土密实度并提高混凝土耐久性的关键。

（3）改善粗细骨料的颗粒级配。

（4）掺和外加剂，以改善抗冻、抗渗性能。

（5）加强浇捣和养护，以提高混凝土强度及密实度，避免出现裂缝、蜂窝等现象。

（6）采用浸渍处理或用有机材料作防护涂层。

第四节　普通混凝土配合比设计

混凝土配合比设计是混凝土工艺中最重要的项目之一。其目的是在满足工程对混凝土的基本要求的情况下，找出混凝土组成材料间最合理的比例，以便生产出优质而经济的混凝土。混凝土配合比设计包括配合比的计算、试配和调整。

一、配合比设计的基本要求

普通混凝土一般指以水泥为主要胶凝材料，与水、砂、石子，必要时掺入化学外加剂和矿物掺合料，按适当比例配合，经过均匀搅拌、密实成型及养护硬化而成的人造石材。混凝土主要划分为两个阶段与状态：凝结硬化前的塑性状态，即新拌混凝土或混凝土拌合物；硬化之后的坚硬状态，即硬化混凝土或混凝土。混凝土强度等级是以立方体抗压强度标准值划分，目前中国普通混凝土强度等级划分为 14 级：C15、C20、C25、C30、C35、C40、C45、C50、C55、C60、C65、C70、C75 及 C80。

配合比设计的基本要求如下：

（1）满足混凝土结构设计的强度等级要求。

（2）满足施工和易性要求。

（3）满足工程所处环境对混凝土耐久性的要求。

（4）满足经济要求，节约水泥，降低成本。

二、混凝土配合比设计基本参数的确定

混凝土的配合比设计，实际上就是单位体积混凝土拌合物中水、水泥、粗骨料（石子）、细骨料（砂）四种材料用量的确定。反映四种组成材料间关系的三个基本参数，即水胶比、砂率和单位用水量一旦确定，混凝土的配合比也就确定了。

（一）水胶比的确定

水胶比的确定，主要取决于混凝土的强度和耐久性。从强度角度看，水胶比应小些，水胶比可根据混凝土的强度公式来确定；从耐久性角度看，水胶比应小些，水泥用量多些，混凝土的密度就高，耐久性则优良，这可通过控制最大水胶比和最小水泥用量来满足。由强度和耐久性分别决定的水胶比往往是不同的，此时应取较小值。但在强度和耐久性都已满足的前提下，水胶比应取较大值，以获得较高的流动性。

（二）砂率的确定

砂率的大小不仅影响拌合物的流动性，而且对黏聚性和保水性也有很大的影响，因此配合比设计应选用合理砂率。砂率主要应从满足工作性和节约水泥两个方面考虑。在水胶比和水泥用量（即水泥浆量）不变的前提下，应取坍落度最大而黏聚性和保水性又好的砂率，即合理砂率，这可由表 5-21 初步决定，经试拌调整而最终确定。在工作性满足的情况

下，砂率尽可能取大值，以达到节约水泥的目的。混凝土配合比的三个基本参数的确定原则，可由图 5-14 表达。

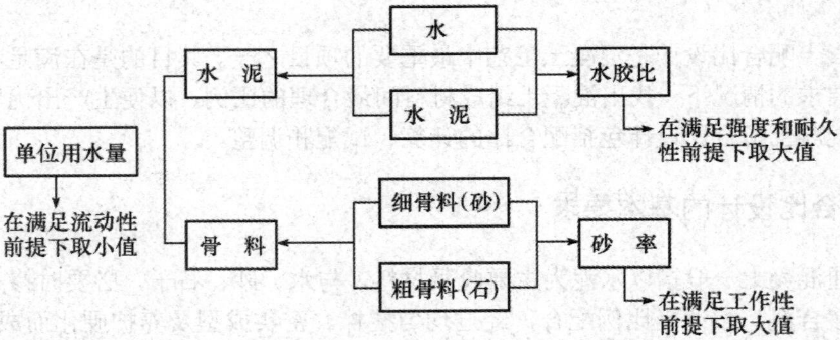

图 5-14　混凝土配合比设计的三个基本参数及确定原则

（三）单位用水量的确定

用水量的多少是影响混凝土拌合物流动性大小的重要因素。单位用水量在水胶比和水泥用量不变的情况下，实际反映的是水泥浆量与骨料用量之间的比例关系。水泥浆量要满足包裹粗、细骨料表面并保持足够流动性的要求，但用水量过大，会降低混凝土的耐久性。水胶比在 0.40～0.80 范围内时，需考虑粗骨料的品种、最大粒径，单位用水量应结合表 4-23 确定。

三、混凝土配合比设计的步骤

混凝土的配合比设计是一个计算、试配、调整的复杂过程，大致可分四个设计阶段：首先，根据配合比设计的基本要求和原材料技术条件，利用混凝土强度经验公式和图表进行计算，得出“计算配合比”；其次，通过试拌、检测，进行和易性调整，得出满足施工要求的“试拌配合比”；再次，通过对水胶比微量调整，得出既满足设计强度又比较经济合理的“设计配合比”；最后，根据现场砂、石的实际含水率，对设计配合比进行修正，得出“施工配合比”。具体步骤如下：

（一）通过计算，确定计算配合比

计算配合比，是指按原材料性能、混凝土技术要求和施工条件，利用混凝土强度经验公式和图表进行计算所得到的配合比。

1．确定混凝土配制强度

（1）混凝土配制强度应按下列规定确定：

①当混凝土的设计强度等级小于 C60 时，配制强度应按下式确定：

$$f_{\mathrm{cu},0} \geqslant f_{cu,k} + 1.645\sigma \tag{5-7}$$

式中 $f_{cu,0}$——混凝土配制强度（MPa）；

$f_{cu,k}$——混凝土立方体抗压强度标准值（MPa），即混凝土的设计强度等级；

σ——混凝土强度标准差（MPa）。

②当混凝土的设计强度等级不小于C60时，配制强度应按下式确定：

$$f_{\mathrm{cu,0}} \geqslant 1.15 f_{cu,k} \tag{5-8}$$

（2）混凝土强度标准差应按下列规定确定：

①当具有近1个月至3个月的同一品种、同一强度等级混凝土的强度资料，且试件组数不小于30时，其混凝土强度标准差σ应按下式计算：

$$\sigma = \sqrt{\frac{\sum_{i=1}^{N} f_{\mathrm{cu,i}}^2 - n m_{f\mathrm{cu}}^2}{n-1}} \tag{5-9}$$

式中 σ——混凝土强度标准差（MPa）；

$f_{\mathrm{cu,i}}$——第i组的试件强度（MPa）；

m_{fcu}——n组试件的强度平均值（MPa）；

n——试件组数。

对于强度等级不大于C30的混凝土，当混凝土强度标准差计算值不小于3.0 MPa时，应按式（5-9）计算结果取值；当混凝土强度标准差计算值小于3.0 MPa时，应取3.0 MPa。

对于强度等级大于C30且小于C60的混凝土，当混凝土强度标准差计算值不小于4.0 MPa时，应按式（5-9）计算结果取值；当混凝土强度标准差计算值小于4.0 MPa时，应取4.0 MPa。

②当没有近期的同一品种、同一强度等级混凝土强度资料时，其强度标准差σ可按表5-24取值。

表5-24 标准差σ值 单位：Mpa

混凝土强度标准值	≤C20	C25～C45	C50～C55
σ	4.0	5.0	6.0

2．确定水胶比

当混凝土强度等级小于C60时，混凝土水胶比按下式计算：

$$W/B = \frac{\alpha_{\mathrm{a}} f_{\mathrm{b}}}{f_{\mathrm{cu,0}} + \alpha_{\mathrm{a}}\alpha_{\mathrm{b}} f_{\mathrm{b}}} \tag{5-10}$$

式中 α_{a}、α_{b}——回归系数，应根据工程所使用的水泥、骨料，通过试验建立的水胶比与混凝土强度关系式确定，当不具备试验统计资料时，回归系数可取：碎石，$\alpha_{\mathrm{a}}=0.53$，$\alpha_{\mathrm{b}}=0.20$，卵石，$\alpha_{\mathrm{a}}=0.49$，$\alpha_{\mathrm{b}}=0.13$；

$f_{cu,0}$——混凝土的试配强度（MPa）；

f_b——胶凝材料 28 d 胶砂抗压强度可实测（MPa）；当无实测值时，f_b可按下式确定：

$$f_b = \gamma_f \gamma_s f_{ce} \quad (5\text{-}11)$$

式中　γ_f、γ_s——粉煤灰影响系数和粒化高炉矿渣粉影响系数，可按表 4-27 确定；

f_{ce}——水泥 28 d 胶砂抗压强度（MPa），可实测，也可根据 3 d 强度或快测强度关系式推定 28 d 强度。

表 5-25　粉煤灰影响系数（γ_f）和粒化高炉矿渣粉影响系数（γ_s）

掺量% 种类	粉煤灰影响系数γ_f	粒化高炉矿渣粉影响系数γ_s
0	1.00	1.00
10	0.90～0.95	1.00
20	0.80～0.85	0.95～1.00
30	0.70～0.75	0.90～1.00
40	0.60～0.65	0.80～0.90
50	—	0.70～0.85

注：①本表以 P·O 42.5 水泥为准；如采用普通硅酸盐水泥以外的通用硅酸盐水泥，可将水泥混合材料掺量 20%以上部分计入矿物掺合料。

②宜采用Ⅰ级或Ⅱ级粉煤灰；采用Ⅰ级灰宜取上限值，采用Ⅱ级粉煤灰宜取下限值。

③采用 S75 级粒化高炉矿渣粉宜取下限值，采用 S95 级粒化高炉矿渣粉宜取上限值，采用 S105 级粒化高炉矿渣粉可取上限值加 0.05。

④当超出表中的掺量时，粉煤灰和粒化高炉矿渣粉影响系数应经试验确定。

3．确定用水量 m_{w0} 和外加剂用量（m_{a0}））

（1）干硬性和塑性混凝土用水量的确定。混凝土水胶比在 0.40～0.80 范围时，可按表 5-26 和表 5-27 选取；混凝土水胶比小于 0.40 时，可通过试验确定。

表 5-26　干硬性混凝土的用水量　　单位：kg/m³

拌合物稠度		卵石最大公称粒径/mm			碎石最大粒径/mm		
项目	指标	10.0	20.0	40.0	16.0	20.0	40.0
维勃稠度/s	16～20	175	160	145	180	170	155
	11～15	180	165	150	185	175	160
	5～10	185	170	155	190	180	165

表 5-27 塑性混凝土的用水量 单位：kg/m^3

拌合物稠度		卵石最大粒径 mm				碎石最大粒径 mm			
项目	指标	10.0	20.0	31.5	40.0	16.0	20.0	31.5	40.0
坍落度/mm	10～30	190	170	160	150	200	185	175	165
	35～50	200	180	170	160	210	195	185	175
	55～70	210	190	180	170	220	105	195	185
	75～90	215	195	185	175	230	215	205	195

注：①本表用水量是采用中砂时的取值。采用细砂时，每立方米混凝土用水量可增加 5～10kg；采用粗砂时，可减少 5～10kg；

② 掺入矿物掺合料和外加剂时，用水量应相应调整。

（2）流动性和大流动性混凝土用水量的确定。掺外加剂时，每立方米流动性或大流动性混凝土的用水量 m_{w0} ）可按下式计算：

$$m_{w0}=m'_{w0}\ (1-\beta) \quad (5\text{-}12)$$

式中 m_{w0}——计算配合比每立方米混凝土的用水量（kg/m^3）；

β——外加剂的减水率（%），经混凝土试验确定；

m_{w0}——未掺外加剂时推定的满足实际坍落度要求的每立方米混凝土的用水量（kg/m^3），以表 4-28 中 90mm 坍落度的用水量为基础，按每增大 20mm 坍落度相应增加 5 kg/m^3 用水量来计算，当坍落度增大到 180mm 以上时，随坍落度相应增加的用水量可减少；

（3）每立方米混凝土中外加剂用量（ m_{a0} ）应按下式计算：

$$m_{a0}=m_{b0}\ \beta_a \quad (5\text{-}13)$$

式中 m_{a0}——计算配合比每立方米混凝土中外加剂用量（kg/m^3）；

m_{b0}——计算配合比每立方米混凝土中胶凝材料用量（kg/m^3）；

β_a——外加剂掺量（%），应经混凝土试验确定。

4．计算胶凝材料用量（ m_{b0} ）、矿物掺合料用量（ m_{f0} ）和水泥用量（ m_{c0} ）

（1）每立方米混凝土的胶凝材料用量（ m_{b0} ）按下式计算，并进行试拌调整，在拌合物性能满足的情况下，取经济、合理的胶凝材料用量。

$$m_{b0}=\frac{m_{w0}}{W/B} \quad (5\text{-}14)$$

式中 m_{b0}——计算配合比每立方米混凝土中胶凝材料用量（kg/m^3）；

m_{w0}——计算配合比每立方米混凝土的用水量（kg/m^3）；

W/B——混凝土水胶比。

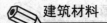

（2）每立方米混凝土的矿物掺合料用量（m_{f0}）按下式计算：

$$m_{f0} = m_{b0}\,\beta_f \tag{5-15}$$

式中 m_{f0}——计算配合比每立方米混凝土中矿物掺合料用量（kg/m^3）；

β_f——矿物掺合料掺量（%）。

（3）每立方米混凝土的水泥用量（m_{c0}）按下式计算：

$$m_{c0} = m_{b0} - m_{f0} \tag{5-16}$$

式中 m_{c0}——计算配合比每立方米混凝土中水泥用量（kg/m^3）。

5．选取合理砂率值 β_s

根据粗骨料的种类、最大粒径及混凝土的水胶比，由表 4-21 查得或根据混凝土拌合物的和易性要求，通过试验确定合理砂率。

6．计算粗、细骨料用量（m_{g0}、m_{s0}）

在已知砂率的情况下，粗、细骨料的用量可用质量法或体积法求得。

（1）质量法：假定各组成材料的质量之和（即拌合物的体积密度）接近一个固定值。当采用质量法计算混凝土配合比时，粗、细骨料用量应按式(5-17)计算，砂率应按式(5-18)计算。

$$m_{f0} + m_{c0} + m_{g0} + m_{s0} + m_{w0} = m_{cp} \tag{5-17}$$

$$\beta_s = \frac{m_{s0}}{m_{g0} + m_{s0}} \times 100\% \tag{5-18}$$

式中 m_{g0}——计算配合比每立方米混凝土的粗骨料用量（kg/m^3）；

m_{s0}——计算配合比每立方米混凝土的细骨料用量（kg/m^3）；

β_s——砂率（%）；

m_{cp}——每立方米混凝土拌合物的假定质量（kg），可取 2 350～2 450 kg/m^3。

（2）体积法：假定混凝土拌合物的体积等于各组成材料的体积与拌合物中所含空气的体积之和。当采用体积法计算混凝土配合比时，砂率应按式（5-18）计算，粗、细骨料用量应按下式计算。

$$\frac{m_{c0}}{\rho_c} + \frac{m_{fo}}{\rho_f} + \frac{m_{g0}}{\rho_g} + \frac{m_{s0}}{\rho_s} + \frac{m_{w0}}{\rho_w} + 0.01\alpha = 1 \tag{5-19}$$

式中 ρ_c——水泥密度(kg/m^3)，应按《水泥密度测定方法》(GB/T 208—2014)测定，也可取 2 900 kg/m^3～3 100 kg/m^3；

ρ_f——矿物掺合料密度（kg/m^3），可按《水泥密度测定方法》（GB/T 208—2014）测定；

ρ_g——粗骨料的表观密度（kg/m^3），应按现行行业标准《普通混凝土用砂、石质量及检验方法标准》（JGJ 52—2006）测定；

ρ_s——细骨料的表观密度（kg/m^3），应按现行行业标准《普通混凝土用砂、石质量及检验方法标准》（JGJ 52—2006）测定；

ρ_w——水的密度（kg/m^3），可取 1 000 kg/m^3；

α——混凝土的含气量百分数，在不使用引气型外加剂时，α 可取为 1。

经过上述计算，即可求出计算配合比。

（二）检测和易性，确定试拌配合比

按计算配合比进行混凝土试拌配合比的试配和调整。试配时，每盘混凝土试配的最小搅拌量应符合规定，并不应小于搅拌机公称容量的 1/4 且不应大于搅拌机公称容量。

试拌后立即测定混凝土的工作性。当试拌得出的拌合物坍落度比要求值小时，应在水胶比不变的前提下，增加用水量（同时增加水泥用量）；当坍落度比要求值大时，应在砂率不变的前提下，增加砂、石用量；当黏聚性、保水性差时，可适当加大砂率。调整时，应及时记录调整后的各材料用量（m_{cb}，m_{wb}，m_{sb}，m_{gb}），并实测调整后混凝土拌合物的体积密度 ρ_{oh}（kg/m^3），令工作性调整后的混凝土试样总质量 m_{Qb} 为：

$$m_{Qb}=m_{cb}+m_{wb}+m_{sb}+m_{gb} \quad (\text{体积} \geqslant 1\ \text{m}^3) \tag{5-20}$$

由此得出基准配合比（调整后的 1 m^3 混凝土中各材料用量）：

$$m_{cj}=\frac{m_{cb}}{m_{Qb}}\rho_{oh} \quad (\text{kg/m}^3)$$

$$m_{wj}=\frac{m_{wb}}{m_{Qb}}\rho_{oh} \quad (\text{kg/m}^3)$$

$$m_{sj}=\frac{m_{sb}}{m_{Qb}}\rho_{oh} \quad (\text{kg/m}^3)$$

$$m_{gj}=\frac{m_{gb}}{m_{Qb}}\rho_{oh} \quad (\text{kg/m}^3) \tag{5-21}$$

（三）检验强度，确定设计配合比

经过和易性调整得出的试拌配合比，不一定满足强度要求，应进行强度检验。既满足

设计强度又比较经济、合理的配合比，就称为设计配合比（实验室配合比）。在试拌配合比的基础上做强度试验时，应采用三个不同的配合比，其中一个为试拌配合比中的水胶比，另外两个较试拌配合比的水胶比分别增加和减少 0.05。其用水量应与试拌配合比的用水量相同，砂率可分别增加和减少 1%。当不同水胶比的混凝土拌合物坍落度与要求值的差超过允许偏差时，可通过增、减用水量进行调整。

根据试验得出的混凝土强度与其相对应的灰水比（*C/W*）关系，用作图法或计算法求出与混凝土配制强度（$f_{cu,0}$）相对应的灰水比，并应按下列原则确定每立方米混凝土的材料用量：

（1）用水量（m_w）应在基准配合比用水量的基础上，根据制作强度试件时测得的坍落度或维勃稠度进行调整确定。

（2）水泥用量（m_c）应以用水量乘以选定出来的灰水比计算确定。

（3）粗骨料和细骨料用量（m_g 和 m_s）应在基准配合比的粗骨料和细骨料用量的基础上，按选定的灰水比进行调整后确定。

经试配确定配合比后，尚应按下列步骤进行校正：

据前述已确定的材料用量，按下式计算混凝土的表观密度计算值 $\rho_{c,c}$：

$$\rho_{c,c} = m_c + m_g + m_s + m_w \tag{5-22}$$

式中 $\rho_{c,c}$——混凝土拌合物的表观密度计算值（kg/m^3）；

m_c——每立方米混凝土的水泥用量（kg/m^3）；

m_g——每立方米混凝土的粗骨料用量（kg/m^3）；

m_s——每立方米混凝土的细骨料用量（kg/m^3）；

m_w——每立方米混凝土的用水量（kg/m^3）。

再按下式计算混凝土配合比校正系数 σ：

$$\sigma = \frac{\rho_{c,t}}{\rho_{c,c}} \tag{5-23}$$

式中 $\rho_{c,}$——混凝土表观密度实测值（kg/m^3）；

$\rho_{c,c}$——混凝土表观密度计算值（kg/m^3）。

当混凝土表观密度实测值 $\rho_{c,t}$ 与计算值 $\rho_{c,c}$ 之差的绝对值不超过计算值的 2%时，上述配合比可不作校正；当两者之差超过 2%时，应将配合比中每项材料用量均乘以校正系数 δ，即为确定的设计配合比。

根据本单位常用的材料，可设计出常用的混凝土配合比备用。在使用过程中，应根据原材料情况及混凝土质量检验的结果予以调整。但遇有下列情况之一时，应重新进行配合比设计：

（1）对混凝土性能指标有特殊要求时；

（2）水泥、外加剂或矿物掺合料品种、质量有显著变化时；

（3）该配合比的混凝土生产间断半年以上时。

（四）根据含水率，换算施工配合比

试验室得出的设计配合比值中，骨料是以干燥状态为准的，而施工现场骨料含有一定的水分，因此，应根据骨料的含水率对配合比设计值进行修正，修正后的配合比为施工配合比。经测定施工现场砂的含水率为 w_s，石子的含水率为 w_g，则施工配合比为：

水泥用量 m_c'　　$m_c' = m_c$

砂用量 m_s'　　$m_s' = m_s（1+w_s）$

石子用量 m_g'　　$m_g' = m_g（1+w_g）$

用水量 m_w'　　$m_w' = m_w - m_s \cdot w_s - m_g \cdot w_g$　　（5-24）

式中　m_c、m_w、m_s、m_g——调整后的试验室配合比中每立方米混凝土中的水泥、水、砂和石子的用量（kg）。

【案例 1】

某办公室墙体用 C5 碎石大孔混凝土，用大模现浇施工工艺。碎石粒级为 10～20 mm，用 42.5 级普通硅酸盐水泥，实测强度为 45 MPa，施工管理水平中等 $C_v = 15\%$。

【求】该混凝土配合比设计。

【解】（1）计算配制强度 $f_{cu,0} = \dfrac{f_{cu,k}}{1-C_v} = \dfrac{5.0}{1-0.15} = 5.882$（Mpa）。

（2）根据配制强度，估算每立方米大孔混凝土水泥用量为：

$$m_{c0} = 69.36 + 784.93 \times \frac{f_{cu,0}}{f_{ce}} = 69.36 + 784.93 \times \frac{5.882}{45.0} = 171.96\ (\mathrm{kg/m^3})。$$

（3）按确定水泥用量，估算其合理水灰比为：$W/C = 0.58 - 0.000715\,m_{c0} = 0.457$。

（4）依上述水灰比，求其用水量为：$m_{w0} = 0.457 \times 171.96 = 78.59$（$\mathrm{kg/m^3}$）。

（5）1 m^3 大孔混凝土用 1 m^3 紧密状态的碎石，根据原材料检验，紧密状态下碎石表观密度为 1 512 $\mathrm{kg/m^3}$。

（6）试拌和制作试件，待 28 d 的抗压强度确能满足设计要求后，可使用工程实践中。

四、碎石混凝土配合比参考表

（1）C15 碎石混凝土配合比参考表见表 5-28。

表 5-28　C15 碎石混凝土配合比参考表

粗骨料最大粒径 mm	水泥富余系数	水泥强度 MPa	坍落度 mm	砂率 %	/m^3 混凝土材料用量 kg				混凝土的配合比			
					水	水泥	砂	石子	水	水泥	砂	石子
16.0	1.00	32.5	10~30	41.0	200	303	761	1 096	0.66	1	2.512	3.617
			35~70		210	318	751	1 081	0.66	1	2.362	3.399
			55~70		220	333	741	1 066	0.66	1	2.225	3.201
	1.08	35.1	10~30	43.0	200	282	807	1 071	0.71	1	2.862	3.798
			35~50		210	296	797	1 057	0.71	1	2.693	3.571
			55~70		220	310	787	1 043	0.71	1	2.539	3.365
20.0	1.00	32.5	10~30	39.0	185	280	739	1 156	0.66	1	2.639	4.129
			35~70		195	295	729	1 141	0.66	1	2.471	3.868
			55~70		205	311	719	1 125	0.66	1	2.312	3.617
	1.08	35.1	10~30	41.0	185	261	785	1 129	0.71	1	3.008	4.326
			35~50		195	275	775	1 115	0.71	1	2.818	4.055
			55~70		205	289	765	1 101	0.71	1	2.647	3.810
31.5	1.00	32.5	10~30	38.0	175	265	730	1 190	0.66	1	2.755	4.491
			35~70		185	280	720	1 175	0.66	1	2.571	4.196
			55~70		195	295	710	1 160	0.66	1	2.497	3.932
	1.08	35.1	10~30	40.0	175	246	776	1 163	0.71	1	3.154	4.728
			35~50		185	261	766	1 148	0.71	1	2.935	4.398
			55~70		195	275	756	1 134	0.71	1	2.749	4.124
40.0	1.00	37.0	10~30	37.0	165	250	720	1 225	0.66	1	2.880	4.900
			35~50		175	265	710	1 210	0.66	1	2.679	4.566
			55~70		185	280	701	1 194	0.66	1	2.504	4.264
	1.08	39.0	10~30	39.0	165	232	766	1 197	0.71	1	3.302	5.159
			35~50		175	246	756	1 183	0.71	1	3.073	4.809
			55~70		185	261	746	1 168	0.71	1	2.858	4.475

注：混凝土强度标准差为 4 MPa；混凝土配制强度为 21.58 MPa；混凝土单位体积用料假定总重为 2 360 kg；砂采用细度模数为 2.7～3.4 的中粗砂。

（2）C20 碎石混凝土配合比参考表见表 5-29。

表 5-29 C20 碎石混凝土配合比参考表

粗骨料料最大粒径 mm	水泥富余系数	水泥强度 MPa	坍落度 mm	砂率 %	/m³ 混凝土材料用量 kg				混凝土的配合比			
					水	水泥	砂	石子	水	水泥	砂	石子
16.0	1.00	32.5	35～50	36.0	210	412	640	1 138	0.51	1	1.553	2.762
			55～70		220	421	630	1 119	0.51	1	1.462	2.596
			75～90		230	451	610	1 100	0.51	1	1.373	2.439
	1.08	35.1	35～50	37.0	210	382	669	1 139	0.55	1	1.751	2.982
			55～70		220	400	659	1 121	0.55	1	1.648	2.803
			75～90		230	418	648	1 104	0.55	1	1.550	2.641
20.0	1.00	32.5	35～50	35.0	195	382	638	1 185	0.51	1	1.670	3.102
			55～70		205	402	628	1 165	0.51	1	1.562	2.898
			75～90		215	422	617	1 146	0.51	1	1.462	2.716
	1.08	35.1	35～50	36.0	195	355	666	1 184	0.55	1	1.876	3.335
			55～70		205	373	656	1 166	0.55	1	1.759	3.126
			75～90		215	391	646	1 148	0.55	1	1.652	2.936
31.5	1.00	32.5	35～50	34.0	185	363	630	1 222	0.51	1	1.736	3.366
			55～70		195	382	620	1 203	0.51	1	1.623	3.149
			75～90		205	402	609	1 184	0.51	1	1.515	2.945
	1.08	35.1	35～50	35.0	185	336	658	1 221	0.55	1	1.958	3.634
			55～70		195	355	648	1 202	0.55	1	1.825	3.386
			75～90		205	373	638	1 184	0.55	1	1.710	3.174
40.0	1.00	37.0	35～50	33.0	175	343	621	1 261	0.51	1	1.810	3.676
			55～70		185	363	611	1 241	0.51	1	1.683	3.419
			75～90		195	382	602	1 221	0.51	1	1.576	3.196
	1.08	39.0	35～50	34.0	175	318	648	1 259	0.55	1	2.038	3.959
			55～70		185	336	639	1 240	0.55	1	1.902	3.690
			75～90		195	355	629	1 221	0.55	1	1.772	3.439

注：混凝土强度标准差为 5 MPa；混凝土配制强度为 28.238 MPa；混凝土单位体积用料假定总重为 2 400 kg；砂采用细度模数为 2.7～3.4 的中粗砂。

（3）C25 碎石混凝土配合比参考表见表 5-30。

表 5-30　C25 碎石混凝土配合比参考表

粗骨料料最大粒径 mm	水泥富余系数	水泥强度 MPa	坍落度 mm	砂率 %	/m³ 混凝土材料用量 kg				混凝土的配合比			
					水	水泥	砂	石子	水	水泥	砂	石子
16.0	1.00	32.5	35～50	34.0	210	477	654	1 059	0.44	1	1.371	2.220
			55～70		220	500	571	1 109	0.44	1	1.142	2.218
			75～90		230	523	560	1 087	0.44	1	1.071	2.078
	1.08	35.1	35～50	36.0	210	447	527	1 116	0.47	1	1.403	2.497
			55～70		220	468	616	1 096	0.47	1	1.316	2.342
			75～90		230	489	605	1 076	0.47	1	1.237	2.200
20.0	1.00	32.5	35～50	33.0	195	443	581	1 181	0.44	1	1.312	2.666
			55～70		205	466	571	1 158	0.44	1	1.225	2.458
			75～90		215	489	560	1 136	0.44	1	1.145	2.323
	1.08	35.1	35～50	35.0	195	415	627	1 163	0.47	1	1.511	2.802
			55～70		205	436	616	1 143	0.47	1	1.413	2.622
			75～90		215	457	605	1 123	0.47	1	1.324	2.457
31.5	1.00	32.5	35～50	32.0	195	420	574	1 221	0.44	1	1.367	2.907
			55～70		205	443	564	1 198	0.44	1	1.273	2.704
			75～90		215	466	553	1 176	0.44	1	1.187	2.524
	1.08	35.1	35～50	34.0	185	394	619	1 202	0.47	1	1.571	3.051
			55～70		195	415	609	1 181	0.47	1	1.467	2.846
			75～90		205	436	598	1 161	0.47	1	1.372	2.663
40.0	1.00	37.0	35～50	31.0	175	398	566	1 261	0.44	1	1.422	3.168
			55～70		185	420	556	1 239	0.44	1	1.324	2.950
			75～90		195	443	546	1 216	0.44	1	1.233	2.745
	1.08	39.0	35～50	31.5	175	372	584	1 269	0.47	1	1.570	3.411
			55～70		185	394	574	1 247	0.47	1	1.457	3.166
			75～90		195	415	564	1 226	0.47	1	1.359	2.954

注：混凝土强度标准差为 5 MPa；混凝土配制强度为 33.25 MPa；混凝土单位体积用料假定总重为 2 400 kg；砂采用细度模数为 2.7～3.4 的中粗砂。

（4）C30 碎石混凝土配合比参考表见表 5-31。

表 5-31 C30 碎石混凝土配合比参考表

粗骨料料最大粒径 mm	水泥富余系数	水泥强度 MPa	坍落度 mm	砂率 %	/m^3 混凝土材料用量 kg				混凝土的配合比			
					水	水泥	砂	石子	水	水泥	砂	石子
16.0	1.00	32.5	35～50	32.0	210	553	524	1 113	水泥用量过大，一般情况下不宜选用			
			55～70		220	579	512	1 089				
			75～90		230	605	510	1 064				
	1.08	35.1	35～50	33.0	210	512	554	1 124				
			55～70		220	536	543	1 101				
			75～90		230	561	531	1 078				
20.0	1.00	32.5	35～50	31.0	195	513	525	1 167				
			55～70		205	539	513	1 143				
			75～90		215	566	502	1 117				
	1.08	35.1	35～50	34.0	195	477	552	1 176	0.41	1	1.157	2.465
			55～70		205	500	542	1 153	0.41	1	1.084	2.306
			75～90		215	524	532	1 129	0.41	1	1.015	2.156
31.5	1.00	32.5	35～50	30.0	195	487	518	1 210	0.38	1	1.064	2.485
			55～70		205	513	508	1 184	0.38	1	0.990	2.308
			75～90		215	539	497	1 159	0.38	1	0.922	2.150
	1.08	35.1	35～50	31.0	185	451	547	1 217	0.41	1	1.213	2.698
			55～70		195	475	536	1 194	0.41	1	1.128	2.514
			75～90		205	500	525	1 170	0.41	1	1.050	2.340
40.0	1.00	37.0	35～50	29.0	175	461	512	1 252	0.38	1	1.111	2.716
			55～70		185	487	501	1 227	0.38	1	1.029	2.520
			75～90		195	513	491	1 201	0.38	1	0.957	2.341
	1.08	39.0	35～50	30.0	175	427	539	1 259	0.41	1	1.239	2.948
			55～70		185	451	529	1 235	0.41	1	1.173	2.738
			75～90		195	476	519	1 210	0.41	1	1.090	2.542

注：混凝土强度标准差为 5 MPa；混凝土配制强度为 38.23 MPa；混凝土单位体积用料假定总重为 2 400 kg；砂采用细度模数为 2.7～3.4 的中粗砂。

（5）C35 碎石混凝土配合比参考表见表 5-32。

表 5-32　C35 碎石混凝土配合比参考表

粗骨料料最大粒径 mm	水泥富余系数	水泥强度 MPa	坍落度 mm	砂率 %	/m³ 混凝土材料用量 kg				混凝土的配合比			
					水	水泥	砂	石子	水	水泥	砂	石子
16.0	1.00	42.5	35～50	34.0	210	477	582	1 131	0.44	1	1.220	2.371
			55～70		220	500	571	1 109	0.44	1	1.142	2.218
			75～90		230	522	560	1 088	0.44	1	1.073	2.084
	1.08	45.9	35～50	35.0	210	447	610	1 133	0.47	1	1.365	2.535
			55～70		220	468	599	1 113	0.47	1	1.280	2.378
			75～90		230	489	588	1 093	0.47	1	1.202	2.235
20.0	1.00	42.5	35～50	33.0	195	443	581	1 181	0.44	1	1.312	2.666
			55～70		205	466	571	1 158	0.44	1	1.225	2.485
			75～90		215	489	560	1 136	0.44	1	1.145	2.323
	1.08	45.9	35～50	34.0	195	415	609	1 181	0.47	1	1.467	2.846
			55～70		205	436	598	1 161	0.47	1	1.372	2.663
			75～90		215	457	588	1 140	0.47	1	1.287	2.495
31.5	1.00	42.5	35～50	32.0	195	420	574	1 221	0.44	1	1.367	2.907
			55～70		205	443	564	1 198	0.44	1	1.273	2.704
			75～90		215	466	553	1 176	0.44	1	1.187	2.524
	1.08	45.9	35～50	33.0	185	394	601	1 220	0.47	1	1.525	3.096
			55～70		195	415	591	1 199	0.47	1	1.424	2.889
			75～90		205	436	580	1 179	0.47	1	1.330	2.704
40.0	1.00	42.5	35～50	31.0	175	398	566	1 261	0.44	1	1.422	3.168
			55～70		185	420	556	1 239	0.44	1	1.324	2.950
			75～90		195	443	546	1 216	0.44	1	1.233	2.745
	1.08	45.9	35～50	32.0	175	372	593	1 260	0.47	1	1.594	3.387
			55～70		185	394	583	1 238	0.47	1	1.480	3.142
			75～90		195	415	573	1 217	0.47	1	1.381	2.933

注：混凝土强度标准差为 5 MPa；混凝土配制强度为 43.23 MPa；混凝土单位体积用料假定总重为 2 400 kg；砂采用细度模数为 2.7～3.4 的中粗砂。

（6）C40 碎石混凝土配合比参考表见表 5-33。

表 5-33 C40 碎石混凝土配合比参考表

粗骨料料最大粒径 mm	水泥富余系数	水泥强度 MPa	坍落度 mm	砂率 %	/m³ 混凝土材料用量 kg				混凝土的配合比			
					水	水泥	砂	石子	水	水泥	砂	石子
16.0	1.00	42.5	35～50	33.0	210	553	540	1 097	水泥用量过大，一般情况下不宜选用。			
			55～70		220	579	528	1 073				
			75～90		230	603	517	1 050				
	1.08	45.9	35～50	34.0	210	512	586	1 142	0.38	1	1.145	2.230
			55～70		220	537	576	1 117	0.38	1	1.075	2.080
			75～90		230	561	564	1 095	0.38	1	1.005	1.952
20.0	1.00	42.5	35～50	33.0	195	513	575	1 167	0.41	1	1.121	2.275
			55～70		205	539	563	1 143	0.41	1	1.045	2.121
			75～90		215	566	551	1 118	0.41	1	0.975	1.975
	1.08	45.9	35～50	34.0	195	476	605	1 174	0.38	1	1.271	2.466
			55～70		205	500	593	1 152	0.38	1	1.180	2.304
			75～90		215	524	582	1 129	0.38	1	1.111	2.155
31.5	1.00	42.5	35～50	32.0	195	487	569	1 209	0.41	1	1.168	2.483
			55～70		205	513	557	1 185	0.41	1	1.086	2.310
			75～90		215	539	546	1 160	0.41	1	1.013	2.152
	1.08	45.9	35～50	33.0	185	451	599	1 215	0.38	1	1.328	2.694
			55～70		195	476	587	1 192	0.38	1	1.233	2.504
			75～90		205	500	576	1 169	0.38	1	1.152	2.338
40.0	1.00	42.5	35～50	30.0	175	460	545	1 270	0.41	1	1.185	2.761
			55～70		185	487	533	1 245	0.41	1	1.094	2.556
			75～90		195	513	523	1 219	0.41	1	1.019	2.376
	1.08	45.9	35～50	32.0	175	427	591	1 257	0.38	1	1.384	2.944
			55～70		185	451	580	1 234	0.38	1	1.286	2.736
			75～90		195	475	570	1 210	0.38	1	1.200	2.547

注：混凝土强度标准差为 5 MPa；混凝土配制强度为 79.87 MPa；混凝土单位体积用料假定总重为 2 450 kg；砂采用细度模数为 2.7～3.4 的中粗砂。

（7）C45 碎石混凝土配合比参考表见表 5-34。

表 5-34　C40 碎石混凝土配合比参考表

粗骨料料最大粒径 mm	水泥富余系数	水泥强度 MPa	坍落度 mm	砂率 %	/m³ 混凝土材料用量 kg				混凝土的配合比			
					水	水泥	砂	石子	水	水泥	砂	石子
16.0	1.00	32.5	35～50	33.0	210	488	578	1 174	0.43	1	1.184	2.406
			55～70		220	511	567	1 152	0.43	1	1.110	2.254
			75～90		230	535	556	1 129	0.43	1	1.039	2.031
	1.08	35.1	35～50	34.5	210	456	615	1 169	0.46	1	1.349	2.564
			55～70		220	478	604	1 148	0.46	1	1.264	2.402
			75～90		230	500	593	1 127	0.46	1	1.186	2.254
20.0	1.00	32.5	35～50	32.0	195	453	577	1 225	0.43	1	1.274	2.704
			55～70		205	477	566	1 202	0.43	1	1.187	2.520
			75～90		215	500	555	1 180	0.43	1	1.110	2.360
	1.08	35.1	35～50	33.5	195	424	613	1 218	0.46	1	1.446	2.873
			55～70		205	446	603	1 196	0.46	1	1.352	2.682
			75～90		215	467	592	1 176	0.46	1	1.268	2.518
31.5	1.00	32.5	35～50	31.0	195	430	569	1 266	0.43	1	1.323	2.944
			55～70		205	453	559	1 243	0.43	1	1.234	2.744
			75～90		215	477	548	1 220	0.43	1	1.149	2.558
	1.08	35.1	35～50	33.0	185	402	645	1 248	0.46	1	1.530	3.104
			55～70		195	424	604	1 227	0.46	1	1.425	2.894
			75～90		205	446	594	1 205	0.46	1	1.332	2.702
40.0	1.00	32.5	35～50	30.0	175	407	560	1 308	0.43	1	1.376	3.214
			55～70		185	430	551	1 284	0.43	1	1.281	2.986
			75～90		195	453	541	1 261	0.43	1	1.194	2.784
	1.08	35.1	35～50	32.0	175	380	606	1 289	0.46	1	1.595	3.392
			55～70		185	402	596	1 267	0.46	1	1.483	3.152
			75～90		195	424	586	1 245	0.46	1	1.382	2.936

注：混凝土强度标准差为 6 MPa；混凝土配制强度为 54.87 MPa；混凝土单位体积用料假定总重为 2 400 kg；砂采用细度模数为 2.7～3.4 的中粗砂。

（8）C50 碎石混凝土配合比参考表见表 5-35。

表 5-35　C50 碎石混凝土配合比参考表

粗骨料料最大粒径 mm	水泥富余系数	水泥强度 MPa	坍落度 mm	砂率 %	/m^3 混凝土材料用量 kg				混凝土的配合比			
					水	水泥	砂	石子	水	水泥	砂	石子
16.0	1.00	52.5	35～50	32.5	210	538	537	1 115	水泥用量过大，一般情况下不宜选用。			
			55～70		220	564	525	1 091				
			75～90		230	590	514	1 066				
	1.08	56.7	35～50	33.0	210	500	572	1 168	0.42	1	1.144	2.336
			55～70		220	524	563	1 143	0.42	1	1.074	2.184
			75～90		230	548	552	1 120	0.42	1	1.007	2.044
20.0	1.00	52.5	35～50	31.5	195	500	553	1 202	0.39	1	1.106	2.404
			55～70		205	526	541	1 178	0.39	1	1.020	2.240
			75～90		215	551	530	1 154	0.39	1	0.962	2.094
	1.08	56.7	35～50	32.0	195	464	573	1 218	0.42	1	1.235	2.625
			55～70		205	488	562	1 195	0.42	1	1.152	2.449
			75～90		215	512	551	1 172	0.42	1	1.076	2.289
31.5	1.00	52.5	35～50	30.5	195	474	546	1 245	0.39	1	1.152	2.627
			55～70		205	500	535	1 220	0.39	1	1.070	2.440
			75～90		215	526	524	1 195	0.39	1	0.996	2.727
	1.08	56.7	35～50	31.0	185	440	566	1 259	0.42	1	1.286	2.861
			55～70		195	464	555	1 236	0.42	1	1.196	2.664
			75～90		205	488	545	1 212	0.42	1	1.117	2.484
40.0	1.00	52.5	35～50	29.5	175	449	539	1 287	0.39	1	1.200	2.866
			55～70		185	474	528	1 263	0.39	1	1.114	2.655
			75～90		195	500	518	1 237	0.39	1	1.036	2.474
	1.08	56.7	35～50	30.0	175	417	557	1 301	0.42	1	1.336	3.120
			55～70		185	440	548	1 277	0.42	1	1.245	2.902
			75～90		195	464	537	1 254	0.42	1	1.157	2.703

注：混凝土强度标准差为 6 MPa；混凝土配制强度为 59.87 MPa；混凝土单位体积用料假定总重为 2 450 kg；砂采用细度模数为 2.7～3.4 的中粗砂。

（9）C55 碎石混凝土配合比参考表见表 5-36。

表 5-36　C55 碎石混凝土配合比参考表

粗骨料料最大粒径 mm	水泥富余系数	水泥强度 MPa	坍落度 mm	砂率 %	$/m^3$ 混凝土材料用量 kg				混凝土的配合比			
					水	水泥	砂	石子	水	水泥	砂	石子
16.0	1.00	62.5	35～50	32.5	210	488	569	1 183	0.43	1	1.166	2.424
			55～70		220	512	558	1 160	0.43	1	1.090	2.266
			75～90		230	535	548	1 137	0.43	1	1.024	2.125
	1.08	67.5	35～50	34.0	210	457	606	1 177	0.46	1	1.326	2.575
			55～70		220	478	597	1 155	0.46	1	1.249	2.416
			75～90		230	500	585	1 135	0.46	1	1.170	2.270
20.0	1.00	62.5	35～50	31.5	195	453	568	1 234	0.43	1	1.254	2.724
			55～70		205	477	557	1 211	0.43	1	1.168	2.530
			75～90		215	500	547	1 188	0.43	1	1.094	2.376
	1.08	67.5	35～50	33.0	195	424	604	1 227	0.46	1	1.425	2.894
			55～70		205	446	594	1 205	0.46	1	1.332	2.702
			75～90		215	467	583	1 185	0.46	1	1.248	2.593
31.5	1.00	62.5	35～50	30.5	195	430	560	1 275	0.43	1	1.302	2.965
			55～70		205	453	550	1 252	0.43	1	1.214	2.764
			75～90		215	477	539	1 229	0.43	1	1.130	2.577
	1.08	67.5	35～50	32.0	185	402	596	1 267	0.46	1	1.483	3.152
			55～70		195	424	586	1 245	0.46	1	1.382	2.936
			75～90		205	446	576	1 223	0.46	1	1.291	2.742
40.0	1.00	62.5	35～50	29.5	175	407	551	1 317	0.43	1	1.354	3.236
			55～70		185	430	541	1 294	0.43	1	1.258	3.002
			75～90		195	453	532	1 270	0.43	1	1.174	2.803
	1.08	67.5	35～50	31.0	175	380	587	1 308	0.46	1	1.545	3.442
			55～70		185	402	578	1 285	0.46	1	1.438	3.197
			75～90		195	424	568	1 263	0.46	1	1.340	2.979

注：混凝土强度标准差为 6 MPa；混凝土配制强度为 64.87 MPa；混凝土单位体积用料假定总重为 2 450 kg；砂采用细度模数为 2.7～3.4 的中粗砂。

五、卵石混凝土配合比参考表

（1）C15 卵石混凝土配合比参考表见表 5-37。

表 5-37 C15 卵石混凝土配合比参考表

粗骨料料最大粒径 mm	水泥富余系数	水泥强度 MPa	坍落度 mm	砂率 %	/m^3 混凝土材料用量 kg				混凝土的配合比			
					水	水泥	砂	石子	水	水泥	砂	石子
16.0	1.00	32.5	10~30	35.5	190	328	654	1 188	0.58	1	1.994	3.622
			35~70		200	345	644	1 171	0.58	1	1.867	3.394
			55~70		210	362	635	1 153	0.58	1	1.754	3.185
	1.08	35.1	10~30	36.0	190	306	671	1 193	0.62	1	2.193	3.897
			35~50		200	323	661	1 176	0.62	1	2.046	3.641
			55~70		210	339	652	1 159	0.62	1	1.923	3.419
20.0	1.00	32.5	10~30	34.5	170	293	654	1 243	0.58	1	2.232	4.242
			35~70		180	310	645	1 225	0.58	1	2.080	3.952
			55~70		190	328	635	1 207	0.58	1	1.936	3.608
	1.08	35.1	10~30	35.0	170	274	671	1 245	0.62	1	2.449	4.544
			35~50		180	290	662	1 228	0.62	1	2.283	4.234
			55~70		190	306	652	1 212	0.62	1	2.131	3.961
31.5	1.00	32.5	10~30	33.5	160	276	645	1 279	0.58	1	2.337	4.634
			35~70		170	293	635	1 262	0.58	1	2.167	4.307
			55~70		180	310	626	1 244	0.58	1	2.019	4.013
	1.08	35.1	10~30	34.0	160	258	660	1 282	0.62	1	2.558	4.969
			35~50		170	274	651	1 165	0.62	1	2.376	4.252
			55~70		180	290	643	1 247	0.62	1	2.217	4.300
40.0	1.00	37.0	10~30	33.0	150	259	644	1 307	0.58	1	2.486	5.046
			35~50		160	276	635	1 289	0.58	1	2.301	4.670
			55~70		170	293	626	1 271	0.58	1	2.137	4.338
	1.08	39.0	10~30	34.5	150	242	679	1 289	0.62	1	2.806	5.326
			35~50		160	258	670	1 276	0.62	1	2.597	4.930
			55~70		170	274	661	1 255	0.62	1	2.412	4.580

注：混凝土强度标准差为 4 MPa；混凝土配制强度为 21.58 MPa；混凝土单位体积用料假定总重为 2 360kg；砂采用细度模数为 2.7～3.4 的中粗砂。

（2）C20 卵石混凝土配合比参考表见表 5-38。

表 5-38　C20 卵石混凝土配合比参考表

粗骨料料最大粒径 mm	水泥富余系数	水泥强度 MPa	坍落度 mm	砂率 %	/m³ 混凝土材料用量 kg				混凝土的配合比			
					水	水泥	砂	石子	水	水泥	砂	石子
16.0	1.00	32.5	35～50	31.0	200	426	550	1 224	0.47	1	1.291	2.873
			55～70		210	447	540	1 203	0.47	1	1.208	2.691
			75～90		215	457	536	1 192	0.47	1	1.173	2.608
	1.08	35.1	35～50	32.5	200	400	585	1 215	0.50	1	1.463	3.038
			55～70		210	420	575	1 195	0.50	1	1.369	2.845
			75～90		215	430	570	1 185	0.50	1	1.326	2.756
20.0	1.00	32.5	35～50	30.0	180	383	551	1 286	0.47	1	1.439	3.358
			55～70		190	404	542	1 264	0.47	1	1.342	3.129
			75～90		195	415	537	1 253	0.47	1	1.294	3.019
	1.08	35.1	35～50	31.5	180	360	586	1 274	0.50	1	1.628	3.539
			55～70		190	380	576	1 254	0.50	1	1.516	3.300
			75～90		195	390	572	1 243	0.50	1	1.467	3.187
31.5	1.00	32.5	35～50	29.5	170	362	551	1 317	0.47	1	1.522	3.638
			55～70		180	383	542	1 295	0.47	1	1.415	3.381
			75～90		185	394	537	1 284	0.47	1	1.363	3.259
	1.08	35.1	35～50	31.0	170	340	586	1 304	0.50	1	1.724	3.835
			55～70		180	360	577	1 283	0.50	1	1.603	3.564
			75～90		185	370	572	1 273	0.50	1	1.546	3.441
40.0	1.00	32.5	35～50	29.0	160	340	551	1 349	0.47	1	1.621	3.968
			55～70		170	362	542	1 326	0.47	1	1.497	3.663
			75～90		175	372	537	1 316	0.47	1	1.444	3.538
	1.08	35.1	35～50	30.5	160	320	586	1 334	0.50	1	1.831	4.169
			55～70		170	340	576	1 314	0.50	1	1.694	3.865
			75～90		175	350	572	1 303	0.50	1	1.634	3.723

注：混凝土强度标准差为 5M Pa；混凝土配制强度为 28.23 MPa；混凝土单位体积用料假定总重为 2 400kg；砂采用细度模数为 2.7～3.4 的中粗砂。

（3）C25 卵石混凝土配合比参考表　见表 5-39。

表 5-39　C25 卵石混凝土配合比参考表

粗骨料料最大粒径 mm	水泥富余系数	水泥强度 MPa	坍落度 mm	砂率 %	/m³ 混凝土材料用量 kg				混凝土的配合比			
					水	水泥	砂	石子	水	水泥	砂	石子
16.0	1.00	32.5	35～50	29.0	200	488	496	1 216	0.41	1	1.016	2.492
			55～70		210	512	487	1 191	0.41	1	0.951	2.326
			75～90		215	524	482	1 179	0.41	1	0.920	2.250
	1.08	35.1	35～50	30.5	200	465	529	1 206	0.43	1	1.138	2.594
			55～70		210	488	519	1 183	0.43	1	1.064	2.424
			75～90		215	500	514	1 171	0.43	1	1.028	2.342
20.0	1.00	32.5	35～50	28.0	180	439	499	1 282	0.41	1	1.137	2.920
			55～70		190	463	489	1 258	0.41	1	1.056	2.717
			75～90		195	476	484	1 245	0.41	1	1.017	2.616
	1.08	35.1	35～50	29.5	180	419	531	1 270	0.43	1	1.267	3.031
			55～70		190	442	521	1 247	0.43	1	1.179	2.821
			75～90		195	453	517	1 235	0.43	1	1.141	2.726
31.5	1.00	32.5	35～50	27.5	170	415	499	1 316	0.41	1	1.202	3.171
			55～70		180	439	490	1 291	0.41	1	1.116	2.941
			75～90		185	451	485	1 279	0.41	1	1.075	2.836
	1.08	35.1	35～50	29.0	170	395	532	1 303	0.43	1	1.347	3.299
			55～70		180	419	522	1 279	0.43	1	1.246	3.053
			75～90		185	430	518	1 267	0.43	1	1.205	2.947
40.0	1.00	32.5	35～50	27.0	160	390	500	1 350	0.41	1	1.282	3.462
			55～70		170	415	490	1 325	0.41	1	1.181	3.193
			75～90		175	427	485	1 313	0.41	1	1.136	3.075
	1.08	35.1	35～50	28.5	160	372	532	1 336	0.43	1	1.430	3.591
			55～70		170	395	523	1 312	0.43	1	1.324	3.322
			75～90		175	407	518	1 300	0.43	1	1.273	3.194

注：混凝土强度标准差为 5 MPa；混凝土配制强度为 33.23 MPa；混凝土单位体积用料假定总重为 2 400 kg；砂采用细度模数为 2.7～3.4 的中粗砂。

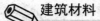

（4）C30 卵石混凝土配合比参考表见表 5-40。

表 5-40　C30 卵石混凝土配合比参考表

粗骨料料最大粒径 mm	水泥富余系数	水泥强度 MPa	坍落度 mm	砂率 %	/m³ 混凝土材料用量 kg				混凝土的配合比			
					水	水泥	砂	石子	水	水泥	砂	石子
16.0	1.00	32.5	35～50	28.5	200	526	477	1 197	水泥用量过大，一般情况下不宜选用。			
			55～70		210	553	467	1 170				
			75～90		215	566	461	1 158				
	1.08	35.1	35～50	29.5	200	488	505	1 207	0.41	1	1.035	2.473
			55～70		210	512	495	1 183	0.41	1	0.967	2.311
			75～90		215	524	490	1 171	0.41	1	0.935	2.235
20.0	1.00	32.5	35～50	28.0	180	474	489	1 257	0.38	1	1.032	2.652
			55～70		190	500	479	1 231	0.38	1	0.958	2.462
			75～90		195	513	474	1 218	0.38	1	0.924	2.374
	1.08	35.1	35～50	30.0	180	439	534	1 247	0.41	1	1.216	2.841
			55～70		190	463	524	1 223	0.41	1	1.132	2.641
			75～90		195	476	519	1 210	0.41	1	1.090	2.542
31.5	1.00	32.5	35～50	27.0	170	447	481	1 302	0.38	1	1.076	2.913
			55～70		180	474	471	1 275	0.38	1	0.944	2.690
			75～90		185	487	467	1 261	0.38	1	0.959	2.589
	1.08	35.1	35～50	29.0	170	415	526	1 289	0.41	1	1.267	3.106
			55～70		180	439	516	1 265	0.41	1	1.175	2.882
			75～90		185	451	512	1 252	0.41	1	1.135	2.776
40.0	1.00	32.5	35～50	26.0	160	421	473	1 346	0.38	1	1.124	3.197
			55～70		170	447	464	1 319	0.38	1	1.038	2.951
			75～90		175	461	459	1 305	0.38	1	0.996	2.831
	1.08	35.1	35～50	28.0	160	390	518	1 332	0.41	1	1.328	3.415
			55～70		170	415	508	1 307	0.41	1	1.224	3.149
			75～90		175	427	503	1 295	0.41	1	1.178	3.033

注：混凝土强度标准差为 5 MPa；混凝土配制强度为 38.23 MPa；混凝土单位体积用料假定总重为 2 400 kg；砂采用细度模数为 2.7～3.4 的中粗砂。

（5）C35 卵石混凝土配合比参考表见表 5-41。

表 5-41 C35 卵石混凝土配合比参考表

粗骨料料最大粒径 mm	水泥富余系数	水泥强度 MPa	坍落度 mm	砂率 %	/m³ 混凝土材料用量 kg				混凝土的配合比			
					水	水泥	砂	石子	水	水泥	砂	石子
16.0	1.00	42.5	35～50	29.0	200	488	496	1 216	0.41	1	1.016	2.492
			55～70		210	512	487	1 191	0.41	1	0.951	2.326
			75～90		215	524	482	1 179	0.41	1	0.920	2.250
	1.08	45.9	35～50	30.5	200	455	532	1 213	0.44	1	1.169	2.666
			55～70		210	477	622	1 191	0.44	1	1.094	2.497
			75～90		215	489	517	1 179	0.44	1	1.057	2.411
20.0	1.00	42.5	35～50	28.0	180	439	499	1 292	0.41	1	1.137	2.943
			55～70		190	463	489	1 258	0.41	1	1.056	2.717
			75～90		195	476	484	1 245	0.41	1	1.017	2.616
	1.08	45.9	35～50	29.5	180	409	534	1 277	0.44	1	1.306	3.122
			55～70		190	432	525	1 253	0.44	1	1.215	2.900
			75～90		195	443	520	1 242	0.44	1	1.174	2.804
31.5	1.00	42.5	35～50	27.5	170	415	499	1 316	0.41	1	1.202	3.171
			55～70		180	439	490	1 291	0.41	1	1.116	2.941
			75～90		185	451	485	1 279	0.41	1	1.075	2.836
	1.08	45.9	35～50	29.0	170	386	535	1 309	0.44	1	1.380	3.391
			55～70		180	409	525	1 286	0.44	1	1.284	3.144
			75～90		185	420	521	1 274	0.44	1	1.240	3.033
40.0	1.00	42.5	35～50	27.0	160	390	500	1 350	0.41	1	1.282	3.462
			55～70		170	415	490	1 325	0.41	1	1.181	3.193
			75～90		175	427	485	1 313	0.41	1	1.136	3.075
	1.08	45.9	35～50	28.5	160	364	535	1 341	0.44	1	1.470	3.684
			55～70		170	386	526	1 318	0.44	1	1.363	3.415
			75～90		175	398	521	1 306	0.44	1	1.309	3.281

注：混凝土强度标准差为 5 MPa；混凝土配制强度为 43.23 MPa；混凝土单位体积用料假定总重为 2 400 kg；砂采用细度模数为 2.7～3.4 的中粗砂。

（6）C40 卵石混凝土配合比参考表见表 5-42。

表 5-42　C40 卵石混凝土配合比参考表

粗骨料料最大粒径 mm	水泥富余系数	水泥强度 MPa	坍落度 mm	砂率 %	/m³ 混凝土材料用量 kg				混凝土的配合比			
					水	水泥	砂	石子	水	水泥	砂	石子
16.0	1.00	42.5	35～50	28.0	200	526	483	1 241	水泥用量过大，一般情况下不宜选用。			
			55～70		210	553	472	1 215				
			75～90		215	566	467	1 202				
	1.08	45.9	35～50	30.0	200	488	529	1 233	0.41	1	1.084	2.527
			55～70		210	512	518	1 210	0.41	1	1.012	2.363
			75～90		215	524	513	1 198	0.41	1	0.979	2.286
20.0	1.00	42.5	35～50	27.0	180	474	485	1 311	0.38	1	1.023	2.766
			55～70		190	500	475	1 285	0.38	1	0.950	2.570
			75～90		195	513	470	1 272	0.38	1	0.916	2.480
	1.08	45.9	35～50	29.0	180	439	531	1 300	0.41	1	1.210	2.961
			55～70		190	463	521	1 276	0.41	1	1.125	2.756
			75～90		195	476	516	1 263	0.41	1	1.084	2.653
31.5	1.00	42.5	35～50	26.5	170	447	486	1 347	0.38	1	1.087	3.013
			55～70		180	474	476	1 320	0.38	1	1.004	2.785
			75～90		185	487	471	1 307	0.38	1	0.967	2.684
	1.08	45.9	35～50	28.5	170	415	532	1 333	0.41	1	1.282	3.212
			55～70		180	439	522	1 309	0.41	1	1.189	2.982
			75～90		185	451	517	1 297	0.41	1	1.146	2.876
40.0	1.00	42.5	35～50	25.0	160	421	467	1 402	0.38	1	1.109	3.330
			55～70		170	447	458	1 375	0.38	1	1.025	3.076
			75～90		175	461	454	1 360	0.38	1	0.985	2.950
	1.08	45.9	35～50	28.0	160	390	532	1 368	0.41	1	1.364	3.508
			55～70		170	415	522	1 343	0.41	1	1.258	3.236
			75～90		175	429	517	1 329	0.41	1	1.205	3.098

注：混凝土强度标准差为 5 MPa；混凝土配制强度为 49.87 MPa；混凝土单位体积用料假定总重为 2 450 kg；砂采用细度模数为 2.7～3.4 的中粗砂。

（7）C45 卵石混凝土配合比参考表见表 5-43。

表 5-43　C45 卵石混凝土配合比参考表

粗骨料料最大粒径 mm	水泥富余系数	水泥强度 MPa	坍落度 mm	砂率 %	/m^3 混凝土材料用量 kg				混凝土的配合比			
					水	水泥	砂	石子	水	水泥	砂	石子
16.0	1.00	52.5	35～50	29.0	200	500	508	1 242	0.40	1	1.016	2.484
			55～70		210	525	497	1 228	0.40	1	0.947	2.339
			75～90		215	538	492	1 205	0.40	1	0.914	2.240
	1.08	56.7	35～50	30.5	200	465	544	1 241	0.43	1	1.170	2.669
			55～70		210	488	534	1 218	0.43	1	1.094	2.496
			75～90		215	500	529	1 206	0.43	1	1.058	2.412
20.0	1.00	52.5	35～50	28.0	180	450	510	1 310	0.40	1	1.133	2.911
			55～70		190	475	500	1 285	0.40	1	1.053	2.705
			75～90		195	488	495	1 272	0.40	1	1.014	2.607
	1.08	56.7	35～50	29.5	180	419	555	1 296	0.43	1	1.325	3.093
			55～70		190	442	545	1 273	0.43	1	1.233	2.880
			75～90		195	453	541	1 261	0.43	1	1.194	2.784
31.5	1.00	52.5	35～50	27.5	170	425	510	1 345	0.40	1	1.200	3.165
			55～70		180	450	501	1 319	0.40	1	1.113	2.931
			75～90		185	463	496	1 306	0.40	1	1.071	2.821
	1.08	56.7	35～50	29.0	170	395	547	1 338	0.43	1	1.385	3.387
			55～70		180	419	537	1 314	0.43	1	1.282	3.136
			75～90		185	430	532	1 303	0.43	1	1.237	3.030
40.0	1.00	52.5	35～50	27.0	160	400	510	1 380	0.40	1	1.275	3.450
			55～70		170	425	501	1 354	0.40	1	1.179	3.186
			75～90		175	438	496	1 341	0.40	1	1.132	3.062
	1.08	56.7	35～50	28.5	160	372	547	1 371	0.43	1	1.470	3.685
			55～70		170	395	537	1 348	0.43	1	1.359	3.413
			75～90		175	407	532	1 336	0.43	1	1.307	3.283

注：混凝土强度标准差为 6 MPa；混凝土配制强度为 54.87 MPa；混凝土单位体积用料假定总重为 2 450 kg；砂采用细度模数为 2.7～3.4 的中粗砂。

（8）C50 卵石混凝土配合比参考表见表 5-44。

表 5-44　C50 卵石混凝土配合比参考表

粗骨料料最大粒径 mm	水泥富余系数	水泥强度 MPa	坍落度 mm	砂率 %	/m³ 混凝土材料用量 kg				混凝土的配合比			
					水	水泥	砂	石子	水	水泥	砂	石子
16.0	1.00	52.5	35～50	29.0	200	540	496	1 214	水泥用量过大，一般情况下不宜选用。			
			55～70		210	568	485	1 187				
			75～90		215	581	480	1 174				
	1.08	56.7	35～50	31.0	200	500	543	1 207	0.40	1	1.086	2.414
			55～70		210	525	532	1 183	0.40	1	1.013	2.253
			75～90		215	538	526	1 171	0.40	1	0.978	2.177
20.0	1.00	52.5	35～50	28.0	180	486	500	1 284	0.37	1	1.029	2.642
			55～70		190	514	489	1 251	0.37	1	0.951	2.446
			75～90		195	527	484	1 244	0.37	1	0.918	2.361
	1.08	56.7	35～50	30.0	180	450	546	1 274	0.40	1	1.213	2.831
			55～70		190	475	536	1 249	0.40	1	1.128	2.629
			75～90		195	488	530	1 237	0.40	1	1.086	2.535
31.5	1.00	52.5	35～50	27.0	170	459	492	1 329	0.37	1	1.072	2.895
			55～70		180	486	482	1 302	0.37	1	0.992	2.679
			75～90		185	500	477	1 288	0.37	1	0.954	2.575
	1.08	56.7	35～50	29.0	170	425	538	1 317	0.40	1	1.266	3.099
			55～70		180	450	528	1 292	0.40	1	1.173	2.871
			75～90		185	463	523	1 279	0.40	1	1.130	2.743
40.0	1.00	52.5	35～50	26.0	160	432	483	1 375	0.37	1	1.118	3.183
			55～70		170	459	473	1 348	0.37	1	1.031	2.937
			75～90		175	473	469	1 333	0.37	1	0.992	2.818
	1.08	56.7	35～50	28.0	160	400	529	1 361	0.40	1	1.323	3.403
			55～70		170	425	519	1 336	0.40	1	1.221	3.144
			75～90		175	438	514	1 323	0.40	1	1.174	3.021

注：混凝土强度标准差为 6 MPa；混凝土配制强度为 59.87 MPa；混凝土单位体积用料假定总重为 2 450kg；砂采用细度模数为 2.7～3.4 的中粗砂。

（9）C55 卵石混凝土配合比参考表见表 5-45。

表 5-45 C55 卵石混凝土配合比参考表

粗骨料料最大粒径 mm	水泥富余系数	水泥强度 MPa	坍落度 mm	砂率 %	/m³ 混凝土材料用量 kg				混凝土的配合比			
					水	水泥	砂	石子	水	水泥	砂	石子
16.0	1.00	62.5	35～50	29.0	200	500	508	1 242	0.40	1	1.016	2.484
			55～70		210	525	497	1 218	0.40	1	0.947	2.320
			75～90		215	538	492	1 205	0.40	1	0.914	2.240
	1.08	67.5	35～50	33.0	200	465	589	1 196	0.43	1	1.267	2.572
			55～70		210	488	578	1 174	0.43	1	1.184	2.406
			75～90		215	500	573	1 162	0.43	1	1.146	2.324
20.0	1.00	62.5	35～50	28.0	180	450	510	1 310	0.40	1	1.133	2.911
			55～70		190	475	500	1 285	0.40	1	1.053	2.705
			75～90		195	488	495	1 272	0.40	1	1.014	2.607
	1.08	67.5	35～50	32.0	180	419	592	1 259	0.43	1	1.413	3.005
			55～70		190	442	582	1 236	0.43	1	1.317	2.796
			75～90		195	453	577	1 225	0.43	1	1.274	2.704
31.5	1.00	62.5	35～50	27.5	170	425	510	1 345	0.40	1	1.200	3.105
			55～70		180	450	501	1 319	0.40	1	1.113	2.931
			75～90		185	463	496	1 306	0.40	1	1.071	2.821
	1.08	67.5	35～50	31.5	170	395	594	1 291	0.43	1	1.504	3.268
			55～70		180	419	583	1 268	0.43	1	1.391	3.026
			75～90		185	430	578	1 357	0.43	1	1.344	3.156
40.0	1.00	62.5	35～50	27.0	160	400	510	1 380	0.40	1	1.275	3.450
			55～70		170	425	501	1 354	0.40	1	1.179	3.186
			75～90		175	438	496	1 341	0.40	1	1.132	3.062
	1.08	67.5	35～50	31.0	160	372	595	1 323	0.43	1	1.599	3.556
			55～70		170	395	584	1 301	0.43	1	1.478	—
			75～90		175	407	579	1 289	0.43	1	1.423	—

注：混凝土强度标准差为 6 MPa；混凝土配制强度为 64.87 MPa；混凝土单位体积用料假定总重为 2 450 kg；砂采用细度模数为 2.7～3.4 的中粗砂。

【案例 2】

某工程现浇室内钢筋混凝土柱，混凝土设计强度等级为 C20，施工要求坍落度为 35～50 mm，采用机械搅拌和振捣。施工单位无近期的混凝土强度资料。采用原材料如下：

胶凝材料：新出厂的矿渣水泥，32.5 级，密度为 3 100 kg/m^3。

粗骨料：卵石，最大粒径 20mm，表观密度为 2 730 kg/m^3，堆积密度为 1 500 kg/m^3。

细骨料：中砂，表观密度为 2 650 kg/m^3，堆积密度为 1 450 kg/m^3。

水：自来水。

【求】(1) 试设计混凝土的配合比。

(2) 若施工现场中砂含水率为 3%，卵石含水率为 1%，求施工配合比。

【解】(1) 通过计算，确定计算配合比。

①确定配制强度($f_{cu,0}$)。施工单位无近期的混凝土强度资料，查表 5-24 取 σ =4.0 MPa，配制强度为：

$$f_{cu,0} = f_{cu,k} + 1.645\sigma = 20 + 1.645 \times 4.0 = 26.58 \text{（Mpa）}$$

②确定水胶比（*W/B*）。由于胶凝材料为 32.5 级的水泥，无矿物掺合料，取 $\gamma_f = 1.0$，$\gamma_s = 1.0$，$\gamma_c = 1.12$，$f_b = \gamma_f \gamma_s f_{ce} = \gamma_f \gamma_s \gamma_c f_{ce,g} = 1.0 \times 1.0 \times 1.12 \times 32.5 = 36.4$ MPa；卵石的回归系数取 $\alpha_a = 0.49$，$\alpha_b = 0.13$。利用强度经验公式计算水胶比为：

$$W/B = \frac{\alpha_a f_b}{f_{cu,0} + \alpha_a \alpha_b f_b} = \frac{0.49 \times 36.4}{26.58 + 0.49 \times 0.13 \times 36.4} = 0.617$$

该结构物处于室内干燥环境，要求 *W/B*≤0.60，所以 *W/B* 取 0.60 才能满足耐久性要求。

③确定用水量（m_{w0}）。根据施工要求的坍落度 35～50 mm，卵石 D_{max}=20 mm，查表 5-26、表 5-27，取 m_{w0} =180kg。

④确定胶凝材料用量（m_{b0}）和水泥用量（m_{c0}）。

胶凝材料用量为 $m_{b0} = \frac{m_{w0}}{W/B} = \frac{180}{0.60} = 300$ kg；

因为没有掺加矿物掺合料，即 m_{f0} =0 kg。则水泥的用量为：

$$m_{c0} = m_{b0} - m_{f0} = 300 - 0 = 300 \text{ kg}。$$

该结构物处于室内干燥环境，最小胶凝材料用量为 280 kg，所以 m_{c0} 取 300 kg 能满足耐久性要求。

⑤确定合理砂率值（β_s）。查表 5-21，$W/B=0.60$，卵石 $D_{max}=20$mm，可取砂率 $\beta_s=34\%$。

⑥确定粗、细骨料用量（m_{g0}、m_{s0}）。

采用体积法计算，取 α＝1，解下列方程组：

$$\begin{cases}\dfrac{300}{3100}+\dfrac{m_{g0}}{2730}+\dfrac{m_{s0}}{2650}+\dfrac{180}{1000}+0.01\times1=1\\ \dfrac{m_{s0}}{m_{g0}+m_{s0}}=34\%\end{cases}$$

得：$m_{g0}=1\,273$kg；$m_{s0}=656$kg。

则计算配合比为：

$$m_{c0}:m_{s0}:m_{g0}:m_{w0}=300:656:1\,273:180=1:2.19:4.24:0.60$$

（2）调整和易性，确定试拌配合比。

卵石 $D_{max}=20$ mm，按计算配合比试拌 20 L 混凝土，其材料用量为：

胶凝材料（水泥）：300×20/1 000＝6.00（kg）；

砂子：656×20/1 000＝13.12（ kg）；

石子：1 273×20/1 000＝25.46（kg）；

水：180×20/1 000＝3.60（kg）。

将称好的材料均匀拌和后，进行坍落度试验。假设测得坍落度为 25 mm，小于施工要求的 35～50 mm，须调整其和易性。在保持原水胶比不变的原则下，若增加 5%灰浆，再拌和，测其坍落度为 45 mm，黏聚性、保水性均良好，达到施工要求的 35～50 mm。调整后，拌合物中各项材料实际用量为：

胶凝材料（水泥）（m_{bt}）：6.00＋6.00×5% ＝6.30（kg）；

砂（m_{st}）：13.12 kg；

石子（m_{gt}）：25.46 kg；

水（m_{wt}）：3.60＋3.60×5%＝3.78（kg）。

若混凝土拌合物的实测体积密度为 $\rho_{0h}=2\,380$ kg/m^3，则每立方米混凝土中，各项材料的试拌用量为：

胶凝材料（m_{bb}）：$m_{bb}=\dfrac{m_{bt}}{m_{bt}+m_{gt}+m_{st}+m_{wt}}\times\rho_{0h}\times 1$

$$=\frac{6.30}{6.30+25.46+13.12+3.78}\times 2\,380\times 1=308\ \text{kg;}$$

砂（m_{sb}）：$m_{sb}=\dfrac{m_{st}}{m_{bt}+m_{gt}+m_{st}+m_{wt}}\times\rho_{0h}\times 1$

$$=\frac{13.12}{6.30+25.46+13.12+3.78}\times 2\,380\times 1=642\ \text{kg;}$$

石子（m_{gb}）：$m_{tg}=\dfrac{m_{gt}}{m_{bt}+m_{gt}+m_{st}+m_{wt}}\times\rho_{0h}\times 1$

$$=\frac{25.46}{6.30+25.46+13.12+3.78}\times 2\,380\times 1=1\,245\ \text{kg;}$$

水（m_{wb}）：$m_{wb}=\dfrac{m_{wt}}{m_{bt}+m_{gt}+m_{st}+m_{wt}}\times\rho_{0h}\times 1$

$$=\frac{3.78}{6.30+25.46+13.12+3.78}\times 2\,380\times 1=185\text{kg。}$$

试拌配合比为：

$$m_{bb}:m_{sb}:m_{gb}:m_{wb}=308:642:1\,245:185=1:2.08:4.04:0.60$$

（3）检验强度，确定设计配合比。在试拌配合比基础上，拌制三种不同水胶比的混凝土。一种为试拌配合比 $W/B=0.60$，另外两种配合比的水胶比分别为 $W/B=0.65$ 和 $W/B=0.55$。经试拌调整已满足和易性的要求。测其体积密度，当 $W/B=0.65$ 时，$\rho_{0h}=2\,370$ kg/m^3；$W/B=0.55$ 时，$\rho_{0h}=2\,390$ kg/m^3。

每种配合比制作一组（三块）试件，标准养护 28 d，测得抗压强度如下：

水胶比（W/B）	抗压强度（f_{cu}，MPa）
0.55	29.2
0.60	26.8
0.65	23.7

作出 f_{cu} 与 B/W 的关系图，如图 5-15 所示。

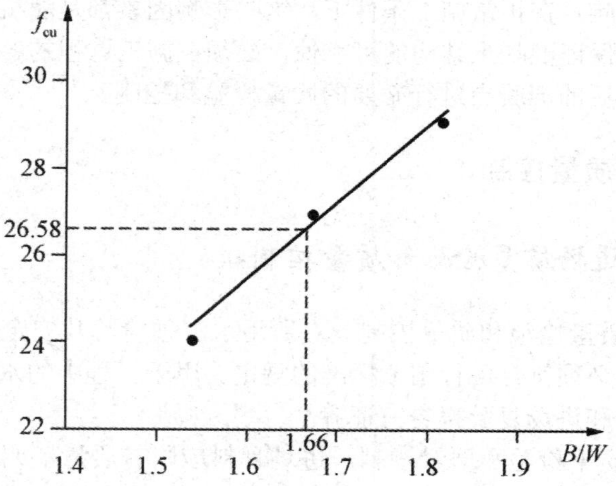

图 5-15　实测强度与胶水比关系图

由抗压强度试验结果可知，水胶比 $W/B=0.60$ 的试拌配合比的混凝土强度能满足配制强度 $f_{cu,0}$ 的要求，并且混凝土体积密度实测值（$\rho_{c,t}$）与计算值（$\rho_{c,c}$）相吻合，各项材料的用量不需要校正。故设计配合比为：

$$m_c：m_s：m_g：m_w=308：642：1\,245：185=1：2.08：4.04：0.60$$

（4）根据含水率换算施工配合比。将设计配合比换算成现场施工配合为：

胶凝材料（水泥）（m_b'）：$m_b'=m_b=308$（kg）；

砂子（m_s'）：$m_s'=m_s$（$1+a\%$）$=642\times$（$1+3\%$）$=661$（kg）；

石子（m_g'）：$m_g'=m_g$　（$1+b\%$）$=1\,245\times$（$1+1\%$）$=1\,257$（kg）；

水（m_w'）：$m_w'=m_w-m_s a\%-m_g b\%=185-642\times3\%-1\,245\times1\%=153$（kg）。

故施工配合比为：

$$m_b'：m_s'：m_g'：m_w'=308：661：1\,257：153=1：2.15：4.08：0.50$$

第五节　混凝土的质量控制

混凝土质量是影响混凝土结构可靠性的一个重要因素。混凝土质量受多种因素的影响，质量是不均匀的，即使是同一种混凝土，它也受原材料质量的波动、施工配料的误差限制和气温变化等的影响。在正常施工条件下，这些影响因素都是随机的。因此，混凝土的质量也是随机的。为保证混凝土结构的可靠性，必须在施工过程的各个工序中对原材料、混凝土拌合物及硬化后的混凝土进行必要的质量检验和控制。

一、质量检验和质量控制

（一）材料进场质量检验和质量控制

（1）水泥的质量检验和质量控制。对所用水泥须检验其安定性、强度及其他必要的性能指标，其质量必须符合现行国家标准的规定。用于工程中的水泥，规范要求产品合格证、出厂检验报告和进场复验报告三证齐全。

（2）骨料的质量检验和质量控制。进场骨料应附有质量证明书，对骨料质量或质量证明书有疑问时，应按批检验其颗粒级配、含泥量及粗骨料的针片状颗粒含量，必要时还应检验其他质量指标。对于海砂，还应检验氯盐含量。对于含有活性二氧化硅或其他活性成分的骨料，应进行专门试验，验证无害方可使用。

（二）新拌混凝土的质量检验和质量控制

（1）用于材料的计量装置应定期检验，使其保持准确，原材料计量按质量计的允许偏差不能超过下列规定：

- 水泥、掺合料：±2%。
- 粗、细骨料：±3%。
- 水、外加剂：±2%。

（2）混凝土在搅拌、运输和浇筑过程中应按下列规定进行检查：

- 检查混凝土组成材料的质量和用量，每工作班至少两次。
- 检查混凝土在拌制地点及浇筑地点的稠度，每一工作班至少两次。评定时应以浇筑地点的检测值为准。

在预制混凝土构件厂（场），如混凝土拌合物从搅拌机出料起全浇筑入模时间不超过15 min时，其稠度可仅在搅拌点取样检测。在检测坍落度时，还应观察拌合物的黏聚性和保水性。

（3）混凝土的搅拌时间应随时检查。混凝土搅拌的最短时间应符合表5-46的规定。

表5-46　混凝土搅拌的最短时间　　单位：s

混凝土的坍落度/mm	搅拌机机型	搅拌机容量/L		
		＜250	250～500	＞500
≤30	自落式	90	120	150
	强制式	60	90	120
＞30	自落式	90	90	120
	强制式	60	60	90

注：①掺有外加剂时，搅拌时间应适当延长；

②全轻混凝土宜采用强制式搅拌机搅拌，砂轻混凝土可采用自落式搅拌机搅拌，搅拌时间均应延长60～90 s；

③轻骨料宜在搅拌前预湿。采用强制式搅拌机搅拌的加料顺序是先加粗细骨料和水泥搅拌 60s，再加水继续搅拌。采用自落式搅拌机的加料顺序是先加1/2的用水量，然后加粗细骨料和水泥均匀搅拌60 s，再加剩余用水量继续搅拌；

④当采用其他形式搅拌设备时，搅拌的最短时间应按设备说明书的规定经试验确定。

（4）混凝土从搅拌机中卸出到浇筑完毕的持续时间不宜超过表5-47的规定。

表5-47　混凝土从搅拌机卸出到浇筑完毕的持续时间　　单位：min

气温/℃	采用搅拌车		采用搅拌机	
	≤C30	＞C30	≤C30	≥C30
≤25	120	90	90	75
＞25	90	60	60	45

二、混凝土强度的检验

对硬化后的质量检验，主要是检验混凝土的抗压强度。因为，混凝土的质量波动直接反映在强度上，通过对混凝土强度的管理就能控制住整个混凝土工程质量。对混凝土的强度检验是按规定的时间与数量在搅拌地点或浇筑地点抽取有代表性的试样，按标准方法制作试件、标准养护至规定的龄期后，进行强度试验（必要时也需进行其他力学性能及抗渗、抗冻试验），以评定混凝土质量。对已建成的混凝土，也可采用非破损试验方法进行检查。

混凝土的强度等级按立方体抗压强度标准值划分，强度低于该值的百分比不得超过5%。混凝土试样应在混凝土浇筑地点随机抽取，取样频率应符合下列规定：

（1）100盘但不超过100 m^3的同配合比的混凝土，取样不得少于1次。

（2）每工作班拌制的同一配合比混凝土不足100盘时，取样不得少于1次。

（3）当一次连续浇筑超过1 000 m^3时，同一配合比的混凝土每200 m^3取样不得少于一次。

（4）每一楼层、同一配合比的混凝土，取样不得少于一次。

（5）除为评定混凝土强度所必需的组数外，还应根据检验结构或构件施工阶段混凝土强度的需要，增加试件组数。

每组3个试件应在同一盘混凝土中取样制作。

三、混凝土强度平均值、标准差及保证率

根据《混凝土及预制构件质量控制规程》（CECS 40 一 1992）的要求，在正常生产控制的条件下，用数理统计的方法，求出混凝土强度的算术平均值、标准差和混凝土强度保证率等指标，用以综合评定混凝土强度。

（一）强度平均值

$$\overline{f}_{cu}=\frac{1}{n}\sum_{i=1}^{n}f_{cu,i} \quad (5\text{-}25)$$

式中 $\overline{f}_{cu}$——强度平均值（Mpa）；

n——试件组数；

$f_{cu,i}$——第 i 组混凝土试件的立方体抗压强度值（Mpa）。

（二）标准差

$$\sigma_0=\sqrt{\frac{\sum_{i=0}^{n}f_{cu,i}^2-nf_{cu}^2}{n-1}} \quad (5\text{-}26)$$

式中 σ——混凝土强度标准差（Mpa）；

n——试件组数；

$\overline{f}_{cu}$——n 组混凝土立方体抗压强度的算术平均值（Mpa）；

$f_{cu,i}$——第 i 组混凝土试件的立方体抗压强度值，MPa。

（三）保证率

在统计周期内混凝土强度大于或等于要求强度等级值的百分比按下式计算：

$$P=\frac{N_0}{N} \quad (5\text{-}27)$$

式中 P——强度保证率（%）；

N_0——统计周期内同批混凝土试件强度大于或等于规定强度等级值的组数；

N——统计周期内同批混凝土试件总组，N≥25。

（四）变异系数

变异系数计算式如下：

$$C_V=\frac{\sigma}{f} \quad (5\text{-}28)$$

由于σ随强度等级的提高而增大，当混凝土强度不同时，可采用 C_V 作为评定混凝土质量均匀性的指标。C_V 下降，表示混凝土质量提高；C_V 增大，则表示混凝土质量下降。

根据以上数值，按表 5-48 可确定混凝土生产质量水平。

表 5-48 混凝土生产质量水平

评定值 \ 生产单位 \ 强度等级 \ 生产质量水平		优良		一般		差	
混凝土强度标准差/MPa	预拌混凝土厂和预制混凝土构件厂	<C20	≥C20	<C20	≥C20	<C20	≥C20
	集中搅拌混凝土的施工现场	≤3.0	≤3.5	≤4.0	≤5.0	≤4.0	≤5.0
强度等于或大于混凝土强度等级值的百分比/%	预拌混凝土厂、预制混凝土构件厂及集中搅拌混凝土的施工现场	≤3.5	≤4.0	≤4.5	≤5.5	≤4.5	≤5.5
		≥95		>85		≤85	

混凝土强度应分批进行检验评定。由强度等级相同、龄期相同以及生产工艺条件和配合比基本相同的混凝土组成一个验收批，进行分批验收。对施工现场浇筑的混凝土，应按单位工程的验收项目划分验收批。

四、混凝土强度的评定方法

根据《混凝土强度检验评定标准》（GB/T 50107—2010）规定，混凝土强度评定可分为统计方法及非统计方法两种。统计方法适用于预拌混凝土厂、预制混凝土构件厂和采用现场集中搅拌混凝土的施工单位；非统计方法适用于零星生产的预制构件厂或现场搅拌批量不大的混凝土。

（一）用统计方法评定

由于混凝土的生产条件不同，其强度的稳定性也不同，统计方法评定又分为以下两种：

1．标准差已知方案

当混凝土的生产条件在较长时间内能保持一致，且同一品种混凝土的强度变异性能保持稳定时，每批的强度标准差σ_0可按常数考虑。

强度评定应由连续的三组试件组成一个验收批，其强度应同时满足：

$$f_{cu} \geq f_{cu,k} + 0.7\sigma_0 \tag{5-29}$$

$$f_{cu,\min} \geq f_{cu,k} - 0.7\sigma_0 \tag{5-30}$$

当混凝土强度等级不高于 C20 时，其强度的最小值尚应满足下式要求：

$$f_{cu,\min} \geq 0.85 f_{cu,k} \tag{5-31}$$

当混凝土强度等级高于 C20 时，其强度的最小值尚应满足下式要求：

$$f_{cu,min} \geq 0.90 f_{cu,k} \tag{5-32}$$

式中　f_{cu}——同一验收批混凝土立方体抗压强度的平均值（Mpa）；

$f_{cu,k}$——混凝土立方体抗压强度标准值（Mpa）；

$f_{cu,min}$——同一验收批混凝土立方体抗压强度的最小值（Mpa）；

σ_0——验收批混凝土立方体抗压强度的标准差（Mpa）。

验收批混凝土立方体抗压强度的标准差，应根据前一个检验期内同一品种混凝土试件的强度数据，按下列公式计算：

$$\sigma_0 = \frac{0.59}{m}\sum_{i=0}^{m}\Delta f_{cu,i} \tag{5-33}$$

式中　$\Delta f_{cu,i}$——第 i 批试件立方体抗压强度最大值与最小值之差；

m——用以确定验收批混凝土立方体抗压强度标准差 σ_0 批数。

值得注意的是，上述检验期不应超过 3 个月，且在该期间内强度数据的总批数不得低于 15。若检验结果满足要求，则该批混凝土强度合格，否则不合格。

2．标准差威志方案

当混凝土的生产条件在较长时间内不能保持一致，且混凝土强度变异性不能保持稳定时，或在前一个检验期内的同一品种混凝土没有足够的数据以确定验收批混凝土立方体抗压强度的标准差时，应由不少于 10 组的试件组成一个验收批，其强度应满足下列要求：

$$\overline{f_{cu}} - \lambda_1\sigma_0 \geq 0.9 f_{cu,k} \tag{5-34}$$

$$\overline{f_{cu,min}} \geq \lambda_2 f_{cu,k} \tag{5-35}$$

式中　λ_1、λ_2——混凝土强度的合格判定系数，按表 5-49 取用；

σ_0——同一个验收批混凝土立方体抗压强度的标准差（Mpa），且：

$$\sigma_0 = \sqrt{\frac{\sum_{i=1}^{n} f_{cu,i}^2 - n\bar{f}_{cu}^2}{n-1}} \tag{5-36}$$

式中　$f_{cu,i}$——第 i 组混凝土试件的立方体抗压强度值（Mpa）；

f_{cu}——同一个验收批混凝土立方体抗压强度平均值（Mpa）；

n——同一个验收批混凝土试件的组数，$n \geq 10$。

表 5-49 混凝土强度的合格判定系数

合格判定系数 n	10~14	15~24	≥25
λ_1	1.70	1.65	1.6
λ_2	0.9	0.85	

若检验结果满足规定条件，则该批混凝土强度合格。

（二）非统计方法评定

按非统计方法评定混凝土强度，其强度同时满足下列要求时，该验收批混凝土强度为合格：

$$\overline{f_{cu}} \geq 1.15 f_{cu,k} \tag{5-37}$$

此方法规定一定验收批的试件组数为 2～9 组。当一个验收批的混凝土试件仅有一组时，则该组试件强度值应不低于强度标准值的 15%。

对于用不合格批混凝土制成的结构或构件应进行鉴定。对于不合格批的结构或构件，必须及时处理。

第六节 混凝土外加剂

在混凝土拌和过程中掺入的材料，并能按要求改善混凝土性能，一般情况下掺入量不超过水泥质量的 5%，统称为混凝土外加剂。随着建筑科学技术的迅速发展，土建工程对混凝土的性能不断提出新的要求。实践证明，采用混凝土外加剂对满足这些要求是一种十分有效的手段。当前，混凝土正向高性能方向发展。高性能混凝土是指具有良好的施工性能、高强度及高耐久性的混凝土，其耐久性可达 100~500 年。由于外加剂可改善对混凝土的技术性能，它在工程中应用的比例越来越大。因此，当今混凝土外加剂已成为除水泥、砂、石和水以外混凝土的第五种必不可少的成分。

一、混凝土外加剂的分类

混凝土外加剂种类繁多，功能各异，通常根据其主要功能或主要成分划分为 4 类：

（1）改善混凝土拌和性能的外加剂，如减水剂、引气剂和泵送剂等。

（2）调节混凝土的凝结时间和硬化性能的外加剂，如缓凝剂、早强剂和速凝剂等。

（3）改善混凝土耐久性的外加剂，如引气剂、防水剂、防冻剂和阻锈剂等。

（4）改善混凝土其他性能的外加剂，如加气剂、膨胀剂、防冻剂、着色剂、泵送剂等。

二、混凝土外加剂在工程中的技术效果

混凝土外加剂在工程中不但用于一般工业与民用建筑，更多地用于配制高强混凝土、低温早强混凝土、防冻混凝土、大体积混凝土、流态混凝土、喷射混凝土及耐腐蚀混凝土等。也在混凝土中掺量不多，但效果显著，其主要技术效果有以下5个方面：

（1）改善混凝土拌合物的和易性。

（2）调节新拌混凝土的凝结、硬化性能。

（3）提高混凝土的强度。

（4）改善混凝土的物理力学性能与耐久性。

（5）可使混凝土获得特殊性能。

三、工程中常用的混凝土外加剂

（一）早强剂

早强剂是指能加速混凝土早期强度发展的外加剂。早强剂可促进水泥的水化和硬化，加快施工进度，提高模板周转率，特别适用于早强、有防冻要求或紧急抢修工程。

目前广泛使用的混凝土早强剂有氯化物早强剂、硫酸盐（如Na_2SO_4等）早强剂和三乙醇胺早强剂三类。

（1）氯化物早强剂。常用的氯化物早强剂有$CaCl_2$、NaCl、KCl，以$CaCl_2$应用最广。$CaCl_2$能与水泥中的矿物成分或水化物反应，其生成物增加了水泥石中的固相比例，促进水泥石的结构形成，还能使混凝土中游离水减少，孔隙率降低。因而掺入$CaCl_2$能缩短水泥的凝结时间，提高混凝土的密实度、强度和抗冻性，但氯化物早强剂的掺入会给混凝土结构物带来一些负面影响。氯离子浓度的增加将加剧混凝土中钢筋的锈蚀作用，所以应严格控制氯化物早强剂的掺量。国家标准《混凝土外加剂应用技术规范》（GB 50119—2013）规定了早强剂的掺量限值。

（2）硫酸盐早强剂。常用的硫酸钠（Na_2SO_4）早强剂，又称元明粉，易溶于水，掺入混凝土后能与氢氧化钙作用，促使水化硫铝酸钙很快生成，加快了水泥的硬化。但硫酸钠不能超量掺入，掺量为0.5%～2.5%较好，超量掺入将会导致混凝土产生后期膨胀开裂破坏，或混凝土表面产生“白霜”影响外观和表面粘贴装饰层。为防止碱—骨料反应，硫酸钠不能作为含活性骨料的混凝土结构的早强剂。

（3）三乙醇胺早强剂。三乙醇胺是无色或淡黄色油状液体，强碱性、无毒、不易燃烧，对钢筋无锈蚀作用；但单独使用，早强效果不明显，常与氯化钠、亚硝酸钠、二水石膏复合使用，效果较好，掺量为0.02%～0.05%。混凝土在掺入这类复合早强剂后，其强度和抗渗性均有所提高。

（二）减水剂

减水剂是指在混凝土坍落度基本相同的条件下，能减少拌和用水量的外加剂。减水剂

多为表面活性剂，它的作用效果是由于其表面活性所致。

1．减水剂的作用原理

减水剂之所以能减水，是由于它是一种表面活性剂。表面活性剂是可溶于水并定向排列于液体表面或两相界面上，从而显著降低表面张力或界面张力的物质，同时起到湿润、润滑、分散、乳化、起泡等作用。

减水剂由亲水基团和憎水基团两部分组成，与其他物质接触时会定向排列。水泥加水后，在水泥颗粒间分子吸引力的作用下，形成絮状结构，并包裹着一部分拌合水，使混凝土拌合物流动性降低。在拌和混凝土时加入适量减水剂，减水剂分子吸附于水泥颗粒的表面，其亲水基一端指向水并吸附水分子形成一定厚度的吸附水膜，包裹在水泥颗粒周围，阻止水泥颗粒的直接接触，并对水泥颗粒起润滑作用，使水泥颗粒分散。由于水泥颗粒表面带有相同的电荷，在电斥力作用下，促使水泥颗粒分散，絮凝结构解体，包裹的游离水被释放出来，水泥浆变稀，混凝土流动性增大，如图 5-16 所示。另外，由于水泥颗粒分散，使水泥水化充分，从而也可提高混凝土的强度，减少水泥用量，达到节约水泥的目的。

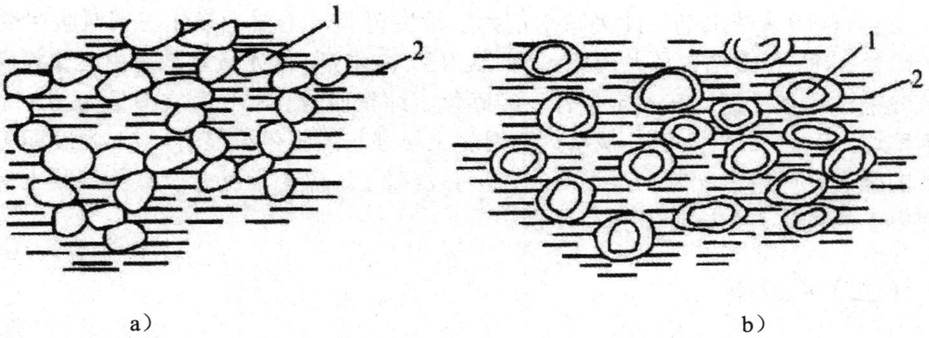

图 5-16 水泥浆结构

1—水泥颗粒；2—游离水

a）未掺减水剂时的水泥浆体中絮状结构；b）掺减水剂时的水泥浆结构

2．减水剂的技术效果

（1）保持水灰比不变，坍落度可增大 10～20 cm，而且不影响混凝土强度。

（2）保持混凝土和易性和强度不变，可节约水泥 15%～20%。

（3）保持混凝土坍落度和水泥用量不变，可减水 10%～25%，使混凝土强度提高15%～20%。

（4）掺入减水剂，减小水灰比，使混凝土密实度提高，透水性降低，从而提高抗冻、抗渗、抗腐蚀及防锈蚀等性能，改善混凝土的耐久性。

3．常用减水剂

减水剂是应用最广泛的外加剂，有几十个品种。按凝聚时间可分为标准型、早强型、缓凝型三种；按是否引气又可分为引气型和非引气型两种；按化学成分分为木质素系、萘系、树脂系、腐殖酸系等。

（1）木质素系减水剂。木质素系减水剂为普通减水剂，有木质素磺酸钙（木钙）、木质素磺酸钠（木钠）和木质素磺酸镁（木镁）之分，其中以木钙使用最多，并简称 M 剂。

M 剂为普通减水剂，其适宜掺量为 0.2%～0.3%，减水率为 10%～15%，混凝土 28 d 强度约提高 20%，M 剂对混凝土有缓凝作用，一般缓凝 1～3 h。同时，M 剂对混凝土具有引气作用，能提高混凝土的和易性，对混凝土的抗渗、抗冻有利，一般引气量为 1%～2%，这对混凝土强度有影响。掺 M 剂的混凝土不宜采用蒸汽养护，以免蒸养后混凝土表面出现酥松现象。在混凝土施工中，要严格控制掺量，过多的掺量会造成混凝土严重缓凝。

（2）萘系减水剂。萘系减水剂为高效减水剂。它是用萘及萘的同系物经磺化、水解、缩合、中和、过滤、干燥而制成的，为棕色粉末，属阴离子表面活性剂。这类减水剂品种很多，目前我国生产的主要有 NNO、NF、UNF、AF 等，它们的性能与日本生产的“迈蒂”高效减水剂相同。

萘系减水剂适宜掺量为 0.5%～1.0%，减水率为 10%～25%，增强效果显著，缓性很小，大多为非引气型。萘系减水剂对钢筋无锈蚀危害，适用于日最低气温 0℃以上的所有混凝土工程，尤其适用于配制高强、早强、流态混凝土等。

（3）树脂系减水剂。此类减水剂为水溶性树脂，主要为磺化三聚氰胺甲醛树脂减水剂（代号 SM）和磺化古马龙树脂（代号 CRS）减水剂。SM 减水剂是由三聚氰胺、甲醛、亚硫酸钠按适当比例，在一定条件下经磺化、缩聚而成。SM 适宜掺量为 0.5%～2.0%，减水率达 20%～27%。SM 减水剂对混凝土早强与增强效果显著，7d 强度即可达混凝土 28 d 的强度，可用于配制高强混凝土、早强混凝土、流态混凝土及蒸养混凝土等，并可提高混凝土的抗渗、抗冻性及弹性模量。

（三）引气剂

引气剂是指搅拌混凝土过程中能引入大量均匀分布、稳定而封闭的微小气泡的外加剂。引气剂属憎水性表面活性剂，由于能显著降低水的表面张力和界面能，使水溶液在搅拌过程中极易产生许多微小的封闭气泡，气泡直径多在 20～200 μm。同时，因引气剂定向吸附在气泡表面，形成较为牢固的液膜，使气泡稳定而不破裂。按混凝土含气量 3%～5%计（不加引气剂的混凝土含气量为 1%），1 m^3混凝土拌合物中含数百亿个气泡，由于大量微小、封闭且均匀分布的气泡存在，使混凝土的某些性能得到明显的改善或改变。

（1）改善混凝土拌合物的和易性。由于大量微小封闭的球状气泡在混凝土拌合物内如同滚珠一样，减少了颗粒间的摩擦阻力，使混凝土拌合物流动性增加。同时，由于水分均匀分布在大量气泡的表面，使能自由移动的水量减少，混凝土拌合物的保水性、黏聚性也随之提高。

（2）显著提高混凝土的抗渗性和抗冻性。大量均匀分布的密闭气泡切断了混凝土中毛细管渗水通道，改变了混凝土的孔结构，使混凝土抗渗性显著提高。同时，封闭气泡有较大的弹性变形能力，对由水结冰所产生的膨胀应力有一定的缓冲作用，因而混凝土的抗冻性得到提高。

（3）混凝土强度有所降低。引气混凝土中，由于大量气泡的存在，减少了混凝土的有效受力面积，使混凝土强度有所降低。为使混凝土强度不降低，应严格控制引气剂的掺量。引气剂的掺用量通常为水泥质量的0.005%～0.015%（以引气剂的干物质计算）。通常，混凝土的含气量每增加1%，其抗压强度将降低4%～6%，抗折强度降低2%～3%。《混凝土外加剂应用技术规范》（GB 50119—2013）规定，混凝土含气量不宜超过表5-50中的数值。

表5-50 掺引气剂混凝含气的限量

粗骨料最大粒径/mm	20	25	40	50	80
混凝土含气量	5.5%	5.0%	4.5%	4.0%	3.5%

引气剂可用于抗渗混凝土、抗冻混凝土、抗硫酸侵蚀混凝土、泌水严重的混凝土、轻混凝土以及对饰面有要求的混凝土等，但引气剂不宜用于蒸养混凝土及预应力钢筋混凝土。常用的引气剂有松香热聚物、松香酸钠、烷基苯磺酸盐、烷基苯磺酸钠、脂肪醇硫酸钠等。

（四）缓凝剂

缓凝剂是指能延缓混凝土凝结时间，并对混凝土后期强度发展无不利影响的外加剂。缓凝剂主要有四类：糖类，如糖蜜；木质素磺酸盐类，如木钙、木钠；羟基羧酸及其盐类，如柠檬酸、酒石酸；无机盐类，如锌盐、硼酸盐等。

在工程中，常用的缓凝剂是木钙和糖蜜，其中糖蜜的缓凝效果最好。糖蜜缓凝剂是制糖下脚料经石灰处理而成，也是表面活性剂。将其掺入混凝土拌合物中，能吸附在水泥颗粒表面，形成同种电荷的亲水膜，使水泥颗粒相互排斥，并阻碍水泥水化，从而起缓凝作用。糖蜜的适宜掺量为0.1%～0.3%，混凝土凝结时间可延长2～4 h，掺量过大，会使混凝土长期不硬，强度严重下降。

缓凝剂具有缓凝、减水、、降低水化热和增强作用，对钢筋也无锈蚀作用，主要适用于大体积混凝土、炎热气候下施工的混凝土，以及需长时间停放或长距离运输的混凝土。缓凝剂不宜用于日最低气温5 ℃以下施工的混凝土，也不宜单独用于有早强要求的混凝土及蒸养混凝土。

（五）防冻剂

防冻剂指能使混凝土在负温下硬化，并在规定养护条件下达到预期性能的外加剂。

1．常用防冻剂的品种

常用防冻剂由多组分复合而成，主要组分的常用物质及其作用如下：

（1）防冻组分，如氯化钙、氯化钠、亚硝酸钠、硝酸钾、硝酸钙、碳酸钾和尿素等。其作用是降低混凝土中液相的冰点，使负温下的混凝土内部仍有液相存在，水泥能继续水化。

（2）引气组分，如松香热聚物、木钙等。其作用是在混凝土中引入适量的封闭微小气泡，减轻冰胀应力。

（3）早强组分，如氯化钠、氯化钙、硫酸钠和硫代硫酸钠等。其作用是提高混凝土早期强度，增强混凝土抵抗冰冻的破坏能力。

（4）减水组分，如木钙、木钠和萘系减水剂等。其作用是减少混凝土拌和用水量，减小对混凝土的膨胀应力。

2. 防冻剂的适用范围

防冻剂适用于负温条件下施工的混凝土，适用于－15～0 ℃气温下混凝土施工，当在更低温度下施工时，应加用其他的混凝土冬季施工措施，如原材料预热法、暖棚法等。由于部分防冻剂含有对混凝土、环境等产生危害的成分，因此《混凝土外加剂应用技术规范》（GB 50119—2013）规定含强电解质无机盐类防冻剂用于混凝土中，必须符合以下规定：

（1）硝酸盐、碳酸盐的防冻剂严禁用于预应力混凝土结构。

（2）含有六价铬盐、亚硝酸盐等有毒成分的防冻剂，严禁用于饮水工程及与食品接触的工程。

（3）含有硝铵、尿素等产生刺激性气味的防冻剂，严禁用于办公、居住等建筑工程。

（六）速凝剂

速凝剂是指能使混凝土迅速凝结硬化的外加剂，在工程中多用于喷射混凝土工程中。

（1）速凝剂的品种和技术性质。根据《混凝土外加剂应用技术规范》（GB 50119—2013），速凝剂品种有：粉状速凝剂：以铝酸盐、碳酸盐为主要成分的无机盐混合类；液体速凝剂：以铝酸盐、水玻璃等为主要成分，与其他无机盐复合而成的复合物。

我国常用的速凝剂主要有红星Ⅰ型、711型、728型、8604型等。红星Ⅰ型速凝剂是由铝氧熟料（主要成分为铝酸钠）、碳酸钠、生石灰按质量1∶1∶0.5的比例配制而成的一种粉状物，适宜掺量为水泥质量的2.5%～4.0%。711型速凝剂是铝氧熟料与无水石膏按3∶1的比例配合粉磨而成，掺量为水泥质量的2.5%～5%。这些速凝剂掺入混凝土后很快凝结，初凝时间为2～5 min，终凝时间为5～10 min，1 h后就可产生强度，1 d强度为未掺时的2～3倍，但混凝土后期的强度会下降，28 d强度损失为15%～40%。

（2）速凝剂的应用。速凝剂主要用于矿山井巷、铁路隧道、引水涵洞、地下工程以及喷锚支护时的喷射混凝土或喷射砂浆工程中。

四、外加剂的选择与应用

在混凝土中掺入外加剂，可明显改善混凝土的技术性能，取得显著的技术经济效果。根据《混凝土外加剂》（GB 8076—2008）规定，在混凝土工程应用中所选用的外加剂产品，必须经过检测，各项指标均合格才能选用，若选择和使用不当，则会造成事故。因此，在选择和使用外加剂时，应注意以下几点。

（一）外加剂品种的选择

外加剂品种、品牌很多，效果各异，特别是对于不同品种的水泥效果不同。在选择外加剂时，应根据工程需要和现场的材料条件，参考有关资料，并通过现场试验确定。

（二）外加剂掺量

混凝土外加剂均有适宜掺量，掺量过小，往往达不到预期效果；掺量过大，则会影响混凝土的质量，甚至造成质量事故。因此，应通过试验试配确定最佳掺量。

（三）外加剂的掺入方法

外加剂的掺量很少，必须保证其均匀分散，一般不能直接加入混凝土搅拌机内。对于可溶于水的外加剂，应先配成一定浓度的溶液，随水加入搅拌机。对于不溶于水的外加剂，应与适量水泥或砂混合均匀后再加入搅拌机内。另外，外加剂的掺入时间对其效果的发挥也有很大影响。为保证减水剂的减水效果，减水剂的掺入法有以下几种：

（1）同掺法。减水剂在混凝土搅拌时同其他材料一同掺入。

（2）分掺法。混凝土在搅拌时加入部分，间隔一定时间再掺入另一部分。

（3）后掺法。搅拌好混凝土后间隔一定时间，再掺入。此法较好，能充分发挥减水剂的功能。

第七节 混凝土掺合料

为了改善混凝土的性质，除水泥、水和骨料以外，根据需要在拌制时作为混凝土的一个成分所加的材料，叫作掺合料（混合材料）。

掺合料不同于生产水泥时与熟料一起磨细的混合料，它是在混凝土（或砂浆）搅拌前或在搅拌过程中，与混凝土（或砂浆）其他组分一样，直接加入的一种外掺料。

用于混凝土的掺合料绝大多数是具有一定活性的工业废渣。掺合料不仅可以取代部分水泥，减少混凝土的水泥用量，降低成本，而且可以改善混凝土拌合物和硬化混凝土的各项性能。因此，混凝土中掺用掺合料，其技术、经济和环境效益是十分显著的。

一、粉煤灰

粉煤灰是火力发电厂的煤粉燃烧后排放出来的废料，属于火山灰质混合材料，表面光滑，颜色呈灰色或暗灰色。按氧化钙含量分为高钙灰（CaO 含量为 15%～35%，活性相对较高）和低钙灰（CaO 含量低于 10%，活性较低），我国大多数电厂排放的粉煤灰为低钙灰。

在混凝土中掺入一定量的粉煤灰后，一方面由于粉煤灰本身具有良好的火山灰性和潜在的水硬性，能同水泥一样，水化生成硅酸钙凝胶，起到增强作用；另一方面，由于粉煤灰中含有大量微珠，具有较小的表面积，因此在用水量不变的情况下，可以有效地改善拌合物的和易性；同时，若保持拌合物流动性不变，减少用水量，则可以提高混凝土强度和耐久性。

（一）粉煤灰的种类

根据《用于水泥和混凝土中的粉煤灰》（GB/T 1596—2005）的规定，粉煤灰的种类划分如下：

（1）按品质划分。粉煤灰按品质划分为Ⅰ、Ⅱ、Ⅲ三个级别，其中Ⅰ级粉煤灰的品质最好。

（2）按煤种划分。粉煤灰按煤种划分为F类和C类。F类粉煤灰是由无烟煤或烟煤煅烧收集的粉煤灰；C类粉煤灰是由褐煤或次烟煤煅烧收集的粉煤灰，其氧化钙含量一般大于10%。

（二）粉煤灰掺合料的应用

粉煤灰掺合料适用于一般工业民用建筑结构和构筑物的混凝土，尤其适用于泵送混凝土、大体积混凝土、抗渗混凝土、抗化学侵蚀混凝土、蒸汽养护混凝土、地下工程和水下工程混凝土、压浆和碾压混凝土等。

粉煤灰用于混凝土工程，常根据等级，按《粉煤灰混凝土应用技术规范》（GB/T 50146—2014）的规定选用相应等级的粉煤灰，具体选用方法如下：

（1）Ⅰ级粉煤灰适用于钢筋混凝土和跨度小于6 m的预应力钢筋混凝土。

（2）Ⅱ级粉煤灰适用于钢筋混凝土和无钢筋混凝土。

（3）Ⅲ级粉煤灰主要适用于无钢筋混凝土。对强度等级要求等于或大于C30的无筋混凝土，宜采用Ⅰ、Ⅱ级粉煤灰。

（4）用于预应力钢筋混凝土、钢筋混凝土及强度等级要求等于或大于C30的无筋混凝土的粉煤灰的等级，经试验可采用比上述规定低一级的粉煤灰。

（三）粉煤灰的技术要求

粉煤灰的技术要求应符合表5-51中的规定。

表5-51　拌制混凝土和砂浆用粉煤灰技术要求

项目		技术要求		
		Ⅰ级	Ⅱ级	Ⅲ级
细度45 μm方孔筛筛余/%，不大于	F类粉煤灰	12.0	25.0	45.0
	C类粉煤灰			
需水量比/%，不大于	F类粉煤灰	95	105	115
	C类粉煤灰			
烧失量/%，不大于	F类粉煤灰	5.0	8.0	15.0
	C类粉煤灰			
三氧化硫含量/%，不大于	F类粉煤灰	3.0		
	C类粉煤灰			

续表

游离氧化钙/%，不大于	F 类粉煤灰	1.0
	C 类粉煤灰	4.0
含水量/%，不大于	F 类粉煤灰	1.0
	C 类粉煤灰	
安定性，雷氏夹沸煮后增加距离/mm，不大于	C 类粉煤灰	5.0

（四）粉煤灰的掺用方法

（1）等量取代法。等量取代法即以等质量的粉煤灰取代混凝土中的水泥，主要适用于掺加Ⅰ级粉煤灰的混凝土及超强的大体积的混凝土工程。

（2）超量取代法。粉煤灰的掺入量超过取代水泥的质量，超量的粉煤灰取代部分细骨料。超量取代法可以使掺粉煤灰的混凝土达到与不掺时相同的强度，并可节约细骨料用量。粉煤灰的超量应根据粉煤灰的等级而定，具体如下：

①Ⅰ级粉煤灰超量系数为 1.1～1.4；

②Ⅱ级粉煤灰超量系数为 1.3～1.7；

③Ⅲ级粉煤灰超量系数为 1.5～2.0。

（3）外加法。外加法是指在保持混凝土水泥用量不变的情况下，外掺一定量的粉煤灰，其目的是为了改善混凝土拌合物的和易性。

实践证明，当粉煤灰取代水泥用量过多时，混凝土的抗碳化和耐久性变差，所以粉煤灰取代水泥的最大限量应符合表 5-52 的规定。

表 5-52 粉煤灰取代水泥的最大限量 单位：%

混凝土种类	粉煤灰取代水泥的最大限量			
	硅酸盐水泥	普通硅酸盐水泥	矿渣硅酸盐水泥	火山灰质硅酸盐水泥
预应力钢筋混凝土	25	15	10	—
钢筋混凝土 高强度混凝土 高抗冻性混凝土 蒸养混凝土	30	25	20	15
中、低混凝土 泵送混凝土 大体积混凝土 地下、水下混凝土 压浆混凝土	50	40	30	20
碾压混凝土	65	55	45	35

二、硅灰

硅灰又称凝聚硅灰或硅粉，为硅金属或硅铁合金的副产品。在温度高达 2 000 ℃下，将石英还原成硅时，会产生 SiO 气体，到低温区再氧化成 SiO_2，最后冷凝成极细的球状颗粒固体。

硅灰成分中，SiO_2 含量高达 80%以上，硅灰颗粒的平均粒径为 0.1～0.2 μm，比表面积为 20 000～25 000 m^2/kg，密度为 2.2 g/cm^3，堆积密度只有 250～300 kg/m^3。硅灰的火山灰活性极高，但因其颗粒极细，单位质量很轻，给收集、装运、管理等带来很多困难。

硅灰取代水泥后，其作用与粉煤灰类似，可改善混凝土拌合物的和易性，降低水化热，提高混凝土抗侵蚀、抗冻、抗渗性，抑制碱一骨料反应，且其效果要比粉煤灰好得多。硅灰中的 SiO_2 在早期即可与 $Ca(OH)_2$ 发生反应，生成水化硅酸钙，所以，用硅灰取代水泥可提高混凝土的早期强度。

三、矿渣微粉

粒化高炉矿渣是水泥的优质混合材料，矿渣经干燥磨细而成的微粉，可作为混凝土的外掺料。矿渣微粉不仅可以等量取代水泥，而且可以使混凝土的多项性能获得显著改善，如降低水泥水化热、提高耐蚀性、抑制碱一骨料反应和大幅度提高长期强度等。

掺矿渣微粉的混凝土与普通混凝土的用途一样，可用作钢筋混凝土、预应力钢筋混凝土和素混凝土。大掺量矿渣微粉混凝土更适用于大体积混凝土、地下工程混凝土和水下混凝土。

四、煤矸石

煤矸石是煤矿开采或洗煤过程中排除的一种碳质岩。将煤矸石经过高温煅烧，使其所含黏土矿物脱水分解，并除去炭分，烧掉有害杂质，就可使其具有较好的活性，是一种可以很好利用的黏土质混合材料。

煤矸石除了可作为火山灰混合材料外，还可以生产湿碾混凝土制品和烧制混凝土骨料等。由于煤矸石中含有一定数量的氧化铝，还能促使水泥的快凝和早强，获得较好的效果。

第八节　特殊品种混凝土

一、高强混凝土

高强混凝土，是指强度等级大于等于 C60 的混凝土。由于高强混凝土强度高、耐久性好、变形小，因此高强混凝土在大跨度、高耸结构和承受恶劣环境条件的建筑（构筑）物中得到广泛使用。使用高强混凝土可减轻结构自重，提高构件的承载力，节约投资，可获得明显的经济效益。高效减水剂及超细掺合料的使用，使在普通施工条件下制得高强混凝土成为可能。但高强混凝土的脆性比普通混凝土大，拉压强度比降低。

配制高强混凝土时，对所使用的原材料作了一些特殊规定。应选用质量稳定、强度等级不低于 42.5 级的硅酸盐水泥或普通硅酸盐水泥。应掺用活性较好的矿物掺合料，且宜复合使用矿物掺合料。配制混凝土时，应掺用高效减水剂或缓凝高效减水剂。

对强度等级为 C60 的混凝土，其粗骨料的最大粒径不应大于 31.5 mm，对强度等级高于 C60 的混凝土，其粗骨料的最大粒径不应大于 25 mm；其中，针、片状颗粒含量不宜大于 5.0%，含泥量不应大于 0.5%，泥块含量不宜大于 0.2%；其他质量指标应符合《建设用碎石、卵石》（GB/T 14685—2011）的规定。

细骨料的细度模数宜大于 2.6，含泥量不应大于 2.0%，泥块含量不应大于 0.5%。其他质量指标也应符合现行标准的规定。

高强混凝土配合比的计算方法和步骤可按《普通混凝土配合比设计规程》（JGJ 55—2011）中的有关规定进行。同时，应注意以下几点：

（1）基准配合比中的水灰比，可根据现有试验资料选取。

（2）选用外加剂和矿物掺合料的品种、掺量及混凝土所用的砂率，应通过试验确定。

（3）混凝土的水泥用量不应大于 500 kg/m^3，水泥和矿物掺合料总量不应大于 600 kg/m^3。

配制高强混凝土，除选用优质原材料和严格控制配合比外，还应辅以合理的施工工艺，如采用强制式搅拌、泵送、加强振捣和蒸压养护等成型工艺，可以获得高密实度的高强混凝土。

二、高性能混凝土

作为土木工程的主要结构材料，混凝土的高强化一直是其性能改善的一个重要研究方向。混凝土强度的提高，构件截面尺寸可大为减小，改变了高层和大跨建筑“肥梁胖柱”的状况，减轻了建筑物的自重，简化了地基处理，也使高强钢筋的应用和效能得以充分利用。高强混凝土在工程中的应用越来越广泛。但大量的工程实践也表明，随着混凝土强度等级的提高，其拉压强度比随之降低，混凝土的脆性增大、韧性下降。同时，由于高强混凝土的水泥用量较多，使得水化热增大，自收缩变大，干缩也较大，较易产生裂缝。因此，为了适应土木工程发展对混凝土材料性能要求的提高，混凝土研究领域开始了高性能混凝土的研究和开发。

1990 年 5 月，美国国家标准与技术研究所（Nation Institute of Standards＆Technology，NIST）和美国混凝土协会（NCI）首先提出了高性能混凝土的概念。综合各国学者的意见，高性能混凝土是以耐久性和可持续发展为基本要求的，并适应工业化生产与施工的混凝土。高性能混凝土应具有高抗渗性（高耐久性的关键性能）、高体积稳定性（低干缩、低徐变、低温度应变率和高弹性模量）、适当高的抗压强度、良好的施工性（高流动性、高黏聚性，达到自密实）。

虽然高性能混凝土是由高强混凝土发展而来，但高强混凝土并不就是高性能混凝土，不能将它们混为一谈。高性能混凝土比高强度混凝土具有更为有利于工程长期安全使用与便于施工的优异性能，它将会比高强混凝土有更为广阔的应用前景。

高性能混凝土在配制时通常应注意以下几方面：

（1）必须掺入与所用水泥具有相容性的高效减水剂，以降低水灰比、提高强度，并使其具有合适的工作性。

（2）必须掺入一定量活性的细磨矿物掺合料，如硅灰、磨细矿渣、优质粉煤灰等。在配制高性能混凝土时，掺加活性磨细掺合料，可利用其微粒效应和火山灰活性，以增加混凝土的密实性，提高强度。

（3）选用合适的集料，尤其是粗骨料的品质（如强度、针片颗粒的质量分数、最大粒径等）对高性能凝土的强度有较大的影响。因此，用于高性能混凝土的粗骨料粒径不宜过大，在配制 60～100 MPa 的高性能混凝土时，粗骨料最大粒径可取 19.0 mm 左右；配制 100 MPa 以上的高性能混凝土时，粗骨料最大粒径不宜大于 10～12 mm。

目前，我国对高性能混凝土的研究与应用已日益得到土木工程界重视，它符合科学的发展观，随着土木工程技术的发展，高性能混凝土将会得到广泛的推广和应用。

三、轻混凝土

轻混凝土是指表观密度小于 1 950 kg/m^3 的混凝土。轻混凝土具有轻质、高强、多功能等特性，在工程中使用可减轻结构自重、增大构件尺寸、改善建筑物的保温和防震性能、降低工程造价等，有较好的技术、经济效果。

轻混凝土可分为轻骨料混凝土、多孔混凝土和大孔混凝土三类。

（一）轻骨料混凝土

《轻骨料混凝土技术规程》（JGJ 51—2002）中规定，用轻粗骨料、轻砂（或普通砂）、水泥和水配制而成的干表观密度不大于 1 900 kg/m^3 的混凝土，称为轻骨料混凝土。

轻骨料混凝土按细骨料不同，又分为全轻混凝土（粗、细骨料均为轻骨料）和砂轻混凝土（细骨料全部或部分为普通砂）。

1．轻骨料的种类

堆积密度不大于 1 100 kg/m^3 的轻粗骨料和堆积密度不大于 1 200 kg/m^3 的轻细骨料，总称为轻骨料。轻粗骨料按其性能分为三类：堆积密度不大于 500 kg/m^3 的保温用或结构保温用超轻骨料；堆积密度大于 510 kg/m^3 的轻骨料；强度等级不小于 25 MPa 的结构用高强轻骨料。轻骨料按来源不同可分为以下三类：

（1）天然轻骨料。天然形成的（如火山爆发）多孔岩石，经破碎、筛分而成的轻骨料，如浮石、火山渣等。

（2）人造轻骨料。以天然矿物为主要原料经加工制粒、烧胀而成的轻骨料，如黏土陶粒、页岩陶粒等。

（3）工业废料轻骨料。以粉煤灰、煤渣、煤矸石、高炉熔融矿渣等工业废料为原料，经专门加工工艺而制成的轻骨料，如粉煤灰陶粒、煤渣、自然煤矸石、膨胀矿渣珠等。

2．轻骨料的技术要求

轻骨料的技术要求主要有堆积密度、颗粒级配（细度模数）、筒压强度（高强轻粗骨料尚应检测强度等级）、粒型系数和吸水率等。此外，软化系数、烧失量、有毒物质含量等也应符合有关规定。

（1）轻骨料的堆积密度。轻骨料堆积密度的大小，将影响轻骨料混凝土的表观密度和性能。轻粗骨料的堆积密度分为200、300、400、500、600、700、800、900、1 000、1 100 kg/m³十个等级；轻细骨料分为500、600、700、800、900、1 000、1 100、1 200 kg/m³八个等级。

（2）粗细程度与颗粒级配。保温及结构保温轻骨料混凝土用的轻粗骨料，其最大粒径不宜大于40 mm。结构轻骨料混凝土用的轻粗骨料，其最大粒径不宜大于20 mm。轻骨料的级配应符合表5-53的要求。

表5-53 轻骨料的颗粒级配

种类	类别	公称粒径/mm	各筛号的累计筛余（按质量计，%）										
			筛孔径/mm										
			40.0	31.5	20.0	16.0	10.0	5.00	2.50	1.25	0.630	0.315	0.160
细骨料		0～5	—	—	—	—	0	0～10	0～35	20～60	30～80	65～90	75～100
粗骨料	连续粒级	5～40	0～10	—	40～60	—	50～85	90～100	95～100	—	—	—	—
		5～31.5	0～5	0～10	—	40～75	—	90～100	95～100	—	—	—	—
		5～20	—	0～5	0～10	—	40～80	90～100	95～100	—	—	—	—
		5～16	—	—	0～5	0～10	20～60	85～100	95～100	—	—	—	—
		5～10	—	—	—	0	0～15	80～100	95～100	—	—	—	—
	单粒级	10～16	—	—	0	0～15	85～100	90～100	—	—	—	—	—

轻砂的细度模数宜在2.3～4.0范围内。

（3）强度。轻粗骨料的强度可由筒压强度和强度等级两种指标表示。筒压强度是间接评定骨料颗粒本身强度的指标。它是将轻粗骨料按标准方法置于承压筒（115 mm×100 mm）内，在压力机上将置于承压筒上的冲压模以每秒300～500 N的速度匀速加荷压入。当压入深度为20 mm时，测其压力值（MPa），该值即为该轻粗骨料的筒压强度。不同品种、密度级别和质量等级的轻粗骨料筒压强度要求见表5-54。

表 5-54　轻粗骨料筒压强度　　单位：MPa

<table>
<tr><th colspan="2" rowspan="2">轻骨料品种</th><th rowspan="2">密度等级</th><th colspan="3">筒压强度</th></tr>
<tr><th>优等品</th><th>一等品</th><th>合格品</th></tr>
<tr><td rowspan="5">超轻骨料</td><td rowspan="4">黏土陶粒
页岩陶粒
粉煤灰陶粒</td><td>200</td><td>0.3</td><td colspan="2">0.2</td></tr>
<tr><td>300</td><td>0.7</td><td colspan="2">0.5</td></tr>
<tr><td>400</td><td>1.3</td><td colspan="2">1.0</td></tr>
<tr><td>500</td><td>2.0</td><td colspan="2">1.5</td></tr>
<tr><td>其他超轻粗骨料</td><td>≤500</td><td colspan="3">—</td></tr>
<tr><td rowspan="11">普通轻骨料</td><td rowspan="4">黏土陶粒
页岩陶粒
粉煤灰陶粒</td><td>600</td><td>3.0</td><td>2.0</td><td>—</td></tr>
<tr><td>700</td><td>4.0</td><td>3.0</td><td>—</td></tr>
<tr><td>800</td><td>5.0</td><td>4.0</td><td>—</td></tr>
<tr><td>900</td><td>6.0</td><td>5.0</td><td>—</td></tr>
<tr><td rowspan="4">浮石
火山渣
煤渣</td><td>600</td><td>—</td><td>1.0</td><td>0.8</td></tr>
<tr><td>700</td><td>—</td><td>1.2</td><td>1.0</td></tr>
<tr><td>800</td><td>—</td><td>1.5</td><td>1.2</td></tr>
<tr><td>900</td><td>—</td><td>1.8</td><td>1.5</td></tr>
<tr><td rowspan="3">自燃煤矸石
膨胀矿渣珠</td><td>900</td><td>—</td><td>3.5</td><td>3.0</td></tr>
<tr><td>1 000</td><td>—</td><td>4.0</td><td>3.5</td></tr>
<tr><td>1 100</td><td>—</td><td>4.5</td><td>4.0</td></tr>
</table>

筒压强度只能间接表示轻骨料的强度，因轻骨料颗粒在承压筒内为点接触，受应用力集中的影响，其强度远小于它在混凝土中的真实强度。故国家标准规定，高强轻粗骨料还应检验强度等级指标。

强度等级是指不同轻粗骨料所配制的混凝土的合理强度值，它由不同轻骨料按标准试验方法配制而成的混凝土强度试验而得。通过强度等级，就可根据欲配制的高强轻骨料混凝土强度来选择合适的轻粗骨料，有很强的实用意义。不同密度级别的高强轻粗骨料的筒压强度及强度等级，应不低于表 5-55 规定。

表 5-55　高强轻粗骨料的筒压强度及强度等级

密度等级	筒压强度/MPa	强度等级/MPa
600	4.0	25
700	5.0	30
800	6.0	35
900	6.5	40

（4）粒型系数。颗粒形状对轻粗骨料在混凝土中的强度起着重要作用，轻粗骨料理想的外形应是球状。颗粒的形状越细长，其在混凝土中的强度越低，故要控制轻粗骨料的颗粒外形的偏差。粒型系数是用以反映轻粗骨料中的软弱颗粒情况的一个指标，它是随机

选用 50 粒轻粗骨料颗粒，用游标卡尺测量每个颗粒的长向最大值 D_{max} 和中间截面处的最小尺寸 D_{min}，然后计算每颗的粒型系数 K'_e，再根据下式计算该种轻粗骨料的平均粒型系数 K_e，以两次试验的平均值作为测定值。

$$K'_e = \frac{D_{max}}{D_{min}}, \quad K_e = \frac{\sum_{i=1}^{n} K'_e}{n} \tag{5-38}$$

不同粒型轻粗骨料的粒型系数，应符合表 5-56 的规定。

表 5-56 轻粗骨料粒型系数

轻粗骨料粒型	平均粒型系数		
	优等品	一等品	合格品
圆球型不大于	1.2	1.4	1.6
普通型不大于	1.4	1.6	2.0
碎石型不大于	—	2.0	2.5

（5）吸水率。轻骨料的吸水率很大，因此会显著影响拌合物的和易性及强度。在设计轻骨料混凝土配合比时，必须考虑轻骨料的吸水问题，并根据 1 h 的吸水率计算附加用水量。国家标准中对轻粗骨料的吸水率作了规定，轻砂和天然轻粗骨料的吸水率不作规定。

3．轻骨料混凝土的施工要点及应用

轻骨料颗粒轻、表面粗糙、吸水率大，因此施工时应注意以下几点：

（1）采用干燥骨料拌制混凝土时，应考虑附加用水量。骨料露天堆放，含水率受气候的影响较大，施工时要及时测含水率和调整加水量。

（2）搅拌时应采用强制式搅拌机，并适当延长搅拌时间，防止轻骨料上浮或不均匀。

（3）浇筑成型时采用加压振捣。振捣时间应适宜，防止轻骨料上浮，造成分层现象。

（4）轻骨料混凝土的表观密度比普通混凝土小，对和易性相同的拌合物，轻骨料混凝土从外观上显得干稠，施工时应防止外观判断上的错觉而随意增加用水量。

（5）轻骨料混凝土容易产生干缩裂缝，早期应加强养护。当采用蒸汽养护时，静停时间不宜少于 1.5～2.0 h。

（二）多孔混凝土

多孔混凝土是一种内部充满大量细小封闭气孔的混凝土。

多孔混凝土具有孔隙率大、体积密度小、导热系数低等特点，是一种轻质材料，兼有结构及保温隔热等功能。其易于施工，可钉、可锯，可制成砌块、墙板、屋面板及保温制品，广泛应用于工业与民用建筑工程中。

根据气孔产生方法的不同，多孔混凝土有加气混凝土和泡沫混凝土两种。由于加气混凝土生产较稳定，因此加气混凝土生产和应用发展更为迅速。

1．加气混凝土

加气混凝土是用含钙材料（水泥、石灰）、含硅材料（石英砂、粉煤灰、尾矿粉、粒化高炉矿渣等）和发气剂（铝粉等）等原料，经磨细、配料、搅拌、浇注、发气、静停、切割、压蒸养护等工序生产而成的。铝粉在料浆中与 $Ca(OH)_2$ 发生化学反应，放出 H_2 形成气泡，使料浆中形成多孔结构，化学反应过程如下：

$$2Al+3Ca(OH)_2+6H_2O \rightarrow 3CaO \cdot Al_2O_3 \cdot 6H_2O+3H_2 \uparrow \tag{5-39}$$

发气剂也可采用双氧水、碳化钙和漂白粉等。生产加气混凝土制品时，常采用高压蒸汽养护。料浆在高压蒸汽养护下，含钙材料与含硅材料发生反应，生成水化硅酸钙，使制品具有强度。

2．泡沫混凝土

泡沫混凝土是将水泥净浆与泡沫剂拌和后经浇筑成型、养护而成的一种多孔混凝土。

泡沫剂是泡沫混凝土中的主要成分，泡沫剂常采用松香胶和水解牲血。泡沫剂可用水稀释，经强力搅拌可形成稳定的泡沫。

配制自然养护的泡沫混凝土，水泥强度等级应为42.5 级及以上，每立方米用量300～400 kg，否则强度太低。生产制品时，常采用蒸汽或蒸压养护，不仅可缩短养护时间和提高强度，而且还可掺入工业废料（如粉煤灰、炉渣、矿渣等），以节省水泥。

泡沫混凝土常用于屋面和管道保温，可制作板、半圆瓦、弧形条等制品。

（三）大孔混凝土

大孔混凝土又称无砂混凝土，是以粗骨料、水泥和水配制而成的一种轻混凝土。按所用粗骨料品种不同，大孔混凝土分为普通大孔混凝土（用碎石、卵石）和轻骨料大孔混凝土（用陶粒、浮石等）。在混凝土中，水泥浆包裹在粗骨料颗粒的表面，将粗骨料黏结在一起，但水泥浆不起填充作用，因而形成大孔结构的混凝土。有时，为了提高大孔混凝土的强度，加入少量细骨料（砂），这种混凝土可称为少砂混凝土。

普通大孔混凝土的表观密度为1 500～1 950 kg/m^3，抗压强度为3.5～10 MPa；轻骨料大孔混凝土的表观密度为500～1 500 kg/m^3，抗压强度为1.5～7.5 MPa。

大孔混凝土的强度和表观密度与骨料的品种、级配有关。采用单粒级骨料配制的大孔混凝土，表观密度小，强度低。大孔混凝土的导热系数小，保温性能好，吸湿性较小，收缩比普通混凝土小30%～50%，可抵抗15～25 次冻融循环。

大孔混凝土可制作墙体用的各种小型空心砌块和板材，也可用于现浇墙体。普通大孔混凝土可广泛用于市政工程，如滤水管、滤水板等。

四、泵送混凝土

混凝土拌合物的坍落度不低于100 mm，并用泵送施工的混凝土为泵送混凝土。泵送混凝土能一次连续完成水平和垂直运输，效率高，节约劳动力，适用于狭窄的施工现场、大体积混凝土结构物和高层建筑。

泵送混凝土是在泵的压力作用下，将混凝土拌合物通过输送管道送到混凝土浇筑地点，因此要求其拌合物具有良好的可泵性。所谓可泵性是指混凝土拌合物顺利通过管道，摩擦阻力小、黏聚性好、不离析、不堵塞的性质。为保证混凝土具有良好的可泵性，对原材料的选用和配合比的设计应注意以下几点：

（1）水泥应选用硅酸盐水泥、普通硅酸盐水泥、矿渣硅酸盐水泥和粉煤灰硅酸盐水泥，不宜采用火山灰质硅酸盐水泥。

（2）细骨料宜用中砂，通过 0.315 mm 筛孔的颗粒含量不应少于 15%；粗骨料宜采用连续级配，针片状含量不宜大于 10%，粗骨料的最大粒径与输送管径之比符合表 5-57 的规定。

表 5-57 粗骨料的最大粒径与输送管径之比

粗骨料品种	泵送高度/m	粗骨料最大公称粒径与输送管径之比
碎石	＜50	≤1∶3.0
	50～100	≤1∶4.0
	＞100	≤1∶5.0
卵石	＜50	≤1∶2.5
	50～100	≤1∶3.0
	＞100	≤1∶4.0

（3）泵送混凝土应掺用泵送剂或减水剂，并宜掺用粉煤灰或其他活性矿物掺合料，质量应符合有关标准的规定。

（4）泵送混凝土的用水量与水泥和矿物掺合料的总量之比不宜大于 0.60，水泥和矿物掺合料的总量不宜小于 300 kg/m^3。

（5）泵送混凝土的砂率宜为 35%～45%。

（6）掺用引气型外加剂时，其混凝土含气量不宜大于 4%。

（7）泵送混凝土试配时应考虑在预计时间内坍落度经时损失值，混凝土入泵时坍落度可按表 5-58 选用。

表 5-58 混凝土入泵坍落度选用表

泵送高度/m	30 以下	30~60	60~100	100 以上
坍落度/mm	100~140	140~160	160~180	180~200

五、加气混凝土

加气混凝土是用含钙材料（水泥、石灰）、含硅材料（石英砂、粉煤灰、粒化高炉矿渣等）和发气剂为原料，经过磨细、配料、搅拌、浇注、成型、切割和压蒸养护（0.8～1.5 MPa 下养护 6～8 h）等工序生产而成的。

一般是采用铝粉作为发气剂，把它加在加气混凝土料浆中，与含钙材料中的氢氧化钙发生化学反应放出氢气，形成气泡，使料浆体积膨胀形成多孔结构，其化学反应过程如下：

$$2Al+3Ca(OH)_2+6H_2O \rightarrow 3CaO+Al_2O_3 \cdot 6H_2O+3H_2$$

料浆在高压蒸汽养护下，含钙材料与含硅材料发生反应，产生水化硅酸钙，使坯体具有强度。加气混凝土的性能随其表观密度及含水率不同而变化，在干燥状态下，其物理力学性能见表 5-59。

表 5-59　蒸压加气混凝土物理力学性能

表观密度/（$kg \cdot m^{-3}$）	抗压强度/MPa	抗拉强度/MPa	弹性模量/MPa	导热系数/[W/(m•k)$^{-1}$]
500	3.0~4.0	0.3~0.4	1.4×10^{-3}	0.12
600	4.0~5.0	0.4~0.5	2.0×10^{-3}	0.13
700	5.0~6.0	0.5~0.6	2.2×10^{-3}	0.16

加气混凝土制品主要有砌块和条板两种。砌块可作为三层或三层以下房屋的承重墙，也可作为工业厂房，或多层、高层框架结构的非承重填充墙。配有钢筋的加气混凝土条板可作为承重和保温合一的屋面板。加气混凝土还可以与普通混凝土预制成复合板，用于外墙，兼有承重和保温作用。由于加气混凝土能利用工业废料，产品成本较低，能大幅度降低建筑物自重，保温效果好，因此具有较好的技术经济效果。

六、纤维混凝土

纤维混凝土是以普通混凝土为基材，外掺各种纤维材料而组成的复合材料。普通混凝土的抗拉、抗弯、韧性和耐磨性差，掺入的纤维材料与混凝土基体共同承受荷载，可显著提高混凝土抗拉强度，降低其脆性。纤维材料的品种较多，通常采用的有钢纤维、玻璃纤维、石棉纤维、合成纤维、碳纤维等。按纤维弹性模量分，有高弹性模量纤维，如钢、玻璃、石棉、碳纤维等；低弹性模量纤维，如尼龙、聚乙烯、聚丙烯纤维等。各类纤维材料中，钢纤维的弹性模量比混凝土高 10 倍以上，对抑制混凝土裂缝的形成，提高混凝土抗拉和抗弯强度，增加韧性效果最好，目前应用最广泛。但为节约钢材，可采用玻璃纤维、矿棉、岩棉等来配制纤维混凝土。

在纤维混凝土中，纤维的含量、几何形状以及在混凝土中的分布情况，对于纤维混凝土的性能有重要影响。钢纤维按外形分为平直、薄板、大头针、弯钩、波形纤维等，增强机械啮合力。纤维的直径很细，长径比为 70～120。纤维的掺量按占混凝土体积的百分比计，掺加的体积率为 0.3%～8%。纤维在混凝土中只有纤维方向与荷载方向平行或接近平行时，才有效果，纤维乱向分布对提高混凝土的抗剪效果较好。在混凝十中掺入钢纤维后抗压强度几乎不提高，但受压破坏时不碎块、不崩裂，抗拉、抗剪、抗弯强度和抗冲击韧性、抗疲劳性提高。

配制纤维混凝土时，对粗骨料的最大粒径有限制，一般不大于 20 mm；应采用高强度等级的水泥，且水泥用量较多；采用高砂率，一般为 45%～60%；采用低水灰比，一般为

0.40～0.55；为了减少水泥用量，改善混凝土拌合物的和易性，可加入减水剂或掺粉煤灰。搅拌纤维混凝土时，若将水泥、砂石和水搅拌均匀后，再加纤维，由于混凝土黏度大，加入纤维不易搅拌均匀。因此搅拌加料时，先将水泥、砂石和纤维干拌均匀后，再加水。

纤维混凝土目前主要用于机场跑道、停车场、公路路面、桥面、薄壁结构、屋面板、墙板等要求高耐磨、高抗冲击、抗裂的部位及构件。

七、喷射混凝土

喷射混凝土是将预先配好的水泥、砂、石和速凝剂装入喷射机，利用压缩空气经管道混合输送到喷头与高压水混合后，以很高的速度喷射到岩石或混凝土的表面，迅速硬化形成的混凝土。

喷射混凝土宜采用普通硅酸盐水泥，骨料的级配要好，石子的最大粒径不应大于20 mm，10 mm 以上的粗骨料要控制在30%以下，砂子宜用粗砂，不宜使用细砂，因细砂会增加混凝土的收缩变形。为保证喷射混凝土能在几分钟内凝固，提高早期强度，减少回弹量，在混凝土中宜掺加速凝剂，如红星Ⅰ型或711型速凝剂。喷射混凝土的配合比（水泥：砂：石）一般为1：2：2.5、1：2.5：2、1：2：2、1：2.5：1.5，水胶比为0.4～0.5，水泥用量为300～450 kg/m^3，抗压强度为25～40 MPa。

喷射混凝土具有较高的强度，与岩石的黏结力较好，可形成整体，施工速度快，已广泛应用于岩石地下工程、隧道衬砌和矿井支护工程。

八、大体积混凝土

大体积混凝土，是指混凝土结构物实体的最小尺寸等于或大于1 m，或预计会因水泥水化热引起混凝土的内外温差过大（一般应控制在25 ℃以内）而导致裂缝的混凝土或一次浇筑超过1 000m^{3}的混凝土。

大型水坝、桥墩、高层建筑的基础等工程所用混凝土，应按大体积混凝土设计和施工，为了减少由于水化热引起的温度应力，在混凝土配合比设计时，应选用水化热低和凝结时间长的水泥，如低热矿渣硅酸盐水泥、中热硅酸盐水泥、矿渣硅酸盐水泥、粉煤灰硅酸盐水泥、火山灰质硅酸盐水泥等。当采用硅酸盐水泥或普通硅酸盐水泥时，应采取相应措施延缓水化热的释放；大体积混凝土应掺用缓凝剂、减水剂和能减少水泥水化热的掺合料。

大体积混凝土在保证混凝土强度及坍落度要求的前提下，应提高掺合料及骨料的含量，以降低每立方米混凝土的水泥用量。粗骨料宜采用连续级配，细骨料宜采用中砂。

大体积混凝土配合比的计算和试配步骤应按《普通混凝土配合比设计规程》（JGJ 55—2011）的规定进行，并宜在配合比确定后进行水化热的验算或测定。

九、碾压混凝土

碾压混凝土主要用于路面工程，碾压混凝土路面及其主要特征如下：

（1）碾压混凝土是一种含水率低，通过振动碾压施工工艺达到高密度、高强度的水泥混凝土。其干硬性的材料特点和碾压成型的施工工艺特点，使碾压混凝土路面具有节约水泥、收缩小、施工速度快、强度高、开放交通早等技术经济上的优势。

（2）碾压混凝土路面与普通水泥混凝土路面所用材料基本组成相同，均为水、水泥、砂、碎（砾）石及外掺剂；不同之处是碾压混凝土为用水量很少的特干硬性混凝土，比普通水泥混凝土节约水泥 10%～30%；碾压混凝土配合比组成设计是按正交设计试验法和简捷设计试验法设计，以“半出浆改进 VC 值”稠度指标和小梁抗折强度作为设计指标。小梁抗折强度试件按 95%压实率计算试件质量，采用上振式振动成型机振动成型。

（3）碾压混凝土路面施工由拌和、运输、摊铺、碾压、切缝、养生等工序组成。混凝土拌和可采用间歇式或连续式强制搅拌机拌和；碾压混凝土路面摊铺采用强夯高密实度摊铺机摊铺；路面碾压作业由初压、复压和终压 3 个阶段组成。碾压工序是碾压混凝土路面密实成型的关键工序，碾压后的路面表面应平整、均匀，压实度应符合有关规定；切缝工序应在混凝土路面“不啃边”的前提下尽早锯切，切缝时间与混凝土配合比和气候状况有关，应通过试锯确定；在碾压工序及切缝后应洒水覆盖养生，碾压混凝土路面的潮湿养护时间与水泥品种、配合比和气候状况有关，一般养护时间为 5～7 d。碾压混凝土路面板达到设计强度后方可开放交通。

（4）碾压混凝土路面与普通水泥混凝土路面相比，由于碾压混凝土的单位用水量显著减少（只需 100 kg/m^3 左右），拌合物非常干硬，可用高密实度沥青摊铺机、振动压路机或轮胎压路机施工，成为一种新型的道路结构形式。碾压混凝土路面与沥青混凝土路面和普通水泥混凝土路面的特性比较见表 5-60。

表 5-60　碾压混凝土路面与沥青混凝土路面、普通水泥混凝土路面的特性比较

与沥青混凝土路面的比较	与普通水泥混凝土路面的比较
车辙少	可用沥青路面摊铺机进行施工
抗磨耗性好	施工简单、快速，可不用模板，能缩短工期
耐油性好	经济性优越，估计初期投资节省 15%~40%
平整性差	单位用水量和水泥用量少，干缩率小，可以扩大接缝间距
使用寿命长，维修费用少	有利于行车舒适性
重交通或某些厚层结构，初期投资费用有可能较省	初期强度高，养护期短，可早期开放交通

从表 5-60 可以看出，碾压混凝土路面的最大优点是较普通水泥混凝土路面初期投资费用可节省 15%～40%，在重交通或某些厚层结构的情况下，初期投资费用甚至低于沥青路面的投资。

一般认为，普通水泥混凝土路面的初期投资高于沥青路面。但是，随着交通和重型车辆的增加，路面设计厚度相应增加，普通水泥路面与沥青路面的成本差异趋于减小。如果考虑使用期间的维修费用，则水泥混凝土路面在经济上具有明显的优势。目前的情况表明，碾压混凝土路面的初期投资低于普通水泥混凝土路面。碾压混凝土路面在经济上的优势由此可见一斑。

碾压混凝土路面成本的降低取决于 3 个方面：一是提高路面施工效率，降低铺筑施工

成本；二是由于接缝减少，使接缝的成本降低；三是常规水泥混凝土路面的水泥用量一般为 300～350 kg/m^3，碾压混凝土路面水泥用量是 250～300 kg/m^3，至少节约水泥 5 kg/m^3。路面碾压混凝土达到普通混凝土相同强度时，它的水泥用量比较少，这是碾压混凝土路面比较经济的原因之一。碾压混凝土材料的品质要求大致与普通混凝土路面材料的要求一样，只是石子最大粒径一般以 19.0 mm 为标准。

碾压混凝土所用的水泥一般与普通混凝土路面所用水泥相同。美国已建成的碾压混凝土路面一直使用Ⅰ型或Ⅱ型硅酸盐水泥，日本也基本如此。碾压混凝土路面所用的水泥最好是施工时间（从拌和到铺筑的终了）长、强度发展快、干缩比较小。日本目前正在开发提高此类特性的水泥，有一种专供碾压混凝土用的低收缩性水泥，其收缩率为普通水泥的 70％以下，据日本 6 个施工实例的试用结果调查发现，采用此种低收缩性水泥，横缝间距可增加 1.5～2 倍。还有一种以碾压混凝土路面能早期开放交通为目的的新型水泥，用这种水泥制成的碾压混凝土在铺筑 3 h 之后能通车，确认 6 h 之后能开放交通。

十、防水混凝土

防水混凝土分为普通防水混凝土、膨胀水泥防水混凝土和外加剂防水混凝土。

普通防水混凝土是以调整配合比的方法来提高自身密实度和抗渗性的一种混凝土。它是在普通混凝土的基础上发展起来的。它与普通混凝土的不同点在于：后者是根据强度配制的，其石子起骨架作用，砂填充石子的空隙，水泥浆填充骨料空隙并将骨料结合在一起，而没有充分考虑混凝土的密实性。而普通防水混凝土则是根据抗渗要求配制的，以尽量减少空隙为着眼点来调整配合比。在普通防水混凝土内，应保证有一定数量及质量的水泥砂浆，在粗骨料周围形成一定厚度的砂浆包裹层，把粗骨料彼此隔开，从而减少粗骨料之间的渗水通道，使混凝土具有较高的抗渗能力。水灰比的大小影响混凝土硬化后孔隙的大小和数量，并直接影响混凝土的密实性。因此，应在保证混凝土拌合物工作性的前提下降低水灰比。选择普通防水混凝土配合比时，应符合以下技术规定：

（1）骨料最大粒径不宜大于 37.5 mm。

（2）水泥用量不得少于 300 kg/m^3，当水泥强度等级为 42.5 级以上，并掺有活性粉细料时，水泥用量不得少于 280 kg/m^3。

（3）砂率宜为 35％～40％。

（4）灰砂比宜为 1∶2.0～1∶2.5。

（5）水灰比宜在 0.55 以下。

（6）坍落度不宜大于 50 mm，以减少渗水率。

膨胀水泥防水混凝土主要利用膨胀水泥在水化过程中形成大量体积增大的水化硫铝酸钙，在有约束的条件下，能改善混凝土的孔结构，使总孔率、孔径减小，从而提高混凝土的抗渗性。外加剂防水混凝土是在混凝土中掺入适当品种和数量的外加剂，隔断或堵塞混凝土中的各种孔隙、裂缝及渗水通路，以达到改善抗渗性能的一种混凝土。常用的外加剂有引气剂、减水剂、三乙醇胺和氯化铁防水剂。

为了开发利用工业废料，用粉煤灰配制的防水混凝土已取得了良好的技术经济效益。

十一、沥青混凝土

沥青混凝土亦称沥青混合料，是沥青、粗细骨料和矿粉按一定比例拌和而成的一种复合材料。沥青混合料具有良好的力学性能、噪声小、良好的抗滑性、经济耐久、排水良好、可分期加厚路面等优点，但是其易老化、感温性大。

用沥青混合料铺筑的路面具有晴天无尘土，雨天不泥泞，行车平稳而柔软，晴天、雨天畅通无阻的优点，因而广泛应用在各级道路上。

本章小结

本章是本课程的核心章节，主要介绍了普通混凝土，包含普通混凝土的组成材料、性质、配合比设计、质量检验和应用。通过本章的学习，读者应能进行骨料颗粒级配的评定，细骨料细度模数和粗骨料最大粒径的确定；能根据工程特点与所处环境正确选择混凝土基本组成材料和外加剂；能对混凝土拌合物的和易性进行检测与评定，能改善与调整拌合物的和易性；能根据工程实际进行普通混凝土配合比设计；能正确对混凝土进行取样和检测。

复习思考题

1．在混凝土中应用最广、用量最大的是哪种混凝土？该混凝土按表观密度可分为哪几类？

2．混凝土的基本组成材料有哪几类？分别在混凝土中起什么作用？

3．决定混凝土强度的主要因素有哪些？如何有效地提高混凝土的强度？

4．混凝土配合比的三个基本参数是什么？如何确定这三个基本参数？

5．什么是混凝土外加剂？混凝土外加剂按其主要功能可分为哪几类？

第六章　建筑砂浆

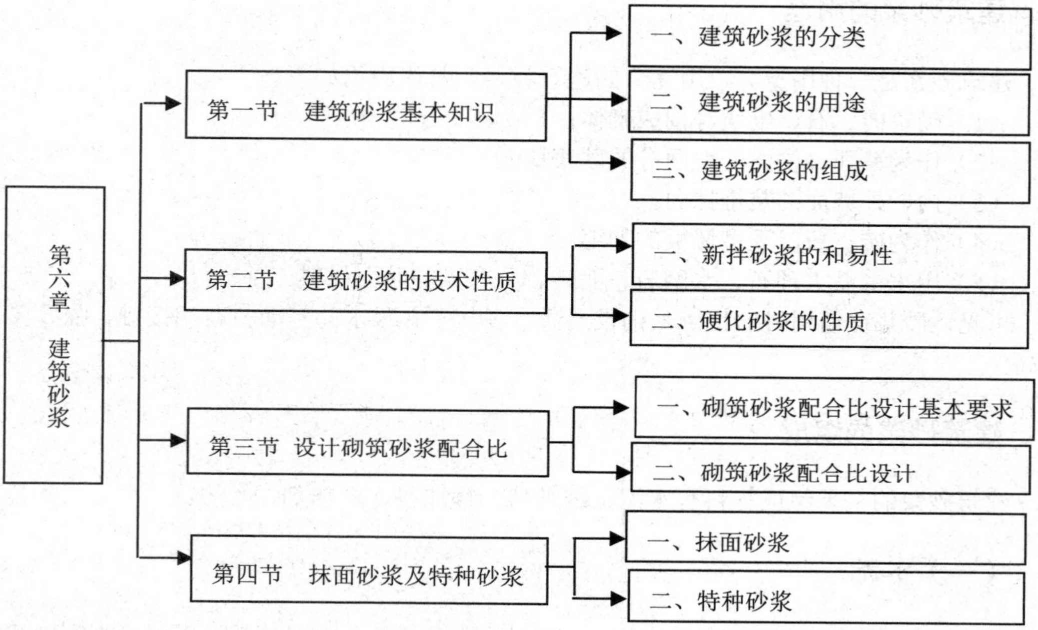

本章结构图

【学习目标】

- 掌握砂浆的和易性、强度等级，能根据工程条件选择砂浆品种；
- 重点掌握砌筑砂浆的配合比计算；
- 了解特种砂浆的种类及其应用领域。

第一节　建筑砂浆基础知识

一、建筑砂浆的分类

建筑砂浆按所用胶凝材料的不同，可分为水泥砂浆、石灰砂浆、水泥石灰混合砂浆等；按用途不同，可分为砌筑砂浆、抹面砂浆等。将砖、石、砌块等块材黏结成砌体的砂浆称为砌筑砂浆，它起着传递荷载并使应力分布较为均匀、协调变形的作用。抹面砂浆是指涂抹在基底材料的表面，兼有保护基层、增加美观等作用的砂浆。根据其功能不同，抹面砂浆一般可分为普通抹面砂浆、装饰砂浆、防水砂浆和特种砂浆等。常用的普通抹面砂浆有水泥砂浆、石灰砂浆、水泥石灰混合砂浆、麻刀石灰砂浆（简称麻刀灰）、纸筋石灰砂浆（纸筋灰）等。特种砂浆是具有特殊用途的砂浆，主要有隔热砂浆、吸声砂浆、耐腐蚀砂浆、聚合物砂浆、防辐射砂浆等。

二、建筑砂浆的用途

建筑砂浆是一种用量大、用途广的建筑材料，常用用途如下：

（1）砌筑砖、石、砌块等构成砌体；

（2）作为墙面、柱面、地面等的砂浆抹面；

（3）内、外墙面的装饰抹面；

（4）作为砖、石、大型墙板的勾缝；

（5）用来镶贴大理石、水磨石、面砖、马赛克等贴面材料。

可见，砂浆在使用时的特点是铺设层薄，多与多孔吸水的基面材料相接触，强度要求不高。

三、建筑砂浆的组成

建筑砂浆的主要组成材料有水泥、细骨料、掺加料、外加剂、水等。

（一）水泥

普通水泥、矿渣水泥、粉煤灰水泥、火山灰质水泥及复合水泥等都可以用来配制砂浆。砌筑水泥是专门用于配制砌筑砂浆和内墙抹面砂浆的水泥，配成的砂浆具有较好的和易性。

水泥强度等级一般为砂浆强度等级的 4～5 倍。配制水泥砂浆时，水泥强度等级小于等于 32.5 级；配制水泥混合砂浆时，水泥强度等级小于等于 42.5 级；配制砂浆时要尽量采用低强度的水泥和砌筑水泥。如果水泥的强度较高，可掺加适量掺加料。严禁使用废品水泥。

（二）细骨料

建筑砂浆与普通混凝土用砂的技术要求相同，但对砂子最大粒径有所限制。毛石砌体宜选用粗砂，最大粒径不超过灰缝厚度的1/4～1/5。砖砌体以中砂为宜，最大粒径为2.5 mm，石砌体中最大粒径为 5 mm。光滑的抹面及勾缝砂浆则应采用细砂。砂浆强度等级大于等于 M5 的水泥混合砂浆，砂中含泥量小于等于 5%；砂浆强度等级小于 M5 的水泥混合砂浆，砂中含泥量可小于等于 10%。

当采用人工砂、山砂、炉渣等作为细骨料时，应根据经验或试配而确定其技术指标，以防发生质量事故。

（三）掺加料

1．石灰膏

石灰膏可由生石灰、磨细生石灰及电石渣制得。

（1）生石灰熟化成石灰膏时，应用孔径不大于 3 mm×3 mm 的网过滤，应得到充分“陈伏”，熟化时间小于等于 7 d；磨细生石灰粉的熟化时间小于等于 2 d。严禁使用脱水硬化的石灰膏。

（2）制作电石灰膏的电石渣应用孔径不大于 3 mm×3 mm 的网过滤，检验时应加热至 70 ℃并保持 20 min，没有乙炔气味后，方可使用。

（3）不得直接使用消石灰粉。原因是未充分熟化的石灰，颗粒太粗，起不到改善和易性的作用。严寒地区磨细生石灰粉直接加入砌筑砂浆中属冬季施工措施。

2．黏土膏

采用黏土或粉质黏土制各黏土膏时，宜用搅拌机加水搅拌，通过孔径不大于 3 mm×3 mm 的网过筛。用比色法鉴定黏土中的有机物含量时，应浅于标准色。

粉煤灰、磨细生石灰的品质指标应符合国家标准的有关要求。使用高钙粉煤灰时，必须检验安定性指标是否合格。

3．稠度

统一规定膏状物质（石灰膏、黏土膏和电石灰膏等）试配时的稠度，一般为 120±5 mm。

（四）外加剂

（1）塑化剂。普通混凝土中采用的引气剂和减水剂对砂浆也有增塑作用。

砂浆微沫剂，是由松香和纯碱熬制而成的一种憎水性表面活性剂，称为皂化松香。它吸附在水泥颗粒表面，形成皂膜增加水泥分散性，可降低水的表面张力，使砂浆产生大量微小气泡，水泥颗粒之间摩擦阻力减小，砂浆流动性、和易性得到改善。微沫剂掺量应经试验确定，一般为水泥用量的万分之 0.5～1.0。

（2）保水剂。常用的保水剂有甲基纤维素、硅藻土等，能减少砂浆泌水，防止离析，改善砂浆的和易性。

（五）水

砂浆拌和水的技术要求与普通混凝土拌和水相同。未经检验的污水不得使用。

第二节　建筑砂浆的技术性质

建筑砂浆的技术性质包括新拌砂浆的和易性及硬化砂浆的技术性质两方面。

一、新拌砂浆的和易性

新拌砂浆与新拌混凝土一样，必须具有良好的和易性，砂浆和易性的好坏，主要取决于它的流动性和保水性。

（一）流动性

砂浆的流动性也叫稠度，是指在自重或外力作用下是否易于流动的性能，用“沉入度”表示。影响砂浆流动性的因素与混凝土相同，即胶凝材料的种类和用量，用水量，细骨料种类、颗粒粗细、形状、级配、用量，塑化剂种类、用量，掺合料用量以及搅拌时间等。砂浆流动性的选择与砌体材料种类、施工方法以及天气情况有关。一般情况下可参考表 6-1 选择。

表 6-1　砌筑砂浆稠度　　单位：mm

砌体种类	砂浆稠度
烧结普通砖砌体	70~90
轻骨料混凝土小型空心砖块砌体	60~90
烧结多孔砖、空心砖砌体	60~80
烧结普通砖平拱式过梁	50~70
空斗墙，筒拱	50~70
普通混凝土小型空心砌块砌体	50~70
加气混凝土小型砌块砌体	50~70
石砌体	30~50

（二）保水性

砂浆保水性是指砂浆保存水分的能力，也表示砂浆中各组成材料不易分离的性质。新拌砂浆在存放、运输和使用的过程中，必须保持其中的水分不致很快流失，才能形成均匀密实的砂浆缝，保证砌体的质量。砂浆的保水性用“分层度”表示。

二、硬化砂浆的性质

（一）抗压强度与强度等级

砂浆强度等级是以 70.7 mm×70.7 mm×0.7 mm 的 6 个立方体试块，按标准条件制作养护至 28 d 的抗压强度代表值确定的。根据《砌筑砂浆配合比设计规程》（JCJ 98—2000）的规定，砂浆的强度等级分为 M2.5、M5、M7.5、M10、M15、M20 等 6 个等级。实际工作中，很难用简单的公式准确地计算出其抗压强度，但一般可按下面两种情况考虑：

（1）当基底为不吸水材料（如致密的石材）时，主要取决于水泥强度和水灰比，即砂浆的强度与水泥强度和水灰比成正比关系。

（2）当基底为吸水材料（如砖、砌块等多孔材料）时，砂浆的强度主要取决于水泥强度及水泥用量，而与水灰比无关，其强度可按下面的公式计算：

$$f_{m,0}=\frac{\alpha Q_c f_{ce}}{1000}+\beta \tag{6-1}$$

式中 $f_{m,0}$——砂浆 28d 抗压强度（Mpa）；

f_{ce}——水泥的实测强度（Mpa）；

Q_c——每立方体砂浆中水泥用量（kg/m^3）；

α、β——砂浆特征系数，其中 $\alpha=3.03$，$\beta=-15.09$。

（二）黏结力

一般来说，砂浆的黏结力随着抗压强度的增大而提高。此外，黏结力也与砌体材料的表面状态、清洁程度、润湿情况以及施工养护条件有关。

（三）变形

砂浆在承受荷载或温度、湿度条件变化时，容易变形。如果变形过大或不均匀，则会引起沉陷或裂缝，降低砌体质量。

（四）抗渗性与抗冻性

防水砂浆或直接受水和冰冻作用的砌体，应考虑砂浆的抗渗和抗冻要求。在其配制中除控制水灰比外，常加入外加剂来改善其抗渗与抗冻性能。经过冻融循环后的砂浆，质量损失不能超过一定范围。

第三节 设计砌筑砂浆的配合比

砂浆配合比设计可通过查有关资料或手册来选取或通过计算来进行，然后再进行试拌调整。《砌筑砂浆配合比设计规程》（JGJ/T 98—2010）规定，砂浆的配合比以质量比表示。

一、砌筑砂浆配合比设计基本要求

砌筑砂浆配合比设计应满足以下基本要求：

（1）砂浆拌合物的和易性应满足施工要求，且拌合物的体积密度：水泥砂浆大于等于 1 900 kg/m^3；水泥混合砂浆、预拌砌筑砂浆大于等于 1 800 kg/m^3。

（2）砌筑砂浆的强度、耐久性应满足设计要求。

（3）经济上应合理，水泥及掺合料的用量应较少。

二、砌筑砂浆配合比设计

（一）水泥混合砂浆配合比计算

1．计算砂浆的试配强度 $f_{m,0}$

砂浆的试配强度 f_{m0} 应按下式计算：

$$f_{m0}=f_2+0.645\sigma \tag{6-2}$$

式中 $f_{m,0}$——砂浆的试配强度（MPa），精确至 0.1 MPa；

f_2——砂浆强度等级值（MPa），精确至 0.1 MPa；

σ——砂浆现场强度标准差，精确至 0.1 MPa。

标准差 σ 的确定应符合下列规定：

（1）当有统计资料时，应按下式计算：

$$\sigma=\sqrt{\frac{\sum_{i=1}^{n}f_{m,i}^2-n\mu_{fm}^2}{n-1}} \tag{6-3}$$

式中 $f_{m,i}$——统计周期内同一品种砂浆第 i 组试件的强度（MPa）；

μ_{fm}——统计周期内同一品种砂浆 n 组试件强度的平均值（MPa）；

n——统计周期内同一品种砂浆试件的总组数，$n\geqslant 25$。

（2）当不具有近期统计资料时，砂浆现场强度标准差 σ 可按表 6-2 选用。

表 6-2 砂浆强度标准差 σ 及 k 值

强度等级 施工水平	强度标准差 σ/MPa							k
	M5	M7.5	M10	M15	M20	M25	M30	
优良	1.00	1.50	2.00	3.00	4.00	5.00	6.00	1.15
一般	1.25	1.88	2.50	3.75	5.00	6.25	7.50	1.20
较差	1.50	2.25	3.00	4.50	6.00	7.50	9.00	1.25

2．计算水泥用量 Q_c

由式（6-1）得：

$$Q_c=\frac{1000(f_{m,0}-B)}{Af_{ce}} \tag{6-4}$$

式中 Q_c——1 m³ 砂浆的水泥用量，精确至 1 kg；

f_{ce}——水泥的实测强度，精确至 0.1 MPa；

A、B——砂浆的特征系数，其中 $A=1.50$，$B=-4.25$。

当计算出水泥砂浆中的水泥用量不足 200 kg/m^3 时，应按 200 kg/m^3 选用。

另外，当无法取得水泥的实沿强度值时，可按下式计算：

$$f_{ce}=r_c \cdot f_{ce,k} \tag{6-5}$$

式中　$f_{ce,k}$——水泥强度等级对应的强度值；

r_c——水泥强度等级值的富余系数，该值应按实际统计资料确定。无统计资料时，取 1.0。

3．计算石灰膏用量 Q_D

$$Q_D=Q_A-Q_C \tag{6-6}$$

式中　Q_D——1 m^3 砂浆的石灰膏用量，精确至 1 kg，石灰膏使用时的稠度宜为（120±5）mm；

Q_A——1 m^3 砂浆中水泥和石灰膏的总量，精确至 1 kg，宜在 300～350 kg 之间。

当石灰膏稠度不满足时，其换算系数可按表 6-3 进行换算。

表 6-3　石灰膏不同稠度时的换算系数

石灰膏稠度/mm	120	110	100	90	80	70	60	50	40	30
换算系数	1.00	0.99	0.97	0.95	0.93	0.92	0.90	0.88	0.87	0.86

4．确定砂子用量 Q_s

每立方米砂浆中的砂用量，应以干燥状态（含水率小于 0.5%）的堆积密度值作为计算值。当含水率大于 0.5%时，应考虑砂的含水率。

5．确定用水量 Q_w

每立方米砂浆中的用水量，根据砂浆稠度等要求可选用 210～310 kg。同时应注意以下几点：

（1）混合砂浆中的用水量，不包括石灰膏中的水；

（2）当采用细砂或粗砂时，用水量分别取上限或下限；

（3）当稠度小于 70 mm 时，用水量可小于下限；

（4）施工现场气候炎热或干燥季节，可酌量增加用水量。

（二）水泥砂浆材料用量

水泥砂浆材料用量可按表 6-4 选用。

表 6-4　每立方米水泥砂浆材料用量　　单位：kg/m^3

强度等级	水泥	砂	用水量
M5	200～230	砂的堆积密度值	270～330
M7.5	230～260		
M10	260～290		
M15	290～330		
M20	340～400		
M25	360～410		
M30	430～480		

注：M15 及 M15 以下强度等级水泥砂浆，水泥强度等级为 32.5 级；M15 以上强度等级水泥砂浆，水泥强度等级为 42.5 级；

（三）配合比的试验、调整与确定

按计算或查表所得的配合比，采用工程中实际使用的材料进行试拌，测定其拌合物的稠度和分层度。当不能满足要求时，应调整材料用量，直到符合要求为止，确定试配时砂浆基准配合比。

试配时至少应采用三个不同的配合比，其中一个为基准配合比，其他配合比的水泥用量应按基准配合比分别增加及减少 10%。在保证稠度、分层度合格的条件下，可将用水量或掺合料用量作相应调整。三组配合比分别成型、养护、测定 28 d 砂浆强度，由此确定符合试配强度要求且水泥用量最低的配合比作为砂浆配合比。

【案例】

用 42.5 级普通硅酸盐水泥，含水率为 3%的中砂，堆积密度为 $1495kg/m^3$，掺用灰石膏，稠度为 110mm，施工水平一般，试配制砌筑砖墙，柱用 M10 等级水泥灰石砂浆，稠度要求为 70~100mm。

【解】（1）计算试配强度 $f_{m,0}$。

已知 f_2 ＝10 MPa，由表 6-2 得 σ ＝2.5 MPa

由式（6-2）得：$f_{m,0}=10+0.645\times2.50=11.61(\text{MPa})$

（2）计算水泥用量 Q_c。

已知 $K=A=1.50$，$B=-4.25$

由式（6-5）得：　　$f_{ce}=425.5$ Mpa

由式（6-4）得：$Q_c=\frac{1000(f_{m,0}-B)}{Af_{ce}}=\frac{1000\times(11.61+4.25)}{1.5\times42.5}$＝248（kg/m^3）

（3）计算石灰膏用量Q_D。

取Q_A＝300kg/m^3，则$Q_D=Q_A-Q_C$＝340－248＝92（kg/m^3）

石灰膏稠度110mm，换算系数为0.99，由此石灰膏用量为：

$$92\times0.99=91\ (kg/m^3)$$

（4）计算用砂量Q_S。根据砂子堆积密度和含水量计算砂用量为：

$$Q_S=1\,495\times(1+0.03)=1\,540\ (kg/m^3)$$

（5）选择用水量Q_W。

选择试配用水量Q_W＝300 kg/m^3

（6）确定配合比。

由以上计算得出砂浆试配时各材料的用量比例为：

水泥∶石灰膏∶砂∶水＝248∶91∶1540∶300＝1∶0.37∶6.21∶1.21

第四节　抹面砂浆及特种砂浆

一、抹面砂浆

（一）普通抹面砂浆

普通抹面砂浆对建筑物和墙体起到保护作用，它可保护建筑物不受风、雨、雪及有害介质的侵蚀，提高建筑的耐久性，同时使表面平整美观。常用的普通抹面砂浆有水泥砂浆、石灰砂浆、水泥石灰混合砂浆、麻刀石灰砂浆（简称麻刀灰）、纸筋石灰砂浆（简称纸筋灰）等。

抹面砂浆通常分两层或三层进行施工。各层抹灰要求不同，每层所选用的砂浆也不一样。底层抹灰的作用是使砂浆与底面能牢固地黏结，因此要求砂浆具有良好的和易性和黏结力，底面要求粗糙以提高与砂浆的黏结力；中层抹灰主要是为了抹平，有时可省去；面层抹灰要求平整光洁，达到规定的饰面要求。底层及中层抹灰多用水泥石灰混合砂浆，面层抹灰多用水泥石灰混合砂浆或掺麻刀、纸筋的石灰砂浆。在潮湿的地方或容易碰撞部位（如墙裙、踢脚板、地面、雨篷、窗台等）应该用水泥砂浆。普通抹面砂浆配合比可按表6-5选用。

表 6-5　普通抹面砂浆配合比及应用范围

材料	配合比（体积比）	应用范围
石灰：砂	（1：2）～（1：4）	用于砖石墙表面（檐口、勒脚、女儿墙以及潮湿房间的墙除外）
石灰：黏土：砂	（1：1：4）～（1：1：8）	干燥环境的墙表面
石灰：石膏：砂	（1：0.6：2）～（1：1.5：3）	用于不潮湿房间的墙及顶棚
石灰：石膏：砂	（1：2：2）～（1：2：4）	用于不潮湿房间的线脚及其他修饰工程
石灰：水泥：砂	（1：0.5：4.5）～（1：1：5）	用于檐口、勒脚、女儿墙及比较潮湿的部位
水泥：砂	（1：2）～（1：1.5）	用于地面、顶棚或墙面面层
水泥：砂	（1：0.5）～（1：1）	用于混凝土地面随时压光
水泥：石膏：砂：锯末	1：1：3：5	用于吸声粉刷
水泥：白石子	1：1.5	用于剁石［打底用 1：（2～2.5）水泥砂浆］
石灰膏：麻刀	100：2.5（质量比）	用于板层、顶棚面层
石灰膏：麻刀	100：1.3（质量比）	用于板层、顶棚底层
石灰膏：纸筋	灰膏 0.1 m^3，纸筋 0.36 kg	用于较高级墙面、顶棚

（二）装饰抹面砂浆

装饰抹面砂浆是指涂抹在建筑物内外墙表面，具有美观装饰效果的抹面砂浆。装饰抹面砂浆的组成材料有胶凝材料、骨料、着色剂。装饰抹面砂浆按饰面方式可分为灰浆类装饰砂浆和石渣类装饰砂浆两大类。灰浆类装饰砂浆常用的饰面方式有拉毛灰、甩毛灰、仿面砖、喷涂、弹涂和拉条。石渣类装饰砂浆常用的饰面方式有水刷石、干黏石、水磨石和斩假石。

二、特种砂浆

（一）保温砂浆

保温砂浆又称绝热砂浆，是以水泥、石膏等胶凝材料与轻质多孔骨料（膨胀珍珠岩、膨胀蛭石、浮石、陶粒等）按一定比例配制的砂浆，具有轻质、保温的特性，主要用于屋面、墙体绝热层和热水、空调管道的绝热层。常用的保温砂浆有水泥膨胀珍珠岩砂浆、水泥膨胀蛭石砂浆、水泥石灰膨胀蛭石砂浆等。

（二）防水砂浆

防水砂浆是用做防水层的砂浆，是一种具有高抗渗性能的砂浆，可用于不受振动作用的混凝土、砖石结构等稳定的基底上铺设刚性防水层。防水砂浆常用的施工方式有两种：一是，利用高压喷枪将砂浆以 100 m/s 的高速喷到建筑物的表面，砂浆被高压空气压实后，

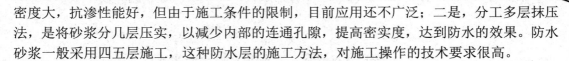

密度大，抗渗性能好，但由于施工条件的限制，目前应用还不广泛；二是，分工多层抹压法，是将砂浆分几层压实，以减少内部的连通孔隙，提高密实度，达到防水的效果。防水砂浆一般采用四五层施工，这种防水层的施工方法，对施工操作的技术要求很高。

（三）吸声砂浆

吸声砂浆又称吸音砂浆，是采用轻质骨料拌制而成的保温砂浆，由于骨料内部孔隙率大，也具有良好的吸音性能。若在吸声砂浆内掺入锯末、玻璃纤维、矿物棉等松软的材料则能获得更好的吸音效果。吸声砂浆主要用于室内的吸声墙面和顶面。

（四）耐酸砂浆

耐酸砂浆一般是由水玻璃、氟硅酸钠、石英砂、花岗岩砂、铸石等按适当的比例配制而成的砂浆，具有较强的耐酸性。这类砂浆主要作为衬砌材料、耐酸地面或内壁防护层等。

（五）防辐射砂浆

防辐射砂浆是在重水泥（钡水泥、锶水泥）中加入重骨料（黄铁矿、重晶石、硼砂等）配制而成的具有防 X 射线的砂浆。其配合比一般为水泥：重晶石粉：重晶石砂＝1：0.25：（4～5）。在配制中加入硼砂、硼酸可制成具有防中子辐射能力的砂浆。防辐射砂浆主要用于射线防护工程中。

本章小结

本章主要介绍了建筑砂浆的分类、用途、组成、技术性质，砌筑砂浆的配合比设计，以及普通抹面砂浆及装饰砂浆的常用品种、特点与应用等内容。通过本章的学习，读者应能根据用户要求进行砌筑砂浆的配合比设计；能根据工程性质正确选用砂浆类型；能根据相关标准对砂浆的稠度、分层度、立方体抗压强度进行检测。

复习思考题

1．简述建筑砂浆的分类和用途。
2．新拌砂浆的和易性包括哪些含义？分别用什么指标表示？
3．影响砌筑砂浆抗压强度的主要因素有哪些？
4．如何设计砌筑砂浆的配合比？
5．简述普通抹面砂浆配合比及应用范围。

第七章 墙体材料

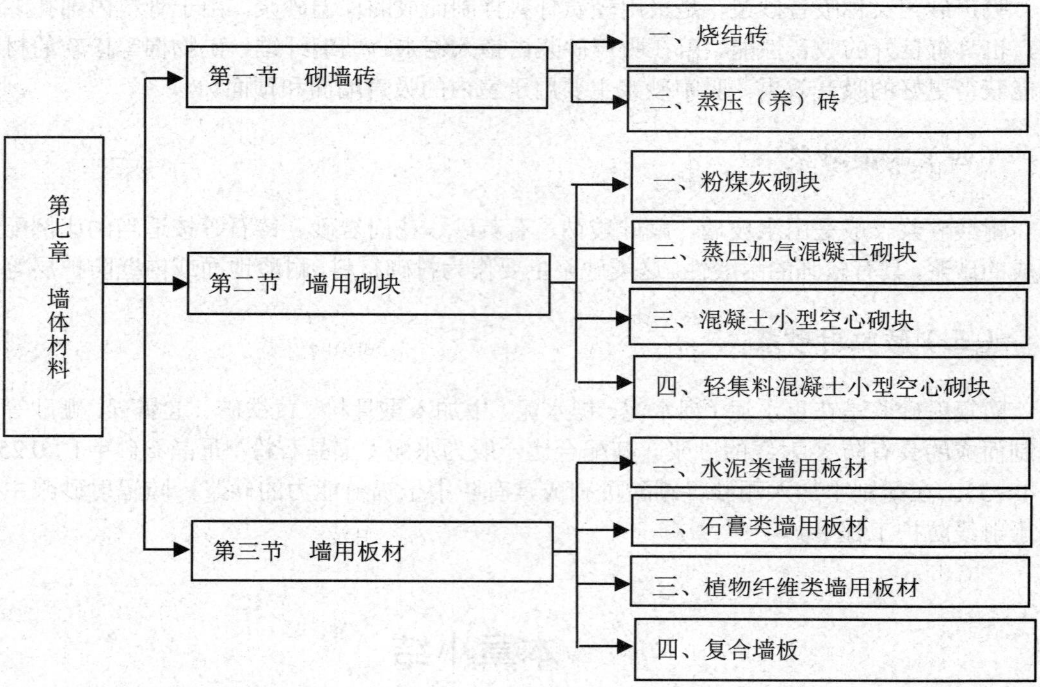

本章结构图

【学习目标】

- 掌握各种墙体材料的品种、主要技术性能及应用范围，能根据工程环境选择最佳墙体材料；
- 重点掌握砌墙砖和墙用砌块的性能和应用；
- 了解墙体材料的发展趋势。

第一节 砌墙砖

砌墙砖是指由黏土、工业废料或其他地方资源为主要原料，以不同工艺制成的在建筑工程中用于砌筑墙体的砖的统称。砌墙砖是房屋建筑工程的主要墙体材料，具有一定的抗压强度，外形多为直角六面体。

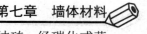

砌墙砖按照生产工艺分为烧结砖和非烧结砖。经焙烧制成的砖为烧结砖；经碳化或蒸汽（压）养护硬化而成的砖属于非烧结砖。按照孔洞率（砖上孔洞和槽的体积总和与按外廓尺寸算出的体积之比的百分率）的大小，砌墙砖分为实心砖、多孔砖和空心砖。

一、烧结砖

烧结砖分为烧结普通砖和烧结多孔砖、烧结空心砖和空心砌块。在现代建筑中，由于高层建筑的发展，对烧结砖提出了减轻自重、改善绝热和吸声性能的要求，因此出现了烧结多孔砖、烧结空心砖和空心砌块。它们与烧结普通砖相比，具有一系列优点，使用这些砖可使墙体自重减轻 30%～35%，提高工效可达 40%，节省砂浆降低造价约 20%，并可改善墙体的绝热和吸声性能。此外，在生产上能节约黏土原料、燃料，提高质量和产量，降低成本。

（一）烧结普通砖

国家标准《烧结普通砖》（GB 5101—2003）规定：凡以黏土、页岩、煤矸石、粉煤灰等为主要原料，经成型、焙烧而成的实心或孔洞率不大于 15%的砖，称为烧结普通砖。

1．烧结普通砖的品种

按使用的原料不同，烧结普通砖可分为烧结普通黏土砖（N）、烧结粉煤灰砖（F）、烧结煤矸石砖（M）和烧结页岩砖（Y）。它们的原料来源及生产工艺略有不同，但各产品的性质和应用几乎完全相同。

按焙烧方法不同，烧结普通砖又可分为内燃砖和外燃砖。内燃砖是将可燃性工业废料（煤渣、粉煤灰、煤矸石等）以一定比例掺入砖坯中，当砖焙烧到一定温度后，坯体内的燃料燃烧而烧结成砖。内燃砖比外燃砖既节省了燃料和部分原料用量，又使砖坯烧结均匀，且留下许多封闭小孔。所以，内燃砖比外燃砖质量减小，强度提高，隔音保温性能增强。

按砖坯在窑内焙烧气氛及黏土中铁的氧化物的变化情况，可将砖分为红砖和青砖。若砖坯在窑内以氧化气氛烧成，则由于黏土中的 Fe_2O_3 着色而制得红砖。若砖坯在氧化气氛中烧成后，再经浇水闷窑，使窑内形成还原气氛，则促使砖内的红色高价氧化铁（Fe_2O_3）还原成青灰色的低价氧化铁（FeO），即制得青砖。青砖的强度比红砖高，耐久性强，但价格较贵。

2．烧结普通砖的技术要求

（1）规格。根据《烧结普通砖》（GB 5101—2003）规定，烧结普通砖的外形为直角六面体，公称尺寸为 240 mm×115 mm×53 mm（见图 7-1）。4 块砖长、8 块砖宽、16 块砖厚分别加上砌筑灰缝（10mm）的长度均为 1 m，在理论上 1 m^3 的砖砌体需用砖 512 块。烧结普通砖按技术指标分为优等品（A）、一等品（B）和合格品（C）3 个质量等级。

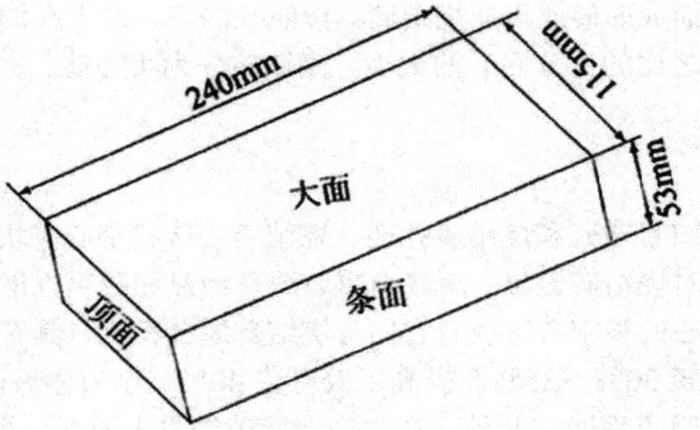

图 7-1　烧结普通砖

（2）外观质量。烧结普通砖的外观质量应符合有关规定见表 7-1。

表 7-1　烧结普通砖尺寸允许偏差　　单位：mm

公称尺寸	优等品		一等品		合格品	
	样本平均偏差	样本极差，不大于	样本平均偏差	样本极差，不大于	样本平均偏差	样本极差，不大于
长度（240）	±2.0	8	±2.5	8	±3.0	8
宽度（115）	±1.5	6	±2.0	6	±2.5	7
厚度（53）	±1.5	4	±1.6	5	±2.0	6

（3）强度。烧结普通砖按抗压强度分为 MU30、MU25、MU20、MU15、MU10 共 5 个强度等级。各强度等级砖的强度值应符合表 7-2 的要求。烧结普通砖的外观质量见表 7-3。

表 7-2　烧结普通砖强度等级　　单位：MPa

强度等级	抗压强度平均值，f 不小于	变异系数 $\delta \leqslant 0.21$	变异系数 $\delta > 0.21$
		强度标准值，f_k 不小于	单块最小抗压强度值 f_{min}
MU30	30.0	22.0	25.0
MU25	25.0	18.0	22.0
MU20	20.0	14.0	16.0
MU15	15.0	10.0	12.0
MU10	10.0	6.5	7.5

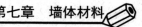

表 7-3　烧结普通砖外观质量　　单位：mm

项目	优等品	一等品	合格品
两条面高度差，不大于	2	3	5
弯曲，不大于	2	3	5
杂质凸出高度，不大于	2	3	5
缺棱掉角的 3 个破坏尺寸，不得同时大于	5	20	30
裂纹长度，不大于			
（1）大面上宽度方向及其延伸至条面的长度	30	60	80
（2）大面上长度方向及其延伸至顶面的长度或条顶面上水平裂纹的长度	50	80	100
完整面 ，不得少于	二条面和二顶面	一条面和一顶面	—
颜色	基本一致	—	—

（4）泛霜。泛霜也称起霜，是砖在使用过程中的盐析现象。砖内过量的可溶盐受潮吸水而溶解，随水分蒸发而沉积于砖的表面，形成白色粉状附着物，影响建筑美观。如果溶盐为硫酸盐，当水分蒸发呈晶体析出时，产生膨胀，使砖面剥落。标准规定：优等品无泛霜，一等品不允许出现中等泛霜，合格品不允许出现严重泛霜。

（5）石灰爆裂。石灰爆裂是指砖坯中夹杂有石灰石，砖吸水后，由于石灰逐渐熟化而膨胀产生的爆裂现象。这种现象影响砖的质量，并降低砌体强度。

标准规定：优等品不允许出现最大破坏尺寸大于 2 mm 的爆裂区域；一等品不允许出现最大破坏尺寸大于 10 mm 的爆裂区域，在 2～10 mm 的爆裂区域，每组砖样不得多于 15 处；合格品不允许出现最大破坏尺寸大于 15 mm 的爆裂区域，在 2～15 mm 的爆裂区域，每组砖样不得多于 15 处，其中大于 10 mm 的不得多于 7 处。

3．烧结普通砖的应用

烧结普通砖是传统的墙体材料，具有较高的强度和耐久性，又因其多孔而具有保温绝热、隔音吸声等优点，因此适宜于做建筑围护结构。它被大量应用于砌筑建筑物的内墙、外墙、柱、拱、烟囱、沟道及其他构筑物，也可在砌体中置适当的钢筋或钢丝以代替混凝土柱和过梁。

需要指出的是，烧结普通砖中的黏土砖，因其有毁田取土、能耗大、块体小、施工效率低、砌体自重大、抗震性差等缺点，国家已在主要大、中城市及地区禁止使用。我们要重视烧结多孔砖、烧结空心砖的推广应用，因地制宜地发展新型墙体材料。利用工业废料生产的粉煤灰砖、煤矸石砖、页岩砖等，以及各种砌块、板材正在逐步发展起来，并将逐渐取代普通黏土砖。

【案例】

烧结普通砖是传统的墙体材料，具有较高的强度和耐久性，又因其多孔而具有保温绝热、隔音吸声等优点，因此某房屋建筑工程，选择了烧结普通砖做建筑围护结构，并用来砌筑建筑物的内墙、外墙、柱、拱、烟囱、沟道及其他构筑物，同时还在砌体中置适当的钢筋或钢丝以代替混凝土构造柱和过梁。

【问】（1）烧结普通砖是如何生产的？

（2）烧结普通砖按抗压强度分为几个等级？

（3）如何选择烧结普通砖？

【解】（1）烧结普通砖是指以黏土、页岩、煤矸石、粉煤灰等为主要原料，经成型、焙烧而成的实心或孔洞率不大于15%的砖。

烧结普通砖按所用原材料不同，可分为黏土砖（N）、页岩砖（Y）、煤矸石砖（M）、粉煤灰砖（F）等；按生产工艺不同，可分为内燃砖和外燃砖；按有无空洞，又可分为空心砖和实心砖。

以黏土、页岩、煤矸石、粉煤灰等为原料烧制普通砖时，其生产工艺基本相同。生产工艺过程为：采土→调制→制坯→干燥→焙烧→成品。

（2）烧结普通砖按抗压强度划分为MU30、MU25、MU20、MU15、MU10五个强度等级。若强度等级变异系数$\delta \leqslant 0.21$，则采用平均值即标准值方法；若强度等级变异系数$\delta > 0.21$，则采用平均值即单块最小值方法。

（3）烧结普通砖具有一定的强度，又因其是多孔结构而具有良好的绝热性、透气性和热稳定性。通常其表观密度为1 600～1 800 kg/m^3，导热系数为0.78 W/（m·K），约为混凝土的1/2。

烧结普通砖在建筑工程中主要用于墙体材料，其中优等品适用于清水墙，一等品和合格品可用于混水墙。在采用普通砖砌筑时，必须认识到砖砌体的强度不仅取决于砖的强度，而且受砂浆性质的影响很大。

（二）烧结多孔砖

烧结多孔砖即竖孔空心砖，是以黏土、页岩、煤矸石为主要原料，经焙烧而成的主要用于承重部位的多孔砖，其孔洞率在20%左右。按主要原料分为黏土砖（N）、页岩砖（Y）、煤矸石砖（M）、粉煤灰砖（F）、淤泥砖（U）、固体废弃物砖（G）。烧结多孔砖分为M型和P型，如图7-2所示。

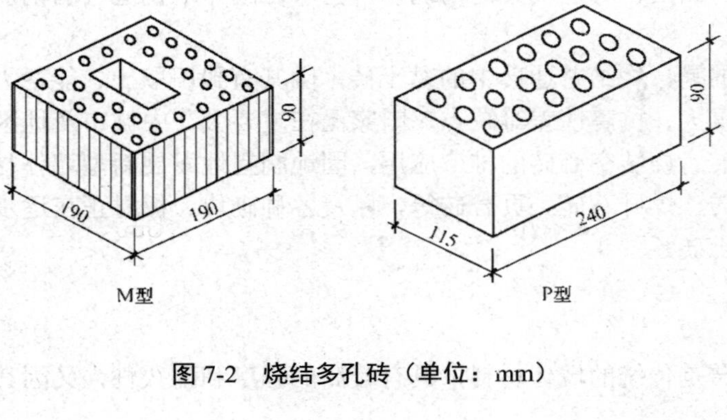

图7-2 烧结多孔砖（单位：mm）

1．烧结多孔砖的技术要求

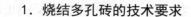

根据国家标准《烧结多孔砖和多孔砌块》（GB 13544—2011），烧结多孔砖的技术要求如下：

（1）尺寸偏差。烧结多孔砖的外形为直角六面体，其贵个尺寸应为 290 mm、240 mm、190 mm、180 mm、140 mm、115 mm、90 mm。烧结多孔砖的尺寸允许偏差应符合表 7-4 的规定。

表 7-4　烧结多孔砖的尺寸允许偏差　　单位：mm

尺　　寸	样本平均偏差	样本极差，不大于
＞400	±3.0	10.0
300～400	±2.5	9.0
200～300	±2.5	8.0
100～200	±2.0	7.0
＜100	±1.5	6.0

（2）外观质量。烧结多孔砖的外观质量应符合表 7-5 的规定。

表 7-5　烧结多孔砖的外观质量要求　　单位：mm

项　　目	指　　标
完整面，不得少于	一条面和一顶面
缺棱掉角的三个破坏尺寸，不得同时大于	30
裂纹长度 （1）大面（有孔面）上深入孔壁 15 mm 以上宽度方向及延伸到条面的长度，不大于 （2）大面（有孔面）上深入孔壁 15 mm 以上长度方向及延伸到顶面的长度，不大于 （3）条顶面上的水平裂纹，不大于	80 100 100
杂质在砖面上造成的凸出高度，不大于	5

注：凡有下列缺陷之一者，不能称为完整面：

①在条面或顶面上造成缺损的破坏面尺寸同时大于 20 mm×30 mm；

②条面或顶面上裂纹宽度大于 1mm，其长度超过 70 mm；

③压陷、焦化、粘底在条面或顶面上的凹陷或凸出超过 2mm，区域最大投影尺寸同时大于 20 mm×30 mm。

（3）强度等级。烧结多孔砖根据抗压强度，分为 MU30、MU25、MU20、MU15、MU10 五个强度等级见表 7-6。

表 7-6 烧结多孔砖强度等级 单位：MPa

强度等级	抗压强度平均值 $\bar{f}$，不小于	强度标准值 f_k，不小于	单块最小抗压强度值 f_{min}，不小于
MU30	30.0	22.0	25.0
MU25	25.0	18.0	22.0
MU20	20.0	14.0	16.0
MU15	15.0	10.0	12.0
MU10	10.0	6.5	7.5

（4）孔形、孔结构及孔洞率。烧结多孔砖的孔形、孔结构及孔洞率应符合表 7-7 的规定。

表 7-7 烧结多孔砖的孔形、孔结构及孔洞率

孔形	孔洞尺寸/mm		最小外壁厚/mm	最小肋厚/mm	孔洞率/%	孔洞排列
	孔宽度尺寸 b	孔长度尺寸 L			砖	
矩形条孔或矩形孔	≤13	≤40	≥12	≥5	≥	（1）所有孔宽应相等。孔采用单向或双向交错排列。（2）孔洞排列上下、左右应对称，分布均匀，手抓孔的长度方向尺寸必须平行于砖的条面

注：①矩形孔的孔长 L、孔宽 b 满足式 L≥3b 时，为矩形条孔。

②孔四个角应做成过渡圆角，不得做成直尖角。

③如设有砌筑砂浆槽，则砌筑砂浆槽不计算在孔洞率内。

④规格大的砖应设置手抓孔，手抓孔尺寸为（30～40）mm×（75～85）mm。

（5）泛霜。每块砖不允许出现严重泛霜。

（6）石灰爆裂破坏尺寸大于 2 mm 且小于或等于 15 mm 的爆裂区域，每组砖不得多于 15 处，其中大于 10 mm 的不得多于 7 处。不允许出现破坏尺寸大于 15 mm 的爆裂区域。

（7）抗风化性能。严重风化区中的黑龙江、吉林、辽宁、内蒙古、新疆等省区的砖和其他地区以淤泥、固体废弃物为主要原料生产的砖和砌块必须进行冻融试验；其他地区以黏土、粉煤砂、页岩、煤矸石为主要原料生产的砖的抗风化性能符合表 7-8 规定时可不做冻融试验，否则必须进行冻融试验。冻融试验后，每块砖不允许出现分层、掉皮、缺棱、掉角等现象。

表 7-8　烧结多孔砖和砌块的抗风化性能

种类	项目							
	严重风化区				非严重风化区			
	5 h 沸煮吸水率/%，不大于		饱和系数，不大于		5 h 沸煮吸水率/%，不大于		饱和系数，不大于	
	平均值	单块最大值	平均值	单块最大值	平均值	单块最大值	平均值	单块最大值
黏土砖和砌块	21	23	0.85	0.87	23	25	0.88	0.90
粉煤灰砖和砌块	23	25			30	32		
页岩砖和砌块	16	18	0.74	0.77	18	20	0.78	0.80
煤矸石砖和砌块	19	20			21	23		

2．烧结多孔砖的应用

烧结多孔砖主要用于建筑物的承重墙。M 型砖符合建筑模数，使设计规范化、系列化；P 型砖便于与普通砖配套使用。

（三）烧结空心砖和空心砌块

烧结空心砖是以黏土、页岩、粉煤灰、煤矸石等为主要原料，经焙烧而成的孔洞率大于或等于 35%的砖。其自重较轻，强度低，主要用于非承重墙和填充墙体。孔洞多为矩形孔或其他孔形，数量少而尺寸大，孔洞平行于受压面。

根据《烧结空心砖和空心砌块》（GB 13545—2014），空心砖和砌块外形为直角六面体，在与砂浆的接合面上应设有增加结合力的深度为 1 mm 以上的凹线槽，如图 7-3 所示。

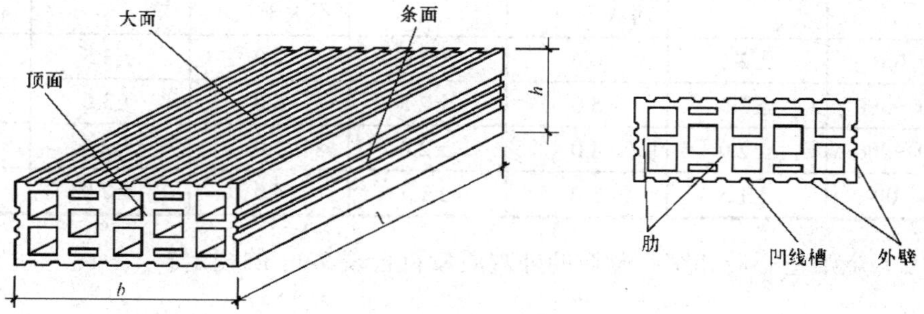

图 7-3　烧结空心砖

l—长度；b—宽度；h—高度

1．分类

烧结空心砖和空心砌块的分类及其他参数见表 7-9。

表 7-9 烧结空心砖和空心砌块的分类及其他参数

项 目	内 容
类别	按主要原料分为黏土砖和砌块（N）、页岩砖和砌块（Y）、煤矸石砖和砌块（M）、粉煤灰砖和砌块（F）
规格	（1）砖和砌块的外形为直角六面体，其长度、宽度、高度尺寸应符合下列要求（单位：mm）：390，290，240；190，180，175；140，115，90。 （2）其他规格尺寸由供需双方协商确定
等级	（1）抗压强度分为：MU10.0、MU7.5、MU5.0、MU3.5、MU2.5。 （2）体积密度分为：800 级、900 级、1 000 级、1 100 级。 （3）强度、密度、抗风化性能和放射性物质合格的砖和砌块，根据尺寸偏差、外观质量、孔洞排列及其结构、泛霜、石灰爆裂、吸水率分为优等品（A）、一等品（B）和合格品（C）三个质量等级
产品标记	砖和砌块的产品标记按产品名称、类别、规格、密度等级、强度等级、质量等级和标准编号顺序编写。例如：规格尺寸 290 mm×190 mm×90 mm，密度等级 800，强度等级 MU7.5，优等品的页岩空心砖，其标记为：烧结空心砖 Y（290×190×90） 800 MU7.5A GB 13545。 又如：规格尺寸 290mm×290mm×190mm，密度等级 1 000，强度等级 MU3.5，一等品的黏土空心砌块，其标记为：烧结空心砌块 N（290×290×190） 1000 MU3.5B GB 13545

2．技术要求

（1）烧结空心砖和空心砌块的尺寸允许偏差应符合表 7-10 的规定。

表 7-10 烧结空心砖和空心砌块的尺寸允许偏差 单位：mm

尺 寸	优等品		一等品		合格品	
	样本平均偏差	样本极差，不大于	样本平均偏差	样本极差，不大于	样本平均偏差	样本极差，不大于
＞300	±2.5	6.0	±3.0	7.0	±3.5	8.0
200～300	±2.0	5.0	±2.5	6.0	±3.0	7.0
100～200	±2.0	4.0	±2.0	5.0	±2.5	6.0
＜100	±1.5	3.0	±1.7	4.0	±2.0	5.0

（2）烧结空心砖和空心砌块的外观质量符合表 7-11 的规定。

表 7-11　烧结空心砖和空心砌块的外观质量要求　　单位：mm

项　目	优等品	一等品	合格品
弯曲，不大于	3	4	5
缺棱掉角的三个破坏尺寸不得同时，大于	15	30	40
垂直度差，不大于	3	4	5
未贯穿裂纹长度。不大于			
（1）大面上宽度方向及其延伸到条面的长度	不允许	100	120
（2）大面上长度方向或条面上水平面方向的长度	不允许	120	140
贯穿裂纹长度，不大于			
（1）大面上宽度方向及其延伸到条面的长度	不允许	40	60
（2）壁、肋沿长度方向、宽度方向及其水平方向	不允许	40	60
的长度	不允许	40	60
肋、壁内残缺长度，不大于			
完整面，不少于	一条面和一大面	一条面或一大面	—

注：凡有下列缺陷之一者，不能称为完整面：

①在大面、条面上造成缺损的破坏面尺寸同时大于 20 mm×30 mm。

②大面、条面上裂纹宽度大于 1mm，其长度超过 70 mm。

③压陷、粘底、焦化在大面、条面上的凹陷或凸出超过 2 mm，区域尺寸同时大于 20 mm×30 mm。

（3）烧结空心砖和空心砌块的强度等级应符合表 7-12 的规定。

表 7-12　烧结空心砖和空心砌块的强度等级

强度等级	抗压强度 MPa			密度等级范围 /（kg / m³）
	抗压强度平均值 f，不小于	变异系数 $\delta\leqslant0.21$	变异系数 $\delta>0.21$	
		强度标准值 f_k，不小于	单块最小抗压强度值 f_{min}	
MU10.0	10.0	7.0	8.0	≤1100
MU7.5	7.5	5.0	5.8	
MU5.0	5.0	3.5	4.0	
MU3.5	3.5	2.5	2.8	
MU2.5	2.5	1.6	1.8	≤800

（4）烧结空心砖和空心砌块的密度等级应符合表 7-13 的规定。

表 7-13　烧结空心砖和砌块的密度等级　　单位：kg/m³

密度等级	5 块密度平均值
800	≤800
900	801～900
1000	901～1000
1100	1001～1100

（5）烧结空心砖和空心砌块的孔洞率和孔洞排数应符合表 7-14 的规定。

表 7-14　烧结空心砖和空心砌块的孔洞率和孔洞排数及其结构

等级	孔洞排列	孔洞排数/排		孔洞率/%
		宽度方向	高度方向	
优等品	有序交错排列	b≥200 mm≥7 b<200 mm≥5	≥2	≥40
一等品	有序排列	b≥200 mm≥5 b<200 mm≥4	≥2	
合格品	有序排列	≥3	—	

注：b 为宽度的尺寸。

（6）泛霜。每块砖和砌块应符合下列规定：优等品，无泛霜；一等品，不允许出现中等泛霜；合格品，不允许出现严重泛霜。

（7）石灰爆裂。最大破坏尺寸大于 2 mm 且小于等于 15 mm 的爆裂区域，每组砖和砌块不得多于 15 处，其中大于 10mm 的不得多于 7 处。不允许出现最大破坏尺寸大于 15 mm 的爆裂区域。

（8）每组烧结空心砖的吸水率平均值应符合表 7-15 的规定。

表 7-15　烧结空心砖吸水率　　单位：%

等级	吸水率≤	
	黏土砖和砌块、页岩砖和砌块、煤矸石砖和砌块	粉煤灰砖和砌块
优等品	16.0	20.0
一等品	18.0	22.0
合格品	20.0	24.0

注：粉煤灰掺入量（体积比）小于 30%时，按黏土砖和砌块规定判定。

（9）抗风化性能。严重风化区中的黑龙江、吉林、辽宁、内蒙古、新疆等省区的砖和砌块必须进行冻融试验；其他地区砖和砌块的抗风化性能符合表 7-16 规定时可不做冻融试验，否则必须进行冻融试验。冻融试验后，每块砖或砌块不允许出现分层、掉皮、缺棱、掉角等现象。

表 7-16 烧结空心砖和空心砌块的抗风化性能

分 类	饱和系数，不大于			
	严重风化区		非严重风化区	
	平均值	单块最大值	平均值	单块最大值
黏土砖和砌块 粉煤灰砖和砌块	0.85	0.87	0.88	0.90
页岩砖和砌块 煤矸石砖和砌块	0.74	0.77	0.78	0.80

3．烧结空心砖的应用

烧结空心砖主要用于非承重的填充墙和隔墙。

二、蒸压（养）砖

蒸压（养）砖又称免烧砖。这类砖的强度不是通过烧结获得的，而是制砖时掺入一定量的胶凝材料或在生产过程中形成一定的胶凝物质使砖具有一定强度。根据所用原料不同有灰砂砖、粉煤灰砖等。

（一）蒸压灰砂砖

蒸压灰砂砖（简称灰砂砖）是以石灰和砂为主要原料，经坯料制备、压制成型，再经高压饱和蒸汽养护而成的砖。

1．灰砂砖的技术性质

（1）规格：灰砂砖的外形为矩形体，规格尺寸为 240 mm×115 mm×53 mm。

（2）强度等级：根据抗压强度及抗折强度分为 MU25、MU20、MU15、MU10 共 4 个强度等级，见表 7-17。

表 7-17 蒸压灰砂砖的强度等级 单位：MPa

强度级别	抗压强度		强度级别	抗压强度	
	五块平均值，不小于	单块值，不小于		五块平均值，不小于	单块值，不小于
MU25	25.0	20.0	MU15	15.0	12.0
MU20	20.0	16.0	MU10	10.0	8.0

注：优等品的强度等级不得小于 MU15。

（3）产品等级：根据尺寸偏差和外观质量（见表 7-18）分为优等品（A）、，一等品（B）和合格品（C）3 个质量等级。

表 7-18　蒸压灰砂砖的尺寸偏差和外观质量　　单位：mm

项目			指标		
			优等品	一等品	合格品
尺寸允许偏差/mm	长度	L	±2	±2	±3
	宽度	B	±2		
	高度	H	±1		
缺棱掉角	个数/个，不多于		1	1	2
	最大尺寸/mm		10	15	20
	最小尺寸/mm		5	10	10
对应高度差/mm，不得大于			1	2	3
裂纹	条数/条，不多于		1	1	2
	大面上宽度方向及其延伸到条面的长度/mm，不得大于		20	50	70
	大面上长度方向及其延伸到顶面上的长度或条、顶面水平裂纹的长度/mm，不得大于		30	70	100

2．灰砂砖的应用

灰砂砖是在高压下成型，又经过蒸压养护，砖体组织致密，具有强度高、大气稳定性好、干缩率小、尺寸偏差小、外形光滑平整等特性。灰砂砖色泽淡灰，如配入矿物颜料，则可制得各种颜色的砖，有较好的装饰效果。它主要用于工业与民用建筑的墙体和基础。其中 MU15、MU20、MU25 的灰砂砖可用于基础及其他部位，MU10 的灰砂砖可用于防潮层以上的建筑部位。

灰砂砖不得用于长期受热 200 ℃以上，受急冷、急热或有酸性介质侵蚀的环境。灰砂砖的耐水性良好，但抗流水冲刷能力较弱，可长期在潮湿、不受冲刷的环境中使用。灰砂砖表面光滑平整，使用时注意提高砖和砂浆间的黏结力。

（二）蒸压粉煤灰砖

蒸压粉煤灰砖是以粉煤灰和石灰为主要原料，配以适量的石膏和炉渣，加水拌和后压制成型，经常压或高压蒸汽养护而制成的实心砖。

1．蒸压粉煤灰砖的技术性质

（1）规格：蒸压粉煤灰砖的外形为矩形体，规格尺寸为 240 mm×115 mm×53 mm。

（2）强度等级：根据抗压强度及抗折强度分为 MU30、MU25、MU20、MU15、MU10 共 5 个强度等级。

（3）产品等级：根据外观质量、尺寸偏差、强度、抗冻性和干缩值分为优等品（A）、一等品（B）和合格品（C）3 个质量等级。

2．蒸压粉煤灰砖的应用

蒸压粉煤灰砖可用于工业与民用建筑的基础、墙体，但应注意以下几点：

（1）在易受冻融和干湿交替作用的建筑部位必须使用优等品或一等品砖。用于易受冻融作用的建筑部位时要进行抗冻性检验，并采取适当措施，以提高建筑的耐久性。

（2）用粉煤灰砖砌筑的建筑物，应适当增设圈梁及伸缩缝或采取其他措施，以避免或减少收缩裂缝的产生。

（3）粉煤灰砖出窑后，应存放一段时间后再用，以减少相对伸缩值。

（4）长期受高于 200 ℃温度作用，或受冷热交替作用，或有酸性侵蚀的建筑部位不得使用粉煤灰砖。

第二节　墙用砌块

砌块是指砌筑用的人造块材，外形多为直角六面体，也有各种异形的。砌块系列中主规格的长度、宽度或高度有一项或一项以上分别大于 365 mm、240 mm 或 115 mm，但高度不大于长度或宽度的 6 倍，长度不超过高度的 3 倍。

砌块按用途分为承重砌块与非承重砌块；按有无孔洞分为实心砌块与空心砌块；按生产工艺分为烧结砌块与蒸压蒸养砌块；按大小分为中型砌块（高度为 400 mm、800 mm）和小型砌块（高度为 200 mm），前者用小型起重机械施工，后者可用手工直接砌筑；按原材料不同分为硅酸盐砌块和混凝土砌块，前者用炉渣、粉煤灰、煤矸石等材料加石灰、石膏配合而成，后者用混凝土制作。

砌块是一种比砌墙砖大的新型墙体材料，具有适应性强、原料来源广、不毁耕地、制作方便、可充分利用地方资源和工业废料、砌筑方便灵活等特点，同时可提高施工效率及施工的机械化程度，减轻房屋自重，改善建筑物功能，降低工程造价。推广和使用砌块是墙体材料改革的一条有效途径。

一、粉煤灰砌块

粉煤灰砌块又称粉煤灰硅酸盐砌块，是以粉煤灰、石灰、石膏和骨料等为原料，加水搅拌、振动成型、蒸汽养护后而制成的密实砌块。

（一）粉煤灰砌块的技术要求

根据《粉煤灰砌块》［JC 238—1991（1996）］，其主要技术要求如下：

1．规格

粉煤灰砌块的外形尺寸有 880 mm×380 mm×240 mm 和 880 mm×430 mm×240 mm 两种。砌块的端面应加灌浆槽，坐浆面（又叫铺浆面）宜设抗切槽，形状如图 7-4 所示。

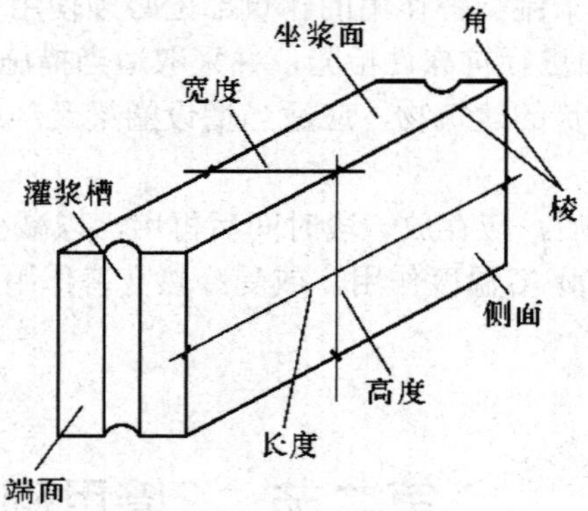

图 7-4　粉煤灰砌块形状示意图

2．外观质量及尺寸允许偏差

粉煤灰砌块的外观质量要求和尺寸允许偏差见表 7-19。

表 7-19　粉煤灰砌块外观质量要求和尺寸允许偏差　　单位：mm

项目			指标	
			一等品（B）	合格品（C）
外观质量	表面疏松		不允许	
	贯穿面棱的裂缝		不允许	
	任一面上的裂缝长度		不得大于裂缝方向砌块尺寸的 1/3	
	石灰团、石膏团		直径不得大于 5	
	粉煤灰团、空洞和爆裂		直径不得大于 30	直径不得大于 50
	局部凸起高度，不大于		10	15
	翘突，不大于		6	8
	缺棱掉角在长、宽、高三个方向上投影的最大值，不大于		30	50
	高低差	长度方向	6	8
		宽度方向	4	6
尺寸允许偏差		长　度	＋4，－6	＋5，－10
		高　度	＋4，－6	＋5，－10
		宽　度	±3	±6

3．等级划分

按立方体试件的抗压强度，砌块分为 MU10、MU13 两个强度等级。根据外观质量、尺寸偏差和干缩性，分为一等品（B）、合格品（C）两个质量等级。粉煤灰砌块的立方体抗压强度、碳化后强度、抗冻性能、密度及干缩值应符合表 7-20 的要求。

表 7-20　粉煤灰砌块的立方体抗压强度、碳化后强度、抗冻性能、密度及干缩值

项　　目	指　　标	
	M10	M13
抗压强度/MPa	3 块试件平均值大于等于 10.0 单块最小值 8.0	3 块试件平均值大于等于 13.0 单块最小值 10.5
人工碳化后强度/MPa	≥6.0	≥7.5
抗冻性	冻融循环结束后，外观无明显疏松、剥落或裂缝；强度损失不大于 20%	
密度/（$kg \cdot m^{-3}$）	不超过设计密度的 10%	
干缩值/（$mm \cdot m^{-1}$）	≤0.75	≤0.90

（二）粉煤灰砌块的应用

粉煤灰砌块适用于工业与民用建筑的墙体和基础，但不宜用于有酸性侵蚀介质侵蚀的、密封性要求高的及受较大振动影响的建筑物（如锻锤车间），也不宜用于经常处于高温的承重墙（如炼钢车间、锅炉间的承重墙）和经常受潮的承重墙（如公共浴室等）。

二、蒸压加气混凝土砌块

蒸压加气混凝土砌块（简称加气混凝土砌块）是以水泥、石灰、砂、粉煤灰、矿渣等为原料，经过磨细，并以铝粉为发气剂，按一定比例配合，经过料浆浇筑，再经过发气成型、坯体切割、蒸压养护等工艺制成的一种轻质、多孔的建筑墙体材料。

（一）蒸压加气混凝土砌块的技术要求

根据《蒸压加气混凝土砌块》（GB 11968—2006），蒸压加气混凝土砌块按尺寸偏差与外观质量、干密度、抗压强度和抗冻性分为优等品（A）和合格品（B）两个等级。其主要技术要求如下：

1．蒸压加气混凝土砌块的规格尺寸

蒸压加气混凝土砌块的规格尺寸见表 7-21。

表 7-21　砌块的规格尺寸　　单位：mm

长度 L	宽度 B	高度 H
600	100　120　125 150　180　200 240　250　300	200　240　250　300

注：如需要其他规格，可由供需双方协商解决。

2．砌块的尺寸允许偏差和外观质量

蒸压加气混凝土砌块的尺寸允许偏差和外观质量应符合表 7-22 的规定。

表 7-22　蒸压加气混凝土砌块的尺寸允许偏差和外观质量要求　　单位：mm

项目				指标	
				优等品（A）	合格品（B）
尺寸允许偏差/mm		长度	L	±3	±4
		宽度	B	±1	±2
		高度	H	±1	±2
缺棱掉角	最小尺寸/mm			0	30
	最大尺寸/mm			0	70
	大于以上尺寸的缺棱掉角个数/个，不多于			0	2
裂纹长度	贯穿一棱二面的裂纹长度不得大于裂纹所在面的裂纹方向尺寸总和的			0	1/3
	任一面上的裂纹长度不得大于裂纹方向尺寸的			0	1/2
	大于以上尺寸的裂纹条数/条，不多于			0	2
爆裂、粘模和损坏深度/mm，不得大于				10	30
表面疏松、层裂				不允许	
平面弯曲				不允许	
表面油污				不允许	

3．砌块的抗压强度

蒸压加气混凝土砌块的抗压强度有 A1.0、A2.0、A2.5、A3.5、A5.0、A7.5、A10 七个级别，见表 7-23 和表 7-24。

表 7-23　蒸压加气混凝土砌块的抗压强度　　单位：MPa

强度等级	立方体抗压强度		强度等级	立方体抗压强度	
	平均值，不小于	单组最小值		平均值，不小于	单组最小值
A1.0	1.0	0.8	A5.0	5.0	4.0
A2.0	2.0	1.6	A7.5	7.5	6.0
A2.5	2.5	2.0	A10.0	10.0	8.0
A3.5	3.5	2.8			

表 7-24　蒸压加气混凝土砌块的强度等级

干密度级别		B03	B04	B05	B06	B07	B08
干密度	优等品（A）	A1.0	A2.0	A3.5	A5.0	A7.5	A10.0
	合格品（B）			A2.5	A3.5	A5.0	A7.5

4．砌块的干密度

蒸压加气混凝土砌块的干密度有 B03、B04、B05、B06、B07、B08 六个级别，如表 7-25 所示。

表 7-25　蒸压加气混凝土砌块的干密度（单位：kg/m^3）

干密度级别		B03	B04	B05	B06	B07	B08
干密度	优等品（A）　≤	300	400	500	600	700	800
	合格品（B）　≤	325	425	525	625	725	825

5．砌块的干燥收缩值、抗冻性和导热系数

蒸压加气混凝土砌块的干燥收缩值、抗冻性和导热系数（干套）应符合表 7-26 的规定。

表 7-26　干燥收缩值、抗冻性和导热系数

干密度级别			B03	B04	B05	B06	B07	B08
干燥收缩值①	标准法/（mm·m^{-1}），不小于		0.5					
	快速法/（mm·m^{-1}），不小于		0.8					
抗冻性	质量损失/%，不小于		5.0					
	冻后强度/MPa，不小于	优等品（A）	0.8	1.6	2.8	4.0	6.0	8.0
		合格品（B）			2.0	2.8	4.0	6.0
导热系数（干态）/［W·（m·K）$^{-1}$］，不小于			0.10	0.12	0.14	0.16	0.18	0.20

注：①规定采用标准法、快速法测定砌块干燥收缩值，若测定结果发生矛盾不能判定时，则以标准法测定的结果为准。

（二）加气混凝土砌块的应用

加气混凝土砌块具有干密度小、保温及耐火性能好、抗震性能强、易于加工、施工方便等特点，适用于低层建筑的承重墙、多层建筑的隔墙和高层框架结构的填充墙，也可用于复合墙板和屋面结构中。在无可靠的防护措施时，不得用于高湿度和有侵蚀介质的环境中，也不得用于建筑物的基础和温度长期高于 80 ℃的建筑部位。

三、混凝土小型空心砌块

混凝土小型空心砌块（简称小砌块）是以水泥、砂、石等普通混凝土材料制成的。空心率为 25%～50%。常用的混凝土砌块外形如图 7-5 所示。

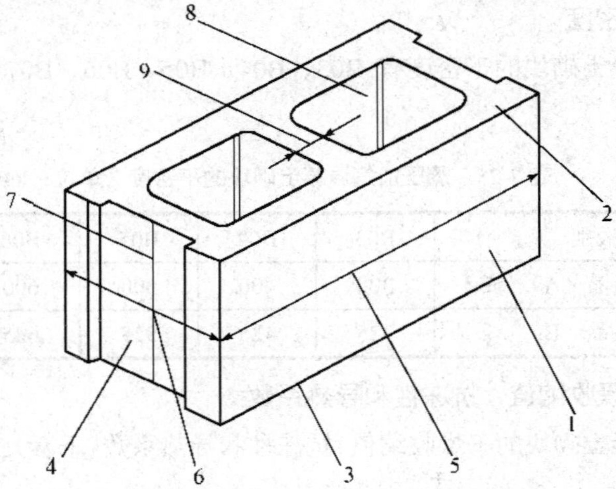

图 7-5　小型空心砌块示意图

1—条面；2—坐浆面（肋厚较小的面）；3—铺浆面（肋厚较大的面）；

4—顶面；5—长度；6—宽度；7—高度；8—壁；9—肋

（一）混凝土小型空心砌块的技术要求

根据《普通混凝土小型空心砌块》（GB 8239—2014），其主要技术指标如下：

（1）规格。混凝土小型空心砌块主规格尺寸为 390 mm×190 mm×190 mm，其他规格尺寸可由供需双方协商。

（2）强度等级与质量等级。混凝土小型空心砌块按抗压强度分为 MU3.5、MU5.0、MU7.5、MU10.0、MU15.0、MU20.0 六个强度等级，见表 7-27。按其尺寸偏差和外观质量分为优等品（A）、一等品（B）和合格品（C）三个质量等级。

表 7-27　普通混凝土小型空心砌块强度等级　　单位：MPa

强度等级	砌块抗压强度	
	平均值，不小于	单块最小值，不小于
MU3.5	3.5	2.8
MU5.0	5.0	4.0
MU7.5	7.5	6.0
MU10.0	10.0	8.0
MU15.0	15.0	12.0
MU20.0	20.0	16.0

（3）其他。混凝土小型空心砌块的抗冻性在采暖地区一般环境条件下应达到 F15，干湿交替环境条件下应达到 F25，非采暖地区不规定。其相对含水率应达到：潮湿地区，≤45%；中等地区，≤40%；干燥地区，≤35%。其抗渗性也应满足有关规定。

（二）混凝土小型空心砌块的应用

混凝土小型空心砌块适用于建造抗震设计烈度为 8 度及 8 度以下地区的各种建筑墙体，包括高层与大跨度的建筑，也可以用于围墙、挡土墙、桥梁、花坛等市政设施，应用范围十分广泛。

四、轻集料混凝土小型空心砌块

轻集料混凝土小型空心砌块是以陶粒、膨胀珍珠岩、浮石、火山渣、煤渣、炉渣等各种轻粗、细骨料和水泥按一定比例混合，经搅拌成型、养护而成的空心率大于 25%、体积密度不大于 1 400 kg/m^3 的轻质混凝土小砌块。

（一）轻集料混凝土小型空心砌块的技术要求

根据《轻集料混凝土小型空心砌块》（GB/T 15229—2011），其技术要求如下：

（1）规格。轻集料混凝土小型空心砌块主要规格尺寸为 390 mm×190 mm×190 mm；其他规格尺寸可由供需双方商定。

（2）密度等级与强度等级。轻集料混凝土小型空心砌块按砌块密度等级分为 700、800、900、1 000、1 100、1 200、1 300、1 400 八个等级，见表 7-28；按砌块抗压强度分为 MU2.5、MU3.5、MU5.0、MU7.5、MU10.0 五个等级，见表 7-29。

表 7-28　轻集料混凝土小型空心砌块密度等级　　单位：kg/m^3

密度等级	砌块干燥表观密度范围	密度等级	砌块干燥表观密度范围
700	≥610，≤700	1100	≥1 010，≤1 100
800	≥710，≤800	1200	1 110，≤1 200
900	≥810，≤900	1300	≥1 210，≤1 300
1000	≥910，≤1 000	1400	≥1 310，≤1 400

表 7-29　轻集料混凝土小型空心砌块强度等级

强度等级	砌块抗压强度/MPa		密度等级范围/（kg·m^{-3}）
	平均值	最小值	
MU2.5	≥2.5	≥2.0	≤800
MU3.5	≥3.5	≥2.8	≤1 000
MU5.0	≥5.0	≥4.0	≤1 200
MU7.5	≥7.5	≥6.0	≤1 200① ≤1 300②
MU10.0	≥10.0	≥8.0	≤1200① ≤1 400②

注：当砌块的抗压强度同时满足 2 个强度等级或 2 个以上强度等级要求时，应以满足要求的最高强

度等级为准。①除自燃煤矸石掺量不小于砌块质量 35%以外的其他砌块；②自燃煤矸石掺量不小于砌块质量 35%的砌块。

（二）轻集料混凝土小型空心砌块的应用

轻集料混凝土小型空心砌块是一种轻质高强、能取代普通黏土砖的最有发展前途的墙体材料之一，又因其具有绝热性能好、抗震性能好等优点，在各种建筑的墙体中得到广泛应用，特别是在绝热要求较高的围护结构上使用十分广泛。

第三节 墙用板材

墙用板材主要分为轻质板材类（平板和条板）与复合板类（外墙板、内隔墙板、外墙内保温板和外墙外保温板）。墙用板材是一种新型墙体材料。在多功能框架结构中，墙板除轻质外，还具有保温、隔热、隔声、使用面积大、施工方便快捷等特性，具有很广阔的发展前景。

一、水泥类墙用板材

水泥类的墙体板材有较好的力学性能和耐久性，可用于承重墙、外墙和复合墙板的外层面。但该类板材表观密度大，抗拉强度低，在吊装过程中易受损。根据需要可制成混凝土空心板材以减轻自重和改善隔声隔热性能，也可制成用纤维增强的薄型板材。

（一）蒸压加气混凝土板

蒸压加气混凝土板是由石英砂或粉煤灰、石膏、铝粉、水和钢筋等制成的轻质板材。板中含有大量微小、非连通的气孔，孔隙率达 70%～80%，因而具有自重轻、绝热性好、隔声吸声等特性。该板材还具有较好的耐火性与一定的承载能力。

蒸压加气混凝土板按使用功能分为屋面板（JWB）、楼板（JLB）、外墙板（JRB）、隔墙板（JGB）等常用品种，其外形、断面和配筋示意如图 7-6～图 7-9 所示。

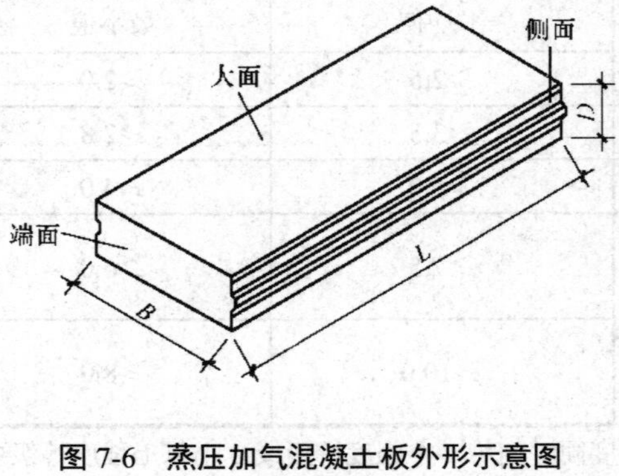

图 7-6 蒸压加气混凝土板外形示意图

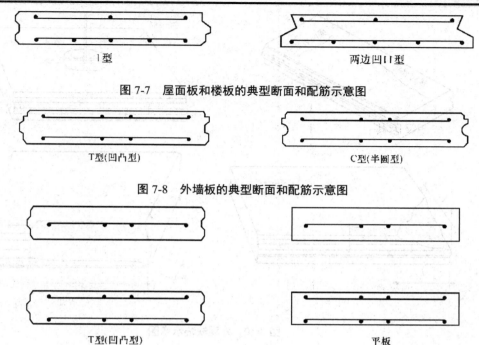

图 7-7　屋面板和楼板的典型断面和配筋示意图

图 7-8　外墙板的典型断面和配筋示意图

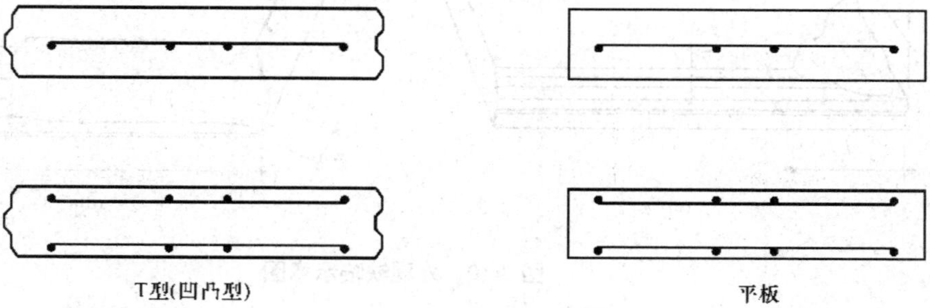

图 7-9　隔墙板的典型断面和配筋示意图

注：隔墙板配单层钢筋时，其厚度不应大于 100 mm。

1．蒸压加气混凝土板的组成

石英砂或粉煤灰和水是生产蒸压加气混凝土板的主要原料，对制品的物理力学性能起关键作用；石膏作为掺合料，可改善料浆的流动性与制品的物理性能。铝粉是发气剂，与 $Ca(OH)_2$ 反应起发泡作用；钢筋起增强作用，以提高板材的抗弯强度。

2．蒸压加气混凝土板的规格

蒸压加气混凝土板常用规格见表 7-30。

表 7-30　蒸压加气混凝土板的常用规格　　单位：mm

长度（L）	宽度（B）	厚度（D）
1 800～6 000（300 模数进位）	600	75、100、125、150、175、200、250、300
		120、180、240

注：其他非常用规格和单项工程的实际制作尺寸由供需双方协商确定。

3．蒸压加气混凝土板的技术要求

根据《蒸压加气混凝土板》（GB 15762—2008）的规定，蒸压加气混凝土板的主要技术要求如下：

（1）外观质量和尺寸偏差。蒸压加气混凝土板允许修补的外观缺陷（见图 7-10）限值和外观质量要求，应符合表 7-31 的要求。

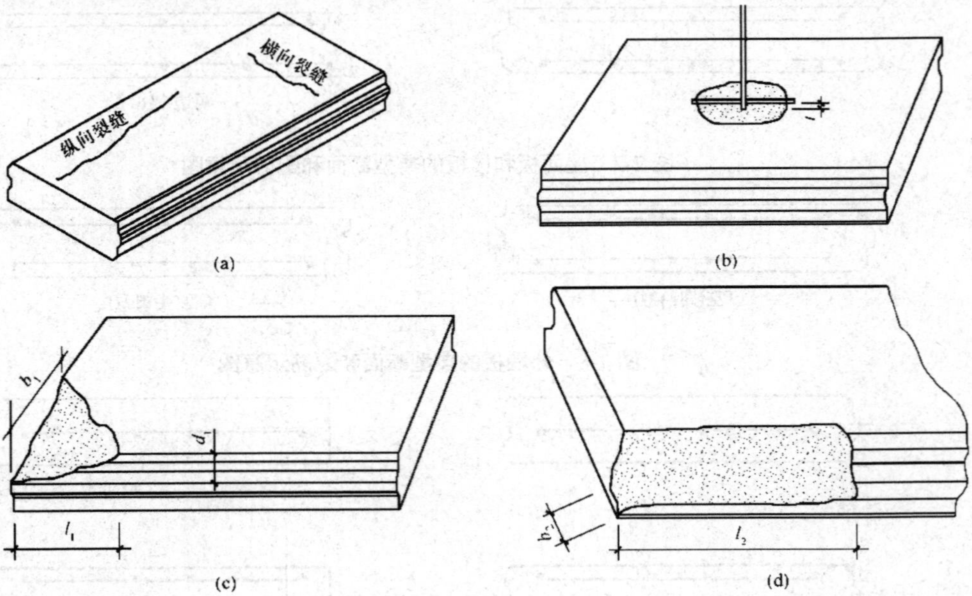

图 7-10　外观缺陷示意图

（a）横向裂缝和纵向裂缝；（b）大面凹陷或气泡；（c）掉角；（d）侧面损伤或缺棱

表 7-31　外观缺陷限值和外观质量要求　　单位：mm

项　　目		允许修补的缺陷限值	外观质量
大面上平行于板宽的裂缝（横向裂缝）		不允许	无
大面上平行于板长的裂缝（纵向裂缝）		宽度＜0.2 mm 数量不大于 3 条，总长≤1/10L	无
大面凹陷		面积≤150 cm^2，深度 t≤10 mm，数量不得多于 2 处	无
大气泡		直径≤20 mm	无直径＞8 mm、深＞3 mm 的气泡
掉角	屋面板、楼板	每个端部的板宽方向不多于 1 处，其尺寸为 b_1≤100 mm，d_1≤2/3D，l_1≤300 mm	每块板≤1 处（b_1≤20 mm，d_1≤20mm，l_1≤100 mm）
	外墙板、隔墙板	每个端部的板宽方向不多于 1 处，在板宽方向尺寸 b_1≤150 mm，板厚方向 d_1≤4/5D，板长方向的尺寸 l_1≤300 mm	
侧面损伤或缺棱		≤3 m 的板不多于 2 处，＞3 m 的板不多于 3 处；每处长度 l_2≤300 mm，深度 b2≤50 mm	每侧≤1 处（b2≤10 mm，l2≤120 mm）

注：①修补材颜色、质感宜与蒸压加气混凝土一致，性能应匹配。

②若板材经修补，则外观质量为修补后的要求。

蒸压加气混凝土板的尺寸允许偏差应符合表 7-32 的规定。

表 7-32　尺寸允许偏差　　单位：mm

<table>
<tr><th rowspan="2">项　　目</th><th colspan="2">指　　标</th></tr>
<tr><th>屋面板、模板</th><th>外墙板、隔墙板</th></tr>
<tr><td>长度（L）</td><td colspan="2">±4</td></tr>
<tr><td>宽度（B）</td><td colspan="2">0
−4</td></tr>
<tr><td>厚度（D）</td><td colspan="2">±2</td></tr>
<tr><td>侧向弯曲</td><td colspan="2">≤L/1 000</td></tr>
<tr><td>对角线差</td><td colspan="2">≤L/600</td></tr>
<tr><td>表面平整</td><td>≤5</td><td>≤3</td></tr>
</table>

（2）蒸压加气混凝土基本性能。蒸压加气混凝土基本性能，包括干密度、抗压强度、干燥收缩值、抗冻性、导热系数，应符合表 7-33 的规定。

表 7-33　蒸压加气混凝土基本性能

<table>
<tr><td colspan="2">强度级别</td><td>A2.5</td><td>A3.5</td><td>A5.0</td><td>A7.5</td></tr>
<tr><td colspan="2">干密度级别</td><td>B04</td><td>B05</td><td>B06</td><td>B07</td></tr>
<tr><td colspan="2">干密度/（kg·m^{-3}）</td><td>≤425</td><td>≤525</td><td>≤625</td><td>≤725</td></tr>
<tr><td rowspan="2">抗压强度/MPa</td><td>平均值</td><td>≥2.5</td><td>≥3.5</td><td>≥5.0</td><td>≥7.5</td></tr>
<tr><td>单组最小值</td><td>≥2.0</td><td>≥2.5</td><td>≥4.0</td><td>≥6.0</td></tr>
<tr><td rowspan="2">干燥收缩值/（mm·m^{-1}）</td><td>标准法</td><td colspan="4">≤0.50</td></tr>
<tr><td>快速法</td><td colspan="4">≤0.60</td></tr>
<tr><td rowspan="2">抗冻性</td><td>质量损失/%</td><td colspan="4">≤0.50</td></tr>
<tr><td>冻后强度/MPa</td><td>≥2.0</td><td>≥2.8</td><td>≥4.0</td><td>≥6.0</td></tr>
<tr><td colspan="2">导热系数（干态）/［W·（m·K）$^{-1}$］</td><td>≤0.12</td><td>≤0.14</td><td>≤0.16</td><td>≤0.18</td></tr>
</table>

（3）强度级别要求。各品种蒸压加气混凝土板的强度级别应符合表 7-34 的规定。

表 7-34　蒸压加气混凝土板的强度等级要求

品　　种	强度级别
屋面板、楼板、外墙板	A3.5、A5.0、A7.5
隔墙板	A2.5、A3.5、A5.0、A7.5

4．蒸压加气混凝土板的应用

蒸压加气混凝土板在工业和民用建筑中被广泛用于屋面板和隔墙板。

（二）轻骨料混凝土墙板

轻骨料混凝土墙板是以水泥为胶凝材料，陶粒或天然浮石为粗骨料，陶砂、膨胀珍珠岩砂、浮石砂为细骨料，经搅拌、成型、养护而制成的一种轻质墙板。

（三）玻璃纤维增强水泥轻质多孔隔墙条板

玻璃纤维增强水泥轻质多孔隔墙条板俗称 GRC 条板，是以水泥为胶凝材料，以玻璃纤维为增强材料，外加细骨料和水，经过不同生产工艺而形成的一种具有若干个圆孔的条形板，具有轻质、高强、隔热、可锯、可钉、施工方便等优点。

1．GRC 条板的产品分类及规格

GRC 条板的型号按板的厚度分为 60 型、90 型、120 型；按板型分为普通板、门框板、窗框板、过梁板。如图 7-11 和图 7-12 所示分别为一种企口与开孔形式 GRC 条板的外形和断面示意图。GRC 条板可采用不同企口和开孔形式，但均应符合表 7-35 的要求。

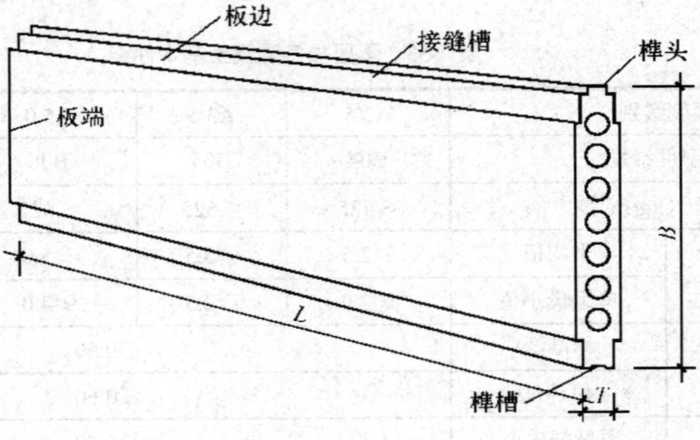

图 7-11　GRC 条板外形示意图（一）

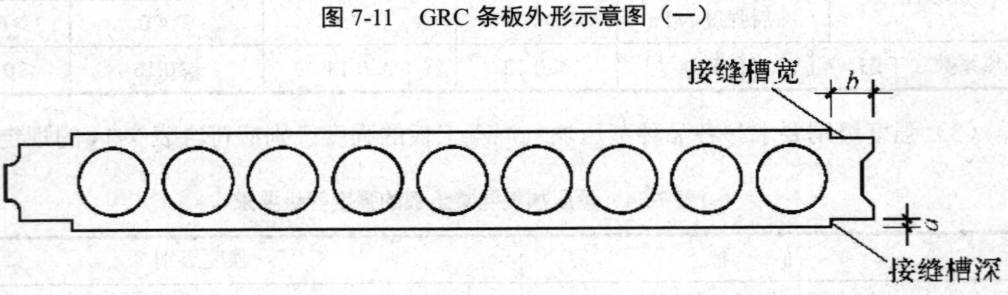

图 7-12　GRC 条板断面示意图（二）

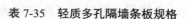

表 7-35　轻质多孔隔墙条板规格　　单位：mm

项目 / 型号	L	B	T	a	b
60	2 500～2 800	600	60	2～3	20～30
90	2 500～3 000	600	90	2～3	20～30
120	2 500～3 500	600	120	2～3	20～30

注：其他规格尺寸可由供需双方协商确定。

2．GRC 条板的技术要求

根据《玻璃纤维增强水泥轻质多孔隔墙条板》（GB/T 19631—2005）的规定，GRC 条板的技术要求如下：

（1）产品外观质量。玻璃纤维增强水泥轻质多孔隔墙条板的产品外观质量应符合表 7-36 的规定。

表 7-36　玻璃纤维增强水泥轻质多孔隔墙条板的产品外观质量要求

项　目		等　级	
		一等品	合格品
缺棱掉角	长度/mm	≤20	≤50
	宽度/mm	≤20	≤50
	数量	≤2 处	≤3 处
板面裂缝		不允许	
蜂窝气孔	长径/mm	≤10	≤30
	宽径/mm	≤4	≤5
	数量	≤1 处	≤3 处
飞边毛刺		不允许	
壁厚/mm		≥10	
孔间肋厚/mm		≥20	

（2）尺寸允许偏差。玻璃纤维增强水泥轻质多孔隔墙条板的尺寸允许偏差应符合表 8-37 的规定。

表 7-37　GRC 条板尺寸允许偏差　　单位：mm

项目 / 允许值	长度	宽度	厚度	板面平整度	对角线差	接缝槽宽	接缝槽深
一等品	±3	±1	±1	≤2	≤10	+2	±0.5
合格品	±5	±2	±2	≤3	≤10	+2	±0.5

（3）物理力学性能。玻璃纤维增强水泥轻质多孔隔墙条板的物理力学性能应符合表7-38 的规定。

表 7-38 玻璃纤维增强水泥轻质多孔隔墙条板的物理力学性能

<table>
<tr><th colspan="2">项　目</th><th>一等品</th><th>合格品</th></tr>
<tr><td rowspan="2">含水率/%</td><td>采暖地区</td><td colspan="2">≤10</td></tr>
<tr><td>非采暖地区</td><td colspan="2">≤15</td></tr>
<tr><td rowspan="2">气干面密度/（$kg\cdot m^{-2}$）</td><td>90 型</td><td colspan="2">≤75</td></tr>
<tr><td>120 型</td><td colspan="2">≤95</td></tr>
<tr><td rowspan="2">抗折破坏荷载/N</td><td>90 型</td><td>≥2200</td><td>≥2000</td></tr>
<tr><td>120 型</td><td>≥3000</td><td>≥2800</td></tr>
<tr><td colspan="2">干燥收缩值/（$mm\cdot m^{-1}$）</td><td colspan="2">≤0.6</td></tr>
<tr><td colspan="2">抗冲击性（30 kg，0.5 m 落差）</td><td colspan="2">冲击 5 次，板面无裂缝</td></tr>
<tr><td colspan="2">吊挂力/N</td><td colspan="2">≥1000</td></tr>
<tr><td rowspan="2">空气声计权隔声量/dB</td><td>90 型</td><td colspan="2">≥35</td></tr>
<tr><td>120 型</td><td colspan="2">≥40</td></tr>
<tr><td colspan="2">抗折破坏荷载保留率（耐久性，%）</td><td>≥80</td><td>≥70</td></tr>
<tr><td rowspan="2">放射性比活度</td><td>I_{Re}</td><td colspan="2">≤1.0</td></tr>
<tr><td>I_r</td><td colspan="2">≤1.0</td></tr>
<tr><td colspan="2">耐火极限/h</td><td colspan="2">≥1</td></tr>
<tr><td colspan="2">燃烧性能</td><td colspan="2">不燃</td></tr>
</table>

3. GRC 条板的应用

玻璃纤维增强水泥轻质多孔隔墙条板广泛应用于工业与民用建筑中，尤其是高层建筑物中的内隔墙。该条板主要用于非承重和半承重构件，可用来制造外墙板、复合外墙板、天花板、永久性模板等。

二、石膏类墙用板材

石膏类板材具有质量轻、保温、隔热、吸声、防火、调湿、尺寸稳定、可加工性好、成本低等优良特点，在内墙板中占有较大的比例。常用的石膏板有纸面石膏板、石膏空心板、石膏刨花板、纤维石膏板等。

（一）纸面石膏板

纸面石膏板是以建筑石膏为主要原料，掺入适量轻骨料、纤维增强材料和外加剂构成芯材，并与护面纸牢固地黏结在一起的建筑板材。纸面石膏板具有轻质、较高的强度、防

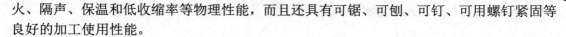

火、隔声、保温和低收缩率等物理性能，而且还具有可锯、可刨、可钉、可用螺钉紧固等良好的加工使用性能。

1．纸面石膏板的分类

纸面石膏板按其功能分为普通纸面石膏板（P）、耐水纸面石膏板（S）、耐火纸面石膏板（H）以及耐水耐火纸面石膏板（SH）四种。

普通纸面石膏板是以建筑石膏为主要原料，掺入适量纤维增强材料和外加剂等，在与水搅拌后，浇筑于护面纸的面纸与背纸之间，并与护面纸牢固地黏结在一起的建筑板材。耐水纸面石膏板是以建筑石膏为主要原料，掺入适量纤维增强材料和耐水外加剂等，在与水搅拌后，浇筑于耐水护面纸的面纸与背纸之间，并与耐水护面纸牢固地黏结在一起，旨在改善防水性能的建筑板材。

2．纸面石膏板的技术要求

根据《纸面石膏板》（GB/T 9775—2008）的规定，纸面石膏板的主要技术要求如下：

（1）规格尺寸。纸面石膏板的公称长度为 1 500 mm、1 800 mm、2 100 mm、2 400 mm、2 440 mm、2 700 mm、3 000 mm、3 300 mm、3 600 mm 和 3 660 mm；纸面石膏板的公称宽度为 600 mm、900 mm、1 200 mm 和 1 220 mm；纸面石膏板的公称厚度为 9.5 mm、12.0 mm、15.0 mm、18.0 mm、21.0 mm 和 25.0 mm。

（2）外观质量。纸面石膏板板面应平整，不得有影响使用的破损、波纹、沟槽、污痕、划伤、亏料、漏料等缺陷。

（3）尺寸允许偏差。纸面石膏板的尺寸允许偏差应不大于表 7-39 的规定。

表 7-39　纸面石膏板尺寸允许偏差

项　目	长度/mm	宽度/mm	厚度/mm	
			9.5	≥12.0
尺寸偏差	−6～0	−5～0	±0.5	±0.6

3．纸面石膏板的应用

普通纸面石膏板适用于建筑物的围护墙、内隔墙和吊顶。在厨房、厕所及空气相对湿度经常大于 70%的潮湿环境使用时，必须采取相应的防潮措施。

防水纸面石膏板面经过防水处理，石膏芯材也含有防水成分，因而适用于湿度较大的房间墙面。它有石膏外墙衬板、耐水石膏衬板两种，可用于卫生间、厨房、浴室等贴瓷砖、金属板、塑料面墙板的衬板。

（二）石膏空心板

石膏空心板是以建筑石膏为胶凝材料，适量加入各种轻质骨料（如膨胀珍珠岩、膨胀蛭石等）和无机纤维增强材料，经搅拌、振动成型、抽芯模、干燥而成的建筑板材。

石膏空心板具有质轻、比强度高、隔热、隔声、防火、可加工性好等优点，且安装墙体时不用龙骨，简单方便。它适用于各类建筑的非承重内墙，但若用于相对湿度大于 75%

的环境中，则板材表面应做防水等相应处理。

（三）石膏刨花板

石膏刨花板是以建筑石膏为主要材料，木质刨花为增强材料，添加所需的辅助材料，经配料、搅拌、铺装、压制而成的建筑板材。石膏刨花板主要适用于非承重内隔墙或用作装饰板材的基材板。

（四）纤维石膏板

纤维石膏板是以建筑石膏为主要原料，加入适量有机或无机纤维和外加剂，经打浆、铺浆、脱水、成型、干燥而成的一种板材。

纤维石膏板具有轻质、高强、耐火、隔声、可加工、施工方便等特点。主要用于工业与民用建筑的非承重内墙、天棚吊顶及内墙贴面等。

三、植物纤维类墙用板材

随着农业的发展，农作物的废弃物（如麦秸、稻草、玉米秆、甘蔗渣等）随之增多，污染环境。上述各种废弃物如经适当处理，则可制成各种植物纤维类墙用板材加以利用。建筑工程中常用的植物纤维类墙用板材主要有麦秸人造板、稻草板等。

麦秸人造板的主要原料是麦秸、板纸和脲醛树脂胶料等。麦秸人造板的优点是质轻，保温隔热性能好，隔声好，具有足够的强度和刚度，可以单板使用而不需要龙骨支撑，且便于锯、钉、打孔、黏结和油漆，施工很便捷。其缺点是耐水性差、可燃。

麦秸人造板适于用作非承重的内隔墙、天花板、厂房望板及复合外墙的内壁板。

四、复合墙板

以单一材料制成的板材，常因材料本身的局限性使其应用受到限制，因此现代建筑中常采用几种材料组成多功能的复合墙体以满足需要。

复合墙板是由两种以上不同材料组成的墙板，主要由承受（或传递）外力的结构层（多为金属板、钢丝网）和保温层（矿棉、泡沫塑料、加气混凝土等）及面层（各类具有可装饰性的轻质薄板）组成。其优点是承重材料和轻质保温材料的功能都得到合理利用，实现物尽其用，开拓材料来源。常用的复合墙板主要有钢丝网水泥夹芯复合板材和金属面聚苯乙烯夹芯板材等。

（一）钢丝网水泥夹芯复合板材

钢丝网水泥夹芯复合板材是将泡沫塑料、岩棉、玻璃棉等轻质芯材夹在中间，两片钢丝网之间用“之”字形钢丝相互连接，形成稳定的三维网架结构，然后用水泥砂浆在两侧抹面，或进行其他饰面装饰。常用的钢丝网水泥夹芯板材品种有多种，但基本结构相近，其结构示意图如图 7-13 所示。

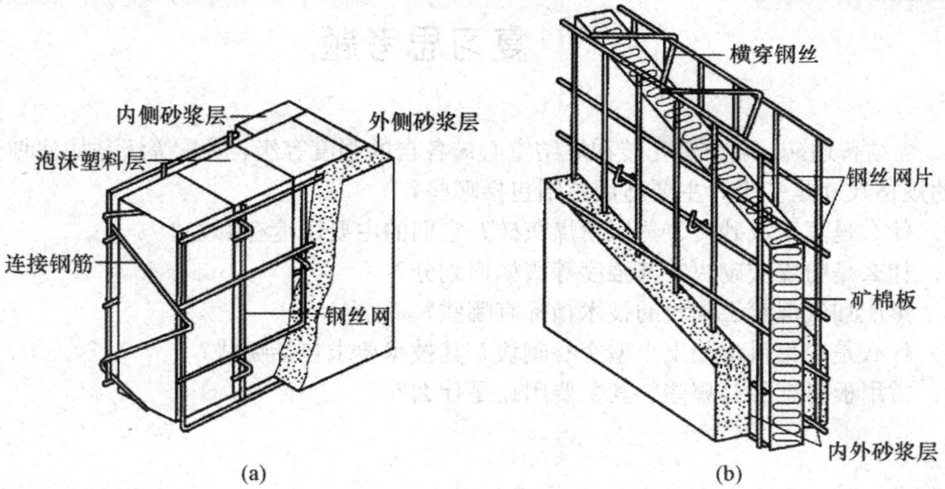

图 7-13　钢丝网水泥夹芯复合板材的结构示意图

（a）水泥砂浆泡沫塑料复合板；（b）水泥砂浆矿棉复合板

钢丝网水泥夹芯复合板材自重轻、保温隔热性好，另外还具有隔声性好、抗冻性能好、抗震能力强等优点，适当加钢筋后具有一定的承载能力，在建筑物中可用作墙板、屋面板和各种保温板。

（二）金属面聚苯乙烯夹芯板

金属面聚苯乙烯夹芯板是以阻燃型聚苯乙烯泡沫塑料为芯材，以彩色涂层钢板为面材，用黏结剂复合而成的金属夹芯板。它具有保温隔热性能好、质量小、机械性能好、外观美观、安装方便等特点，适合于大型公共建筑，如车库、大型厂房、简易房等，所用部位主要是建筑物的绝热屋顶和墙壁。

本章小结

本章主要介绍了墙体材料中砌墙砖、墙用砌块及墙用板材三种材料的种类、技术要求与应用。通过本章学习，读者应能用目测法鉴别过火砖和欠火砖；能根据砖、砌块的尺寸估算材料的需求量；能根据相关标准对普通烧结砖进行尺寸偏差及外观质量检测，并能根据相关指标判定砖的质量等级；会进行砖的抗压强度检测，并能根据检测数据判定砖的强度等级；能对墙体材料进行抽样送检、进场验收工作；能分析和处理施工中由于墙体材料质量等原因导致的工程技术问题。

复习思考题

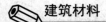

1．烧结普通砖、烧结多孔砖和烧结空心砖各自的强度等级、质量等级是如何划分的？各自的规格尺寸是多少？主要适用范围包括哪些？

2．什么是蒸压灰砂砖、蒸压粉煤灰砖？它们的主要用途有哪些？

3．什么是粉煤灰砌块？其强度等级如何划分？

4．蒸压加气混凝土砌块的技术指标有哪些？

5．什么是轻集料混凝土小型空心砌块？其技术要求包括哪些？

6．常用板材产品有哪些？其主要用途是什么？

第八章　建筑钢材

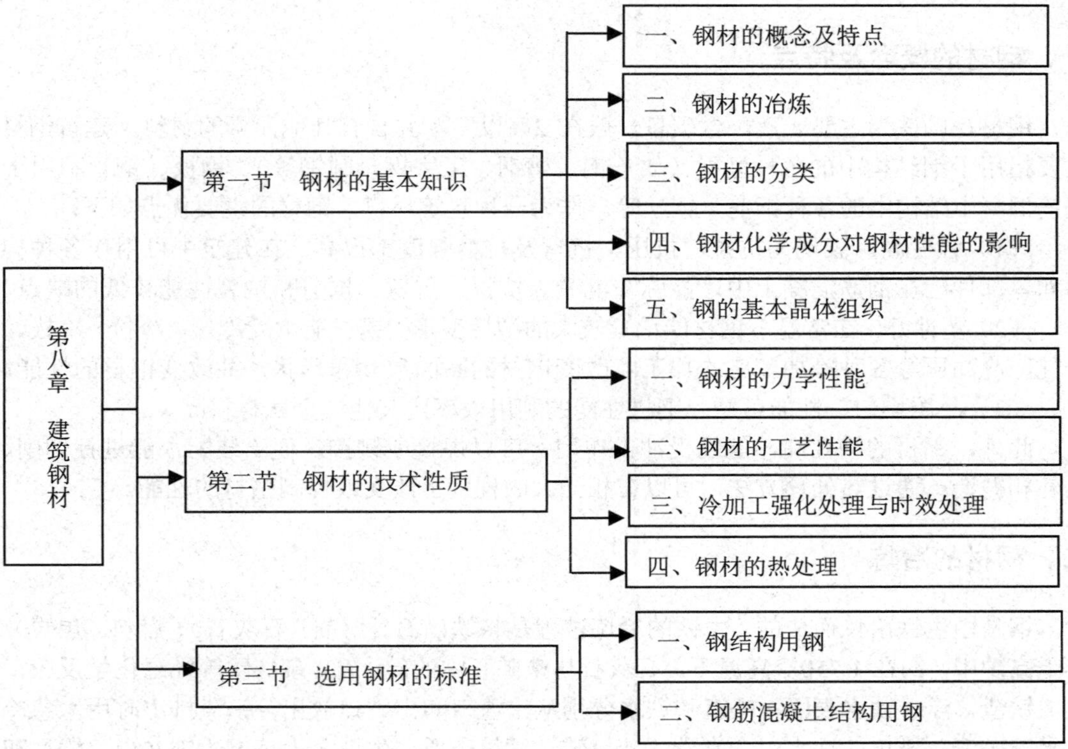

本章结构图

【学习目标】

- 了解钢材的冶炼方法和化学成分对钢材性能的影响；
- 掌握钢材的主要力学性能和工艺性能；
- 掌握常用建筑钢材的分类、选用标准和应用；
- 掌握建筑钢材的取样和检测方法；
- 了解钢材锈蚀的机理，掌握施工中对钢材防锈和防火的处理措施。

第一节 钢材的基本知识

钢材是经济建设部门所需要的重要材料之一，在传统意义上，钢材、水泥和木材被称为三大材料。建筑上由各种型钢组成的钢结构安全性大，自重较轻，适用于大跨度和高层结构。但由于各部门都需要大量的钢材，因此钢结构的大量应用在一定程度上受到了限制。

一、钢材的概念及特点

钢材是以铁为主要元素，含碳量一般在 2%以下，并含有其他元素的材料。建筑钢材主要指用于钢结构中的各种型材（如角钢、槽钢、工字钢、圆钢等）、钢板、钢管和用于钢筋混凝土结构中的各种钢筋、钢丝等。作为一种建筑材料，钢材的主要优点如下：

（1）强度高。表现为抗拉、抗压、抗弯及抗剪强度都很高。在建筑中可用作各种构件和零部件。在钢筋混凝土中，能弥补混凝土抗拉、抗弯、抗剪和抗裂性能较低的缺点。

（2）塑性好。在常温下钢材能承受较大的塑性变形。钢材能承受冷弯、冷拉、冷拔、冷轧、冷冲压等各种冷加工。冷加工能改变钢材的断面尺寸和形状，并改变钢材的性能。

（3）品质均匀、性能可靠。钢材性能的利用效率比其他非金属材料高。

此外，钢材的韧性高，能经受冲击作用；可以焊接或铆接，便于装配；能进行切削、热轧和锻造；通过热处理方法，可以在相当大的程度上改变或控制钢材的性能。

二、钢材的冶炼

钢是由生铁冶炼而成的。生铁的冶炼过程是将铁矿石、熔剂（石灰石）、燃料（焦炭）置于高炉中，约在 1 750℃高温下，石灰石与铁矿石中的硅、锰、硫、磷等经过化学反应，生成铁渣，浮于铁水表面，铁渣和铁水分别从出渣口和出铁口放出。铁渣排出时用水急冷得水淬矿渣；排出的铁水中含有碳、硫、磷、锰等杂质。生铁分为炼钢生铁（白口铁）和铸造生铁（灰口铁）。生铁硬而脆，无塑性和韧性，不能焊接、锻造、轧制。

炼钢的过程就是将生铁进行精炼，使碳的含量降低到一定的限度，同时把其他杂质的含量也降低到允许范围内。根据炼钢设备的不同，常用的炼钢方法有空气转炉法、氧气转炉法和电炉法。

（1）空气转炉炼钢法。空气转炉炼钢法是以熔融状态的铁水为原料，在转炉底部或侧面吹入高压热空气，使杂质在空气中氧化而被除去。其缺点是在吹炼过程中，易混入空气中的氮、氢等气体，且熔炼时间短，化学成分难以精确控制，这种钢质量较差，但成本较低，生产效率高。

（2）氧气转炉炼钢法。氧气转炉炼钢法是以熔融铁水为原料，用纯氧代替空气，由炉顶向转炉内吹入高压氧气，能有效地除去磷、硫等杂质，使钢的质量显著提高，成本却较低。种植户方法常用来炼制优质碳素钢和合金钢。

（3）电炉炼钢法。电炉炼钢法是以生铁或废钢为原料，利用电能迅速加热，进行高温冶炼。其熔炼温度高，而且温度可以自由调节，清除杂质容易。因此，电炉钢的质量最好，但成本高。该法主要用于冶炼优质碳素钢及特殊合金钢。

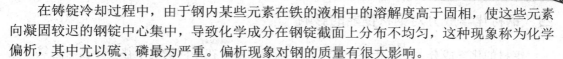

在铸锭冷却过程中，由于钢内某些元素在铁的液相中的溶解度高于固相，使这些元素向凝固较迟的钢锭中心集中，导致化学成分在钢锭截面上分布不均匀，这种现象称为化学偏析，其中尤以硫、磷最为严重。偏析现象对钢的质量有很大影响。

三、钢材的分类

（一）按化学成分分类

按化学成分进行分类，钢材可分为碳素钢和合金钢。

（1）碳素钢。碳素钢的化学成分主要是铁，其次是碳，故也称铁—碳合金。其含碳量为 0.02%～2.06%。此外，尚含有极少量的硅、锰和微量的硫、磷等元素。碳素钢按含碳量又可分为：低碳钢（含碳量小于 0.25%）、中碳钢（含碳量为 0. 25%·～0.60%）、高碳钢（含碳量大于 0.60%）等。

（2）合金钢。合金钢是指在炼钢过程中，有意识地加入一种或多种能改善钢材性能的合金元素而制得的钢种。常用合金元素有硅、锰、钛、钒、铌、铬等。按合金元素总含量的不同，合金钢可分为低合金钢（合金元素总含量小于 5%）、中合金钢（合金元素总含量为 5%～10%）、高合金钢（合金元素总含量大于 10%）。

（二）按冶炼时脱氧程度分类

按冶炼时脱氧程度进行分类，钢材可以分为沸腾钢、镇静钢和特殊镇静钢。

（1）沸腾钢。若炼钢时仅加入锰、铁进行脱氧，则脱氧不完全。这种钢水浇入锭模时，会有大量的 CO 气体从钢水中外逸，引起钢水呈沸腾状态，故称沸腾钢，代号为 F。沸腾钢组织不够致密，成分不太均匀，硫、磷等杂质偏析较严重，故质量较差。但因其成本低、产量高，故被广泛用于一般建筑工程。

（2）镇静钢。炼钢时采用锰铁、硅铁和铝锭等做脱氧剂，脱氧完全，且同时能起到去硫作用。这种钢水铸锭时能平静地充满锭模并冷却凝固，故称镇静钢，代号为 Z。镇静钢虽成本较高，但其组织致密，成分均匀，性能稳定，故质量好。镇静钢适用于预应力混凝土等重要的结构工程。

（3）特殊镇静钢。它是比镇静钢脱氧程度还要充分彻底的钢，故其质量最好，适用于特别重要的结构工程，代号为 TZ。

（三）按有害杂质含量分类

按钢中有害杂质磷（P）和硫（S）含量的多少，钢材可分为以下四类：

（1）普通钢：磷含量不大于 0.045%，硫含量不大于 0.050%。

（2）优质钢：磷含量不大于 0.035%，硫含量不大于 0.035%。

（3）高级优质钢：磷含量不大于 0.025%，硫含量不大于 0.025%。

（4）特级优质钢：磷含量不大于 0.015%，硫含量不大于 0.025%。

目前，在建筑工程中常用的钢种是普通碳素结构钢和普通低合金结构钢。

四、钢材化学成分对钢材性能的影响

钢材的化学成分主要是指碳、硅、锰、硫、磷等，在不同情况下往往还需考虑氧、氮及各种合金元素。

（1）碳。土木工程用钢材含碳量不大于0.8%。在此范围内，随着钢中碳含量的提高，强度和硬度相应提高，而塑性和韧性则相应降低。碳还可显著降低钢材的可焊性，增加钢的冷脆性和时效敏感性，降低抗大气锈蚀性。

（2）硅。当硅在钢中的含量较低（小于1%）时，可提高钢材的强度，而对塑性和韧性影响不明显。

（3）锰。锰是我国低合金钢的主加合金元素，锰含量一般在1%～2%范围内，它的作用主要是使强度提高。锰还能消减硫和氧引起的热脆性，使钢材的热加工性质改善。

（4）硫。硫是很有害的元素，呈非金属硫化物夹杂物存在于钢中，具有强烈的偏析作用，降低各种机械性能。硫化物造成的低熔点使钢在焊接时易于产生热裂纹，显著降低可焊性。

（5）磷。磷为有害元素，含量提高，钢材的强度提高，塑性和韧性显著下降，特别是温度越低，对韧性和塑性的影响越大。磷在钢中的偏析作用强烈，使钢材冷脆性增大，并显著降低钢材的可焊性。磷可提高钢的耐磨性和耐腐蚀性，在低合金钢中可配合其他元素作为合金元素使用。

（6）氧。氧为有害元素，它主要存在于非金属夹杂物中，可降低钢的机械性能，特别是韧性。氧有促进时效倾向的作用，氧化物造成的低熔点也使钢的可焊性变差。

（7）氮。氮对钢材性质的影响与碳、磷相似，使钢材的强度提高，塑性特别是韧性显著下降。氮可加剧钢材的时效敏感性和冷脆性，降低可焊性。在有铝、铌、钒等的配合下，氮可作为低合金钢的合金元素使用。

（8）钛。钛是强脱氧剂。它能显著提高强度，改善韧性和可焊性，减少时效倾向，是常用的合金元素。

（9）钒。钒是强的碳化物和氮化物形成元素。它能有效提高强度，并能减少时效倾向，但增加焊接时的淬硬倾向。

五、钢的基本晶体组织

碳素钢冶炼时在钢水冷却过程中，其Fe和C有以下3种结合形式：

（1）固溶体：铁（Fe）中固溶着微量的碳（C）。

（2）化合物：铁和碳结合成化合物Fe_3C。

（3）机械混合物：固溶体和化合物的混合物。

以上三种形式的Fe—C合金，于一定条件下能形成具有一定形态的聚合体，称为钢的组织；在显微镜下能观察到它们的微观形貌图像，故也称显微组织。

钢的基本晶体组织主要有以下几种：

（1）铁素体。钢材中的铁素体为C在α—Fe中的固溶体，由于α—Fe体心立方晶格的原子间空隙小，溶碳能力较差，故铁素体含 C 量很少（小于 0.02%）。由此决定其塑性、韧性很好，但强度、硬度很低。

（2）奥氏体。奥氏体为 C 在 γ—Fe 中的固溶体，溶碳能力较强，高温时含碳量可达 2.06%，低温时下降至 0.8%。其强度、硬度不高，但塑性好，在高温下易于轧制成型。

（3）渗碳体。渗碳体为铁和碳的化合物 Fe_3C，其含 C 量高（6.67%），晶体结构复杂，塑性差，硬度很高，脆性很大，抗拉强度低。

（4）珠光体。珠光体为铁素体和渗碳体的机械混合物，含 C 量较低（0.8%），层状结构，塑性较好，强度和硬度较高。

第二节　钢材的技术性质

钢材的技术性质主要包括力学性能和工艺性能。力学性能主要包括拉伸性能、疲劳强度、冲击韧性和硬度等。工艺性能反映金属材料在加工制造过程中所表现出来的性质，如冷弯性能、焊接性能、冷加工强化处理及时效处理等。

一、钢材的力学性能

（一）拉伸性能

拉伸是建筑钢材的主要受力形式，所以拉伸性能是表示钢材性能和选用钢材的重要指标。将低碳钢（软钢）制成一定规格的试件，放在材料试验机上进行拉伸试验，可以绘出如图 8-1 所示的应力—应变关系曲线。从图中可以看出，低碳钢受拉至断裂，经历了四个阶段：弹性阶段（*OA*）、屈服阶段（*AB*）、强化阶段（*BC*）和颈缩阶段（*CD*）。

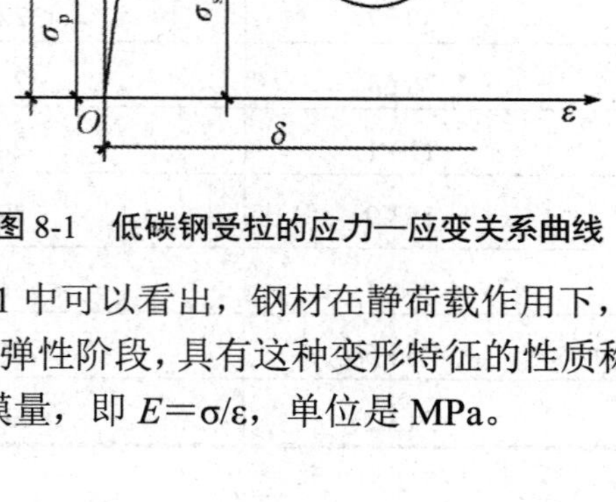

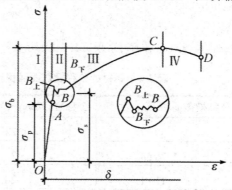

图 8-1　低碳钢受拉的应力—应变关系曲线

（1）弹性阶段。从图 8-1 中可以看出，钢材在静荷载作用下，受拉的 *OA* 阶段，应力和应变呈正比，这一阶段称为弹性阶段，具有这种变形特征的性质称为弹性。在此阶段中，应力和应变的比值称为弹性模量，即 $E=σ/ε$，单位是 MPa。

弹性模量是衡量钢材抵抗变形能力的指标。E 越大，使其产生一定量弹性变形的应力值也越大；在一定应力下，产生的弹性变形就越小。在工程上，弹性模量反映了钢材的刚度，是钢材在受力条件下计算结构变形的重要指标。建筑常用碳素结构钢 Q235 的弹性模量 E=（2.0～2.1）$\times 10^5$ MPa。

（2）屈服阶段。钢材在静载作用下，开始丧失对变形的抵抗能力，并产生大量塑性变形时的应力。如图 8-1 所示，在屈服阶段，锯齿形的最高点所对应的应力称为上屈服点（$B_上$）；最低点对应的应力称为下屈服点（$B_下$）。因上屈服点不稳定，所以规定以下屈服点的应力作为钢材的屈服强度，用 σ_s 表示。中、高碳钢没有明显的屈服点，通常以残余变形为 0.2%的应力作为屈服强度，用 $\sigma_{0.2}$ 表示，如图 8-2 所示。

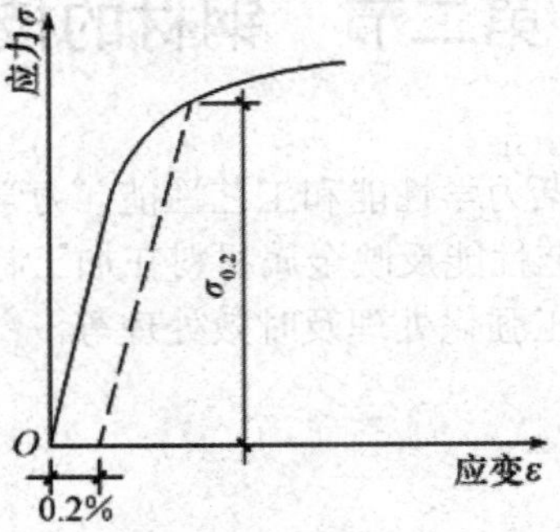

图 8-2　中、高碳钢的条件屈服点

按下式计算试件的屈服点：

$$\sigma_s = \frac{F_s}{A} \tag{8-1}$$

式中　σ_s——屈服点（Mpa）；

F_s——屈服点荷载（N）；

A——试件的公称横截面积，mm^2。计算时可采用表 8-1 所示公称横截面积。

表 8-1　钢材的公称横截面面积

公称直径/mm	公称横截面积 mm^2	公称直径/mm	公称横截面积 mm^2
8	50.27	22	380.1
10	78.54	25	490.9
12	113.1	28	615.8
13	153.9	32	804.2
16	201.1	36	1018
18	254.5	40	1257
20	313.2	50	1964

（3）强化阶段。在钢材屈服到一定程度后，由于钢材内部组织中的晶格发生了畸变，阻止了晶格进一步滑移，钢材得到强化，抵抗外力的能力重新提高，在应力—应变图上，曲线从 $B_{下}$点开始上升至最高点 C，这一过程称为强化阶段。对应于最高点 C 的应力称为极限抗拉强度，简称为抗拉强度，用 σ_b 表示。抗拉强度是钢材受拉时所能承受的最大应力值。其计算公式为：

$$\sigma_b = \frac{F_b}{S_0} \tag{8-2}$$

式中　σ_b——抗拉强度，MPa；

F_b——最大力，N；

S_0——试样公称截面面积。

抗拉强度虽然不能直接作为计算的依据，但屈服强度和抗拉强度的比值（即屈强比，用 σ_s/σ_b 表示）在工程上很有意义。屈强比越小，结构的可靠性越高，即防止结构破坏的潜力越大；但此值太小时，钢材强度的有效利用率太低。合理的屈强比一般在 0.6～0.75 之间。因此，屈服强度和抗拉强度是钢材力学性质的主要检验指标。

（4）颈缩阶段。试件受力达到最高点 C 点后，其抵抗变形的能力明显降低，变形迅速发展，应力逐渐下降，试件被拉长，在有杂质或缺陷处，断面急剧缩小，直至断裂，故 CD 段称为颈缩阶段。建筑钢材应具有很好的塑性。在工程中，钢材的塑性通常用伸长率（或断面收缩率）和冷弯性能来表示。

①伸长率是指试件拉断后，标距长度的增量与原标距长度之比，符号 δ，常用%表示，如图 8-3 所示。

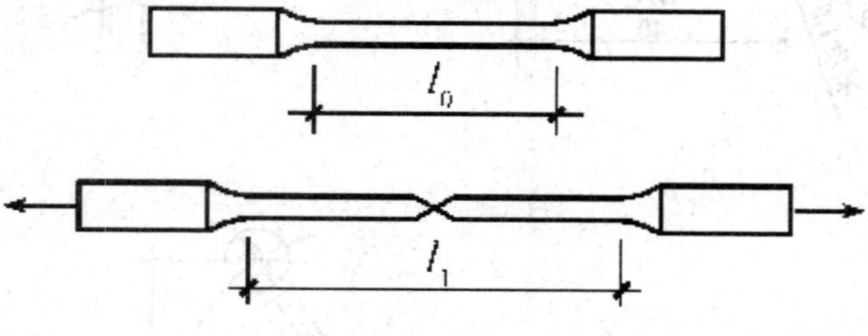

图 8-3　钢材的伸长率

其计算公式为：

$$\delta = \frac{l_1 - l_0}{l_0} \times 100\% \tag{8-3}$$

式中　δ——伸长率（%）；

l_0——原标距长度 $10a$（mm）；

l_1——试件拉断后直接量出或按移位法确定的标距部分长度（mm，测量精确至 0.1mm）。

②断面收缩率是指试件拉断后，颈缩处横截面积的减缩量占原横截面积的百分率，符

号 ϕ，常以%表示。

为了测量方便，常用伸长率表征钢材的塑性。伸长率是衡量钢材塑性的重要指标，δ 越大，说明钢材塑性越好。伸长率与标距有关，对于同种钢材，$\delta_5 > \delta_{10}$。

（二）疲劳强度

钢材承受交变荷载的反复作用时，可能在远低于屈服强度时突然发生破坏，这种破坏称为疲劳破坏。钢材疲劳破坏的指标即疲劳强度，或称疲劳极限。疲劳强度是试件在交变应力作用下，不发生疲劳破坏的最大主应力值。一般把钢材承受交变荷载 106～107 次时不发生破坏的最大应力，作为疲劳强度。

（三）冲击韧性

冲击韧性是指钢材抵抗冲击荷载而不被破坏的能力。冲击韧性指标是通过标准试件的弯曲冲击韧性试验确定的，如图 8-4 所示，以摆锤冲击试件刻槽的背面，使试件承受冲击弯曲而断裂。将试件冲断的缺口处单位截面积上所消耗的功作为钢材的冲击韧性指标，用 a_k 表示。a_k 值愈大，钢材的冲击韧性愈好。

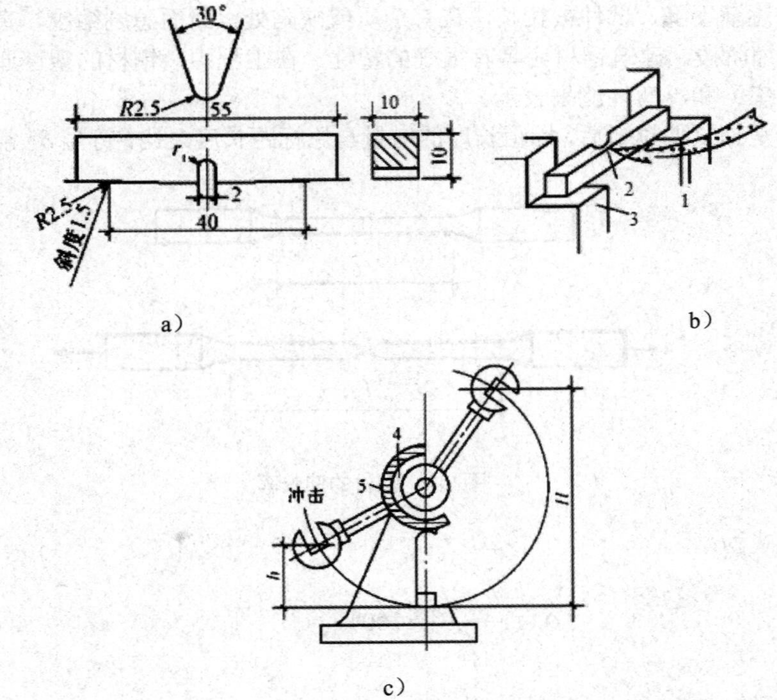

图 8-4　冲击韧性试验示意图

（a）试件尺寸；（b）试验装置；（c）试验机

1—摆锤；2—试件；3—试验台；4—刻转盘；5—指针

钢材的冲击韧性与钢的化学成分、冶炼与加工有关。一般来说，钢中的磷、硫含量较高，夹杂物以及焊接中形成的微裂纹等都会降低冲击韧性。

此外，钢的冲击韧性还受温度和时间的影响。常温下，随温度的下降，冲击韧性降低很小，此时破坏的钢件断口呈韧性断裂状；当温度降至某一温度范围时，a_k 突然明显下降，钢材开始呈脆性断裂，这种性质称为冷脆性，发生冷脆性时的温度（范围）称为脆性临界温度（范围）。低于这一温度时，a_k 降低趋势又缓和，但此时 a_k 值很小。在北方严寒地区选用钢材时，必须对钢材的冷脆性进行评定，此时选用的钢材的脆性临界温度应比环境最低温度低些。由于脆性临界温度的测定工作复杂，规范中通常是根据气温条件规定－20 ℃或－40 ℃的负温冲击值指标。

（四）硬度

钢材的硬度是指其表面抵抗重物压入产生塑性变形的能力。测定硬度的方法有布氏法和洛氏法，较常用的方法是布氏法，如图 8-5 所示，其硬度指标为布氏硬度值（HB）。

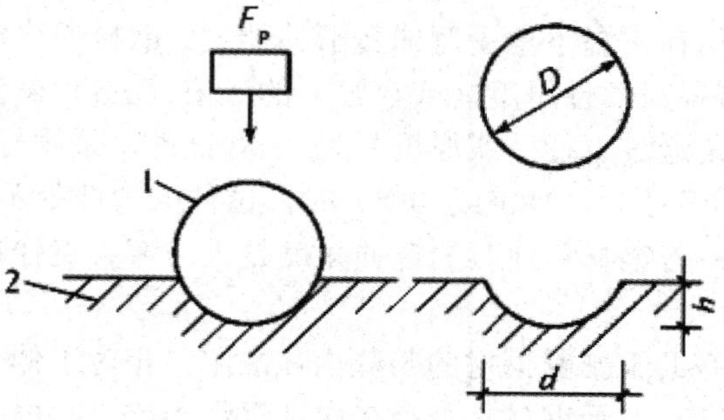

图 8-5　布氏硬度测定示意图

1—淬火钢球；2—试件

布氏法是利用直径为 D（mm）的淬火钢球，以一定的荷载 $F_p(N)$ 将其压入试件表面，得到直径为 d（mm）的压痕，以压痕表面积 S 除荷载 F_p，所得应力值即为试件的布氏硬度值（HB），以不带单位的数字表示。布氏法比较准确，但压痕较大，不适宜做成品检验。

【案例】

某建筑工程需要一批钢材，供应商送来一钢材试件，直径为 25 mm 原标距为 125 mm 做拉伸试验，当屈服点荷载为 201.0 kN，达到最大荷载为 250.3kN，拉断后测的标距长为 138 mm。

【求】（1）该钢材的屈服点。

（2）该钢材的抗拉强度。

（3）该钢材拉断后的伸长率。

【解】（1）钢材试件的屈服点：$\sigma_s = \frac{F_s}{A} = = 409.68$（Mpa）。

（2）钢材试件的抗拉强度：$\sigma_b = \frac{F_b}{S_0} = = 510.2$（Mpa）。

（3）钢材试件的伸长率：$\delta = \frac{l_1 - l_0}{l_0} \times 100\% = \frac{138 - 125}{125} \times 100\% = 10.4\%$。

二、钢材的工艺性能

良好的工艺性能，可以保证钢材顺利通过各种加工，而使钢材制品的质量不受影响。冷弯、冷拉、冷拔及焊接性能均是建筑钢材的重要工艺性能。

（一）冷弯性能

冷弯性能是指钢材在常温下承受弯曲变形的能力。钢材的冷弯性能指标是以试件弯曲的角度（d）和弯心直径对试件厚度（或直径）的比值（d/α）来表示。

钢材的冷弯试验是通过直径（或厚度）为 α 的试件，采用标准规定的弯心直径 d（$d = n\alpha$），弯曲到规定的弯曲角（180°或 90°）时，试件的弯曲处不发生裂缝、裂断或起层，即认为冷弯性能合格。若钢材弯曲时的弯曲角度越大，弯心直径越小，则表示其冷弯性能越好。

通过冷弯试验更有助于暴露钢材的某些内在缺陷。相对于伸长率而言，冷弯是对钢材塑性更严格的检验，它能揭示钢材是否存在内部组织不均匀、内应力和夹杂物等缺陷。冷弯试验对焊接质量也是一种严格的检验，能揭示焊件在受弯表面存在未熔合、微裂纹及夹杂物等缺陷。

（二）焊接性能

在建筑工程中，各种型钢、钢板、钢筋及预埋件等需用焊接加工，钢结构有 90%以上是焊接结构。焊接的质量取决于焊接工艺、焊接材料及钢的焊接性能。

钢材的可焊性是指钢材是否适应通常的焊接方法与工艺的性能。可焊性好的钢材指易于用一般焊接方法和工艺施焊，焊口处不易形成裂纹、气孔、夹渣等缺陷；焊接后钢材的力学性能，特别是强度不低于原有钢材，硬脆倾向小。钢材可焊性能的好坏，主要取决于钢的化学成分。含碳量高将增加焊接接头的硬脆性，含碳量小于 0.25%的碳素钢具有良好的可焊性。

钢筋焊接应注意的问题是：冷拉钢筋的焊接应在冷拉之前进行；钢筋焊接之前，焊接部位应清除铁锈、熔渣、油污等；应尽量避免不同国家的进口钢筋之间或进口钢与国产钢筋之间的焊接。

三、冷加工强化处理与时效处理

（一）冷加工强化处理

将钢材在常温下进行冷加工（如冷拉、冷拔或冷轧），使之产生塑性变形，从而提高屈服强度，但钢材的塑性、韧性及弹性模量则会降低，这个过程称为冷加工强化处理。建筑工地或预制构件厂常用的方法是冷拉和冷拔。

冷拉是将热轧钢筋用冷拉设备加力进行张拉，使之伸长。钢材经冷拉后屈服强度可提高 20%～30%，可节约钢材 10%～20%，钢材经冷拉后屈服阶段缩短，伸长率降低，材质变硬。冷拔是将光面圆钢筋通过硬质合金拔丝模孔强行拉拔，每次拉拔断面缩小应在 10%以下。钢筋在冷拔过程中，不仅受拉，同时还受到挤压作用，因而冷拔的作用比纯冷拉作用强烈。经过一次或多次冷拔后的钢筋，表面光洁度高，屈服强度提高 40%～60%，但塑性大大降低，具有硬钢的性质。

（二）时效处理

钢材经冷加工后，在常温下存放 15~20 d 或加热至 100~200 ℃，保持 2 h 左右，其屈服强度、抗拉强度及硬度进一步提高，而塑性及韧性继续降低，这种现象称为时效。前者称为自然时效，后者称为人工时效。钢材经冷加工及时效处理后，其性质变化的规律，可明显地在应力—应变图上得到反映，如图 8-6 所示。

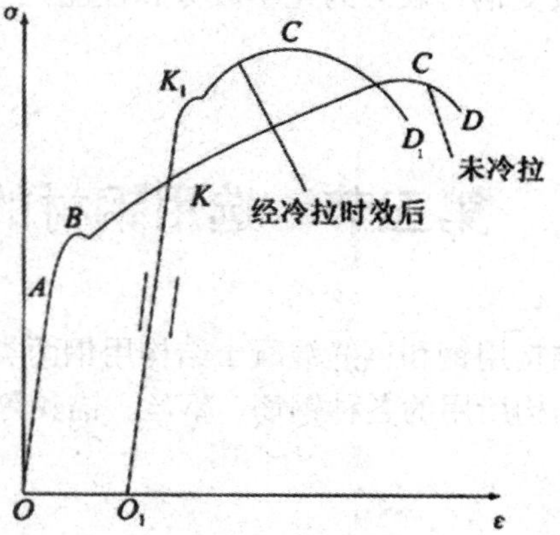

图 8-6 钢材冷拉失效后应力—应变图的变化

当试件冷拉至超过屈服强度的任意一点 K 时，卸去荷载，此时由于试件已产生塑性变形，则曲线沿 KO_1 下降，KO_1 大致与 AO 平行。如立即再拉伸，则 σ—ε 曲线将成为 O_1KO_1，屈服强度由 B 点提高到 K 点。但如在 K 点卸荷后进行时效处理，然后再拉伸，则 σ—ε 曲线将成为 $O_1K_1C_1D_1$，这表明冷拉时效以后，屈服强度和抗拉强度均得到提高，但塑性和韧性则相应降低。

四、钢材的热处理

钢材的热处理通常有以下几种基本方法：

（1）淬火。将钢材加热至 723 ℃以上某一温度，并保持一定时间后，迅速置于水中或机油中冷却，这个过程称为钢材的淬火处理。钢材经淬火后，强度和硬度提高，脆性增大，塑性和韧性明显降低。

（2）回火。将淬火后的钢材重新加热到 723 ℃以下某一温度范围，并保温一定时间后再缓慢地或较快地冷却至室温，这一过程称为回火处理。回火可消除钢材淬火时产生的内应力，使其硬度降低，恢复塑性和韧性。按回火温度不同，又可分为高温回火（500～650 ℃）、中温回火（300～500 ℃）和低温回火（150～300 ℃）3 种。回火温度越高，钢材硬度下降越多，塑性和韧性恢复越好，若钢材淬火后随即进行高温回火处理，则称调质处理，其目的是使钢材的强度、塑性、韧性等性能均得到改善。

（3）退火。退火是指将钢材加热至 723 ℃以上某一温度，并保持适当时间后，就在退火炉中缓慢冷却。退火能消除钢材中的内应力，细化晶粒、均匀组织，使钢材硬度降低，塑性和韧性提高，从而达到改善性能的目的。

（4）正火。正火是将钢材加热到 723 ℃以上某一温度，并保持相当长时间，然后在空气中缓慢冷却，则可得到均匀细小的显微组织。钢材正火后强度和硬度提高，塑性较退火时小。

（5）化学热处理。化学热处理是对钢材表面进行的热处理，是利用某些化学元素向钢表层内进行扩散，以改变钢材表面的化学成分和性能。常用的方法有渗碳法、氮化法、氰化法等。

第三节　选用钢材的标准

建筑钢材可分为钢结构用钢和钢筋混凝土结构用钢两类。在建筑工程中，钢结构所用各种型钢，钢筋混凝土结构所用的各种钢筋、钢丝、锚具等钢材的性能主要取决于所用钢种及其加工方式。

一、钢结构用钢

钢结构用钢主要包括碳素结构钢和低合金高强度结构钢两种。

（一）碳素结构钢

碳素结构钢包括一般结构钢和工程用热轧钢板、钢带、型钢等。现行国家标准《碳素结构钢》（GB/T 700—2006）具体规定了它的牌号表示方法、代号和符号、技术要求、试验方法、检验规则等。

1．碳素结构钢的牌号表示方法

碳素结构钢的牌号由代表屈服点的字母、屈服点数值、质量等级符号、脱氧程度符号四部分按顺序组成。碳素结构钢可分为Q195、Q215、Q235、Q255和Q275五个牌号。其中质量等级取决于钢内有害元素硫和磷的含量，硫和磷含量越少，钢的质量越好，其质量等级是随 A、B、C、D 的顺序逐级提高的。当为镇静钢或特殊镇静钢时，牌号表示“Z”或“TZ”的符号可予以省略。

例如，Q235—A·F，表示屈服强度为235 MPa，质量等级为A级的沸腾钢；Q255—B，表示屈服强度为255 MPa，质量等级为B级的镇静钢。

2．碳素结构钢的技术要求

碳素结构钢的化学成分见表8-2~，碳素结构钢的冷弯试验见表8-3。

表8-2　碳素结构钢的化学成分

牌号	统一数字代号①	等级	厚度（或直径）mm	脱氧方法	化学成分（质量分数，%），不大于				
					C	Si	Mn	P	S
Q195	U11952	—	—	F、Z	0.12	0.30	0.50	0.035	0.040
Q215	U12152	A	—	F、Z	0.15	0.35	1.20	0.045	0.050
	U12155	B							0.045
Q235	U12352	A	—	F、Z	0.22	0.35	1.40	0.045	0.050
	U12355	B			0.20②				0.045
	U12358	C		Z	0.17			0.040	0.040
	U12359	D		TZ				0.035	0.035
Q275	U12752	A	—	F、Z	0.24	0.35	1.50	0.045	0.050
	U12755	B	≤40	Z	0.21			0.045	0.045
			>40		0.22				
	U12758	C	—	Z	0.20			0.040	0.040
	U12759	D		TZ				0.035	0.035

注：①表中为镇静钢、特殊镇静钢牌号的统一数字，沸腾钢牌号的统一数字代号如下：

Q195F—U1950；Q215AF—U12150，Q215BF—U12153；Q235AF—U12350，Q235BF—U12353；Q275AF—U12750。

②经需方同意，Q235B的碳含量可不大于0.22%。

表8-3　碳素结构钢的冷弯试验

牌　号	试样方向	冷弯试验，$B=2a$①，180°	
		钢材厚度（直径）②/mm	
		≤60	>60～100
		弯心直径 d	

续表

Q195	纵 横	0 0.5a	—
Q215	纵 横	0.5 a a	1.5 a 2 a
Q235	纵 横	a 1.5 a	2 a 2.5 a
Q275	纵 横	1.5 a 2 a	2.5 a 3 a

注：①B 为试样度，a 为试样厚度

②钢材厚度大于 100 mm 时，弯曲试验由双方协商确定。

3．碳素结构钢的特性及应用

（1）Q195 钢。强度不高，塑性、韧性、加工性能与焊接性能较好，主要用于轧制薄板和盘条等。

（2）Q215 钢。用途与 Q195 钢基本相同，由于其强度稍高，因此大量用作管坯、螺栓等。

（3）Q235 钢。既有较高的强度，又有较好的塑性和韧性，焊接性能也好，在建筑工程中应用最广泛，大量用于制作钢结构用钢、钢筋和钢板等。其中 Q235A 级钢，一般仅适用于承受静荷载作用的结构，Q235C 和 Q235D 级钢可用于重要的焊接结构。

（4）Q275 钢。强度、硬度较高，耐磨性较好，但塑性、冲击韧性和焊接性能差。不宜用于建筑结构，主要用于制作机械零件和工具等。

（二）低合金高强度结构钢

低合金高强度结构钢是在碳素结构钢的基础上，添加少量的一种或几种合金元素（总含量小于 5%）的一种结构钢。其目的是为了提高钢的屈服强度、抗拉强度、耐磨性、耐蚀性及耐低温性能等。因此，它是综合性较为理想的建筑钢材，尤其在大跨度、承受动荷载和冲击荷载的结构中更适用。另外，与使用碳素钢相比，它可节约钢材 20%～30%，而成本并不是很高。

1．低合金高强度结构钢的牌号表示方法

根据国家标准《低合金高强度结构钢》（GB/T 1591—2008）的规定，低合金高强度结构钢的牌号由代表屈服点的字母 Q、屈服强度值（MPa）、质量等级等三个部分按顺序组成。低合金高强度结构钢按屈服点的数值（MPa）划分为 Q345、Q390、Q420、Q460、Q500、Q550、Q620、Q690 八个牌号；质量等级分为 A、B、C、D、E 五个等级，质量按顺序逐级提高。例如，Q345A 表示屈服点不低于 345 MPa 的 A 级低合金高强度结构钢。

2．低合金高强度结构钢的技术要求

（1）化学成分。各牌号低合金高强度结构钢的化学成分（熔炼分析）应符合表 8-5

的规定。

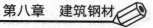

表 8-5　低合金高强度结构钢各牌号的化学成分

牌号	质量等级	化学成分①，②（质量分数，%）														
		C	Si	Mn	P	S	Nb	V	Ti	Cr	Ni	Cu	N	Mo	B	Als
					不大于											
Q345	A	≤0.20	≤0.50	≤1.70	0.035	0.035	0.07	0.15	0.20	0.30	0.50	0.30	0.012	0.10	—	—
	B				0.035	0.035										
	C				0.030	0.030										0.015
	D	≤0.18			0.030	0.025										
	E				0.025	0.020										
Q390	A	≤0.20	≤0.50	≤1.70	0.035	0.035	0.07	0.20	0.20	0.30	0.50	0.30	0.015	0.10	—	—
	B				0.035	0.035										
	C				0.030	0.030										0.015
	D				0.030	0.025										
	E				0.025	0.020										
Q420	A	≤0.20	≤0.50	≤1.70	0.035	0.035	0.07	0.20	0.20	0.30	0.80	0.30	0.015	0.20	—	—
	B				0.035	0.035										
	C				0.030	0.030										0.015
	D				0.030	0.025										
	E				0.025	0.020										
Q460	C	≤0.20	≤0.60	≤1.80	0.030	0.030	0.11	0.20	0.20	0.30	0.80	0.55	0.015	0.20	0.004	0.015
	D				0.030	0.025										
	E				0.025	0.020										
Q500	C	≤0.18	≤0.60	≤1.80	0.030	0.030	0.11	0.12	0.20	0.60	0.80	0.55	0.015	0.20	0.004	0.015
	D				0.030	0.025										
	E				0.025	0.020										
Q550	C	≤0.18	≤0.60	≤2.00	0.030	0.030	0.11	0.12	0.20	0.80	0.80	0.80	0.015	0.30	0.004	0.015
	D				0.030	0.025										
	E				0.025	0.020										
Q620	C	≤0.18	≤0.60	≤2.00	0.030	0.030	0.11	0.12	0.20	1.00	0.80	0.80	0.015	0.30	0.004	0.015
	D				0.030	0.025										
	E				0.025	0.020										
Q690	C	≤0.18	≤0.60	≤2.00	0.030	0.030	0.11	0.12	0.20	1.00	0.80	0.80	0.015	0.30	0.004	0.015
	D				0.030	0.025										
	E				0.025	0.020										

注：①型材及棒材 P、S 含量可提高 0.005%，其中 A 级钢上限可为 0.045%。

②当细化晶粒元素组合加入时，20(Nb+V+Ti)含量不大于0.22%，20(Mo+Cr)含量不大于0.30%。

（2）常用低合金高强度结构钢的力学性能、用途及新旧牌照对照（摘自 GB/T 1591-1994）如表8-6所示。

表8-6 常用低合金高强度结构钢的力学性能、用途及新旧牌照对照

牌号	质量等级	力学性能				用途举例	对于旧牌号GB1591/1988
		σ_b/MPa	δ_b/%	σ_s/MPa	A_k/J		
Q295	A	390~570	23	295	—	低、中化工容器、低压锅炉汽包，车辆冲压件，建筑金属构件，输油管，储油罐、有低温要求的金属构件等	09MnV、09MnNb、09Mn2、12Mn
	B	390~570	23	295	24（20℃）		
Q345	A	470~630	21	345	—	各种大型船舶，铁路车辆，桥梁，管道，锅炉，压力容器，石油储罐，水轮机涡壳，起重及矿山机械，电站设备，厂房钢架等承受动载荷的各种焊接结构件，一般金属构件、零件等	12MnV、14MnNb、16Mn、16MnRE、18Nb
	B	470~630	21	345	34（20℃）		
	C	470~630	22	345	34（0℃）		
	D	470~630	22	345	34（-20℃）		
	E	470~630	22	345	34（-20℃）		
Q390	A	490~650	19	390	—	中、高压锅炉汽包，中、高压石油化工容器，大型船舶，桥梁，车辆及其他承受较高载荷的大型焊接结构件，承受动载荷的焊接结构件，如水轮机涡壳等	15MnV、15MnTi、15MnNb
	B	490~650	19	390	34（20℃）		
	C	490~650	20	390	34（0℃）		
	D	490~650	20	390	34（-20℃）		
	E	490~650	20	390	34（-40℃）		
Q420	A	520~680	18	420	—	大型焊接结构、大型桥梁，大型船舶，电站设备，车辆，高压容器，液氨罐车等	15MnVN 14MnVTiRE
	B	520~680	18	420	34（20℃）		
	C	520~680	19	420	34（0℃）		
	D	520~680	19	420	34（-20℃）		
	E	520~680	19	420	34（-40℃）		
Q460	C	550~720	17	460	34（0℃）	可淬火、回火，用于大型挖掘机、起重运输机、钻井平台等	—
	D	550~720	17	460	34（-20℃）		
	E	550~720	17	460	34（-40℃）		

3．低合金高强度结构钢的特性及应用

由于合金元素的细晶强化和固深强化等作用，低合金高强度结构钢与碳素结构钢相比，既具有较高的强度，同时又有良好的塑性、低温冲击韧性、焊接性能和耐腐蚀性等特点，是一种综合性能良好的建筑钢材。

二、钢筋混凝土结构用钢

钢筋混凝土结构用钢，主要由碳素结构钢和低合金结构钢轧制而成，主要有热轧钢筋、冷加工钢筋、热处理钢筋、预应力混凝土用钢丝和钢绞线等，按直条或盘条（也称盘圆）供货。

（一）热轧钢筋

热轧钢筋是指经过热轧成型并自然冷却的成品钢筋。根据其表面形状分为光圆钢筋和带肋钢筋两类，而带肋钢筋又分月牙助钢筋和等高肋钢筋。按标准规定，钢筋拉伸、冷弯试验时，试样不允许进行车削加工。计算钢筋强度时钢筋截面面积应采用其公称横截面积。

1．分类、牌号

根据《钢筋混凝土用钢第 1 部分：热轧光圆钢筋》（GB 1499.1—2008）及《钢筋混凝土用钢第 2 部分：热轧带肋钢筋》（GB 1499.2—2007）的规定：热轧光圆钢筋分为 HPB235、HPB330 两个牌号，热轧带肋钢筋分为 HRB335、HRB400、HRB500、HRBF335、HRBF400、HRBF500 共 6 个牌号。其中 HPB 代表热轧光圆钢筋；HRB 代表热轧带肋钢筋（Hotrolled Ribbed Bars），牌号中的 H、R、B 分别为热轧、带肋、钢筋 3 个名词的英文首位字母。HRBF 代表细晶粒热轧带肋钢筋，HRBF 在热轧带肋钢筋的英文缩写后加“细”的英文（Fine）首位字母。牌号中的数字表示钢筋的屈服强度。

通过控制轧制和控制冷却工艺获得超细晶粒组织，从而在不增加合金含量的基础上大幅提高钢材的强度和韧性，充分体现了技术的进步，成为当前国际上研究的热点。

2．技术要求

热轧光圆钢筋的力学性能和工艺性能应符合表 8-7 的规定。

表 8-7 热轧光圆钢筋的力学性能、工艺性能

牌号	钢材种类	表面形状	公称直径 d/mm	屈服强度/MPa	抗拉强度/MPa	伸长率 δ_5	最大力总伸长率 Agt	冷弯试验	
								角度	弯心直径
HPB235	低碳钢	光圆	6~22	235	370	25.0%	10.0%	180°	$d=a$
HPB330	低碳钢	光圆	6~22	300	420	25.0%	10.0%	180°	$d=a$

热轧带肋钢筋的力学性能和冷弯性能应符合表 8-8、表 8-9 的规定。

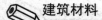

表 8-8　热轧带肋钢筋的力学性能

牌号	屈服强度/MPa	抗拉强度/MPa	延伸率	最大力总伸长率
	不小于			
HRB335 HRBF335	335	455	17%	7.5%
HRB400 HRBF400	400	540	16%	
HRB500 HRBF500	500	630	15%	

表 8-9　热轧带肋钢筋的冷弯性能

牌号	公称直径 *d* /mm	弯心直径
HRB335 HRBF335	6~25	3*d*
	28~40	4 *d*
	40~50	5 *d*
HRB400 HRBF400	6~25	4 *d*
	28~40	5 *d*
	40~50	6 *d*
HRB500 HRBF500	6~25	6 *d*
	28~40	7 *d*
	40~50	8 *d*

3．钢材的选用

HPB235、HPB330 热轧光圆钢筋是用碳素结构钢轧制而成的钢筋。其强度较低，塑性及焊接性能好，伸长率高，便于弯折成形和进行各种冷加工，广泛用于普通钢筋混凝土构件中，作为中小型钢筋混凝土结构的主要受力钢筋和各种钢筋混凝土结构的箍筋等。HRB335、HRB400、HRBF335、HRBF400 带肋钢筋，其强度较高，塑性和焊接性能较好，因表面带肋，加强了钢筋与混凝土之间的黏结力，广泛作为大、中型钢筋混凝土结构的受力钢筋。HRB500、HRBF500 热轧带肋钢筋强度高，但塑性与焊接性较差，可用做预应力钢筋。HRBF335、HRBF400、HRBF500 钢筋的焊接工艺应经试验确定，以确保焊接质量。

（二）冷轧带肋钢筋

冷轧带肋钢筋是以普通低碳钢或低合金钢热轧的圆盘条为母材，经冷轧减径后将其表面冷轧成二面或三面有肋的钢筋。冷轧带肋钢筋是热轧圆盘钢筋的深加工产品；在预应力混凝土构件中，是冷拔低碳钢丝的更新换代产品；在现浇混凝土结构中，则可代换 I 级钢筋，以节约钢材，是一种新型高效建筑钢材。

根据《冷轧带肋钢筋》（GB 13788—2008）规定，冷轧带肋钢筋的牌号由 CRB 和钢筋的抗拉强度最小值构成。C、R、B 分别为冷轧（Cold rolled）、带肋（Ribbed）、钢筋（Bar）3 个词的英文首位字母。冷轧带肋钢筋分为 CRB550、CRB650、CRB800、CRB970、CRB1170 共 5 个牌号。CRB550 为普通钢筋混凝土用钢筋，其他牌号为预应力混凝土用钢筋。

冷轧带肋钢筋的公称直径范围为 4～12 mm。冷轧带肋钢筋的力学性能和工艺性能应符合表 8-10 的规定。

表 8-10　冷轧带肋钢筋的力学性能和工艺性能

牌号	$\sigma_{0.2}$ /MPa 不小于	σ_b /MPa 不小于	伸长率/%，不小于		弯曲试验 180°	反复弯曲次数	应力松弛初始应力应相当于公称抗拉强度的 70%
			$\sigma_{11.3}$	σ_{100}			1 000 h 松弛率/%，不大于
CRB550	500	550	8.0	—	D＝3d	—	—
CRB650	585	650	—	4.0	—	3	8
CRB800	720	800	—	4.0	—	3	8
CRB970	875	970	—	4.0	—	3	8

注：表中 D 为弯心直径，d 为钢筋公称直径。

冷轧带肋钢筋有如下优点：

（1）钢材强度高。可节约建筑钢材和降低工程造价。CRB550 级冷轧带肋钢筋与热轧光圆钢筋相比，用于现浇结构（特别是盖楼屋中）可节约 33%~40%的钢材。如考虑不用弯钩，则钢材节约量还要多一些。

（2）冷轧带肋钢筋与混凝土之间的黏结锚固性能良好。用于构件中，杜绝了构件锚固区开裂、钢丝滑移而破坏的现象，且提高了构件端部的承载能力和抗裂能力；在钢筋混凝土结构中，裂缝宽度比光圆钢筋，甚至比热轧螺纹钢筋还小。

（3）冷轧带肋钢筋伸长率较同类的冷加工钢材大。

（三）冷轧扭钢筋

冷轧扭钢筋是采用低碳钢热轧圆盘条经专用的钢筋冷轧扭机组调直、冷轧并冷扭一次成型，具有规定节距的连续螺旋状高强钢筋，如图 8-7 所示。节距是冷轧扭钢筋截面位置沿钢筋轴线旋转 1/2 周（180°）的前进距离；轧扁厚度是冷轧扭钢筋成型后矩形截面较小边尺寸或菱形截面短向对角线尺寸；标志直径是原材料（母材）轧制前的公称直径（d），标记符号为 φ。冷轧扭钢筋按其截面形状不同分为矩形截面 I 型和菱形截面Ⅱ型，冷轧扭钢筋的名称代号为 LZN（“冷”“轧”“扭”字汉语拼音字头）。

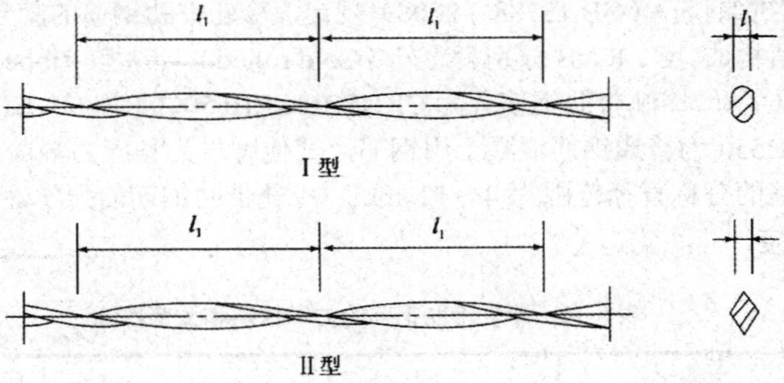

图 8-7　冷轧扭钢筋

冷轧扭钢筋的特点如下：

（1）热轧圆盘条经加工成冷轧扭钢筋后，有较高的抗拉强度（σ_b ≥580 MPa）。

（2）热轧圆盘条经加工成冷轧扭钢筋后仍有足够的塑性，其伸长率 δ_{10} ≥4.5%，满足工程的应用要求。

（3）冷轧扭钢筋连续螺旋形表面与混凝土的握裹力好，是光圆钢筋的 3.8 倍，具有良好的黏结锚固性能。

（4）生产工厂化，产品商品化，可根据工程设计要求定尺直条供货到施工现场，省去使用盘条所需的调直、切断、弯钩等现场工序，施工方便、快捷，缩短施工工期，节能、高效。

（5）稳保质量，降低工程造价，节省大量资金。

在建筑工程中采用新型钢筋和新品种钢筋逐步替代强度较低或延性较差的热轧 I 级圆钢和低碳冷拔钢丝，是我国建筑钢筋技术的重要发展方向。冷轧扭钢筋和冷轧带肋钢筋都是建设部门重点推广的新型冷加工钢筋技术项目。冷轧带肋钢筋作为低碳冷拔钢丝的换代产品，主要用于中小型预应力构件和焊接网，而冷轧扭钢筋则主要用于工业及民用建筑和一般构筑物不直接承受动力荷载的钢筋砼受弯构件的配筋，尤其在现浇板和中小型梁式构件中更为适宜。

（四）预应力混凝土用热处理钢筋

预应力混凝土用热处理钢筋是由热轧带肋钢筋（即普通热轧中碳低合金钢筋）经淬火和回火等调质处理制成的。按其螺纹外形分为有纵肋和无纵肋两种（均有横肋），其代号为 RB150。根据《预应力混凝土用钢棒》（GB/T 5223.3—2005）规定，其力学性能应符合表 8-11 要求。

表 8-11 预应力混凝土用热处理钢筋的力学性能

公称直径/mm	钢材牌号	屈服强度/MPa	抗拉强度/MPa	伸长率
6	$40Si_2Mn$	≥1325	≥1476	≥6%
8.2	$48Si_2Mn$			
10	$45Si_2Mn$			

预应力混凝土用热处理钢筋的优点是强度高，可代替高强钢丝使用；配筋根数少，节约钢材；锚固性好，不易打滑，预应力值稳定；施工简便，开盘后钢筋自然伸直，不需调直及焊接。预应力混凝土用热处理钢筋主要用于预应力钢筋混凝土桥梁、轨枕，也用于预应力梁、板结构及吊车梁等。

（五）预应力混凝土用钢丝及钢绞线

1．预应力混凝土用钢丝

预应力混凝土用钢丝是用优质碳素结构钢经冷拉或再经回火等工艺处理制成的。其强度高，柔性好，适用于大跨度屋架、吊车梁等大型构件的预应力结构。根据《预应力混凝土用钢丝》（GB/T 5223—2002）规定：按加工状态分为冷拉钢丝（WCD） 和消除应力钢丝两类，消除应力钢丝按松弛性能又分为低松弛钢丝（WLR）和普通松弛钢丝（WNR）。按外形分为光面钢丝（P）、螺旋肋钢丝（H）和刻痕钢丝（I）。经低温回火消除应力后钢丝的塑性比冷拉钢丝要高。刻痕钢丝是经压痕轧制而成的，刻痕后与混凝土握裹力大，可减少混凝土裂缝。预应力混凝土用钢丝抗拉强度高，弹性模量稳定，定尺无接头，残余应力小，后锌层抗蚀性能好，用于制造大跨度悬索桥的主缆和斜拉桥的拉索。

2．预应力混凝土用钢绞线

预应力混凝土用钢绞线是由若干根优质碳素结构钢丝绞捻后消除内应力而制成的。绞捻方向一般为左捻。钢绞线强度高、柔性好，与混凝土黏结性能好。它多用于大型屋架、薄腹梁、大跨度桥梁等大负荷的预应力结构。按照《预应力混凝土用钢绞线》（GB/T 5224—2003）规定，钢绞线按捻制结构（钢丝股数）分为 5 种结构类型：1×2、1×3、1×3I、1×7 和 1×7C，如图 8-8 和图 8-9 所示。

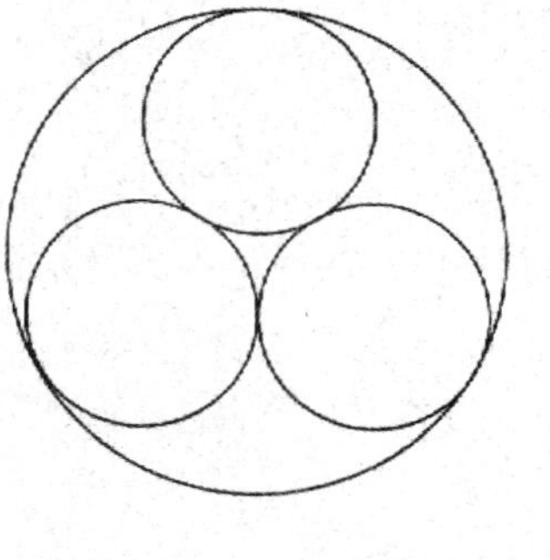

图 8-8 1×3 结构钢绞线

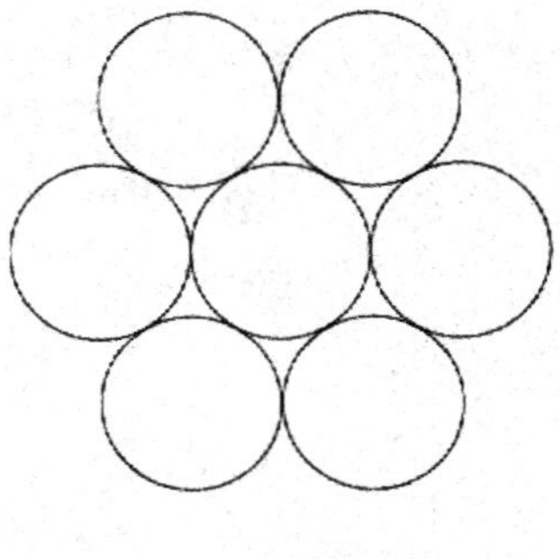

图 8-9 1×7C 结构钢绞线

本章小结

本章主要介绍了作为重要建筑材料之一的钢材。在建筑工程中主要使用碳素结构钢和低合金结构钢，用以制作钢结构构件及用作混凝土结构中的增强材料。通过本章学习，读者应能根据工程特点正确选用钢材，具有鉴别钢材质量的能力；能根据钢材不同的性能特点合理选用结构钢或钢筋混凝土用钢的品种；能识别钢结构用钢和钢筋混凝土用钢的牌号，确定钢材的性能；会进行钢材的进场验收和取样送检工作；能根据相关标准对建筑钢材进行质量检测，并能根据相关指标判定钢材的质量等级；具有分析和处理施工中由于建筑钢材质量等原因导致的工程技术问题的能力。

复习思考题

1. 什么是建筑钢材？建筑工程中主要使用哪些钢材？
2. 影响钢材技术性质的主要指标有哪些？
3. 什么是钢材的伸长率？
4. 什么是钢材的冷弯性能？如何评价钢材的冷弯性能？
5. 什么是钢材的冷加工和时效处理？冷加工和时效处理的目的是什么？
6. 建筑钢材的锈蚀原因有哪些？如何防护钢材？

第九章　木材

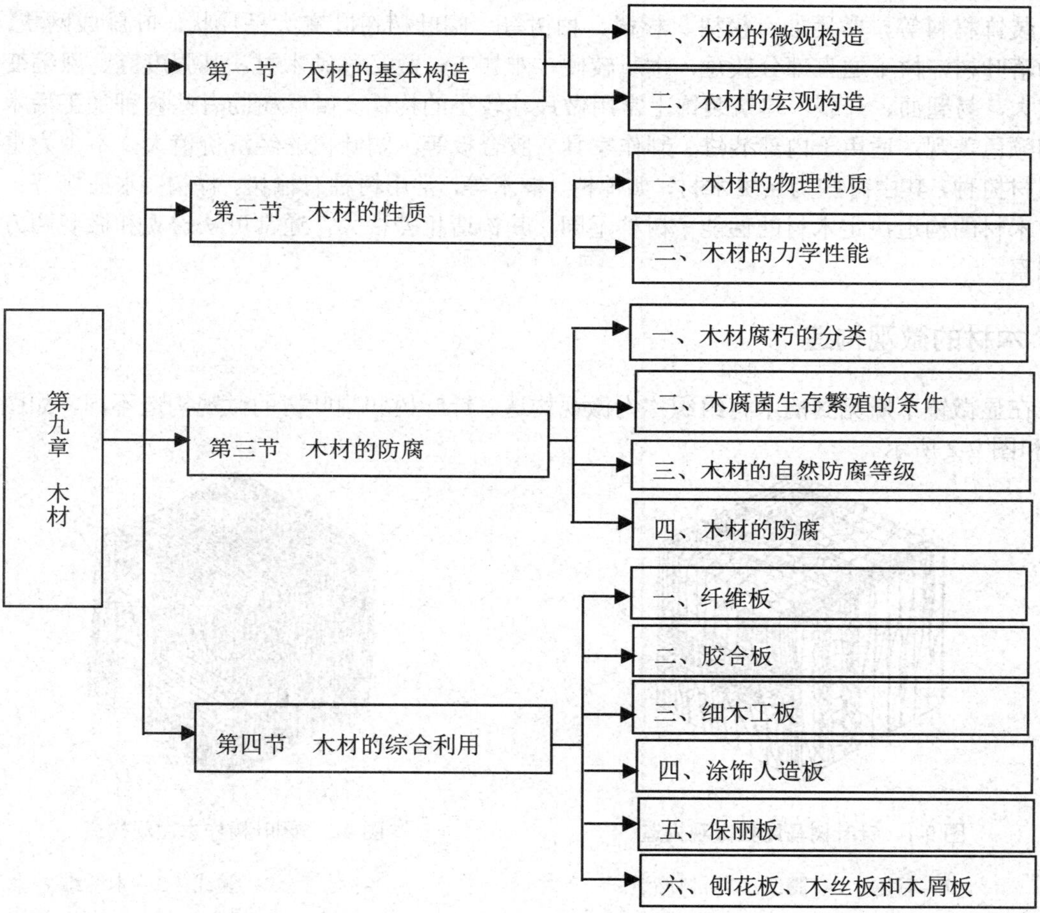

本章结构图

【学习目标】

- 了解木材的分类和构造；
- 掌握木材的物理及力学性质；
- 了解木材的腐朽原因及防止措施。

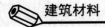

第一节　木材的基本构造

树木的种类很多，一般按树种可分为针叶树和阔叶树两大类。针叶树树叶细长呈针状，多为常绿树，树干直而高，纹理平顺，材质均匀，木质较软，易于加工，故又称软木材。针叶树的表观密度和胀缩变形较小，强度较高，耐腐蚀性好，建筑中多用于门窗、地面材料及装饰材料等，常用的有松树、杉树、柏树等。阔叶树树叶宽大呈片状，叶脉成网状，多为落叶树，树干通直部分较短，木质较硬，难加工，故又称硬木材。其强度高、涨缩变形较大，易翘曲、开裂，建筑装饰上常用做尺寸较小的构件。阔叶树的有些树种加工后木纹和颜色美观，适用于内部装修，制作家具、胶合板等。阔叶树的经济价值大，不少为重要用材树种，其中有些为名贵木材，如樟树、楠木等，常用树种有榆树、桦树、水曲柳等。

木材的构造决定木材的性能。树种不同，其构造相差很大，通常可从宏观和微观两方面观察。

一、木材的微观构造

在显微镜下所见到的木材组织称为微观构造。针叶树和阔叶树的微观构造不同，如图9-1和图9-2所示。

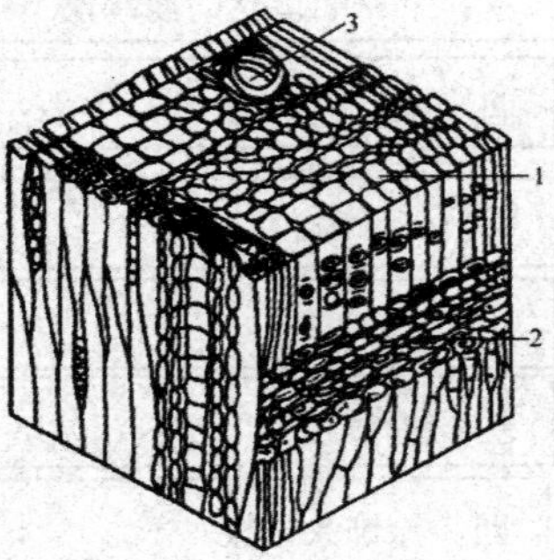

图9-1　针叶树马尾松微观构造

1—管胞；2—髓线；3—树脂道

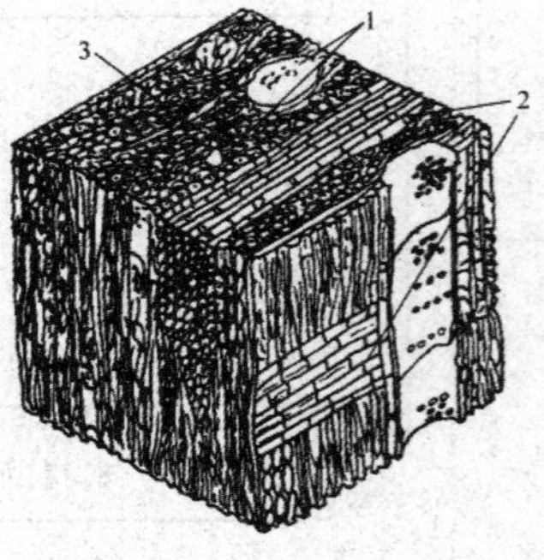

图9-2　阔叶树柞木微观构造

1—导管；2—髓线；3—木纤维

从显微镜下可以看到，木材是由无数个小空腔的长形细胞紧密结合组成的，每个细胞都有细胞壁和细胞腔。细胞壁是由若干层细胞纤维组成的，其连接纵向较横向牢固，因而造成细胞壁纵向的强度高，而横向的强度低，在组成细胞壁的纤维之间存在极小的空隙，能吸附和渗透水分。

细胞本身的组织构造在很大程度上决定了木材的性质，如细胞壁越厚，细胞腔越小，木材组织越均匀，则木材越密实，表观密度与强度越大，同时收缩变形也越小。

木材细胞因功能不同主要分为管胞、导管、木纤维、髓线等。针叶树显微结构较为简单而规则，由管胞、树脂道和髓线组成，管胞主要为纵向排列的厚壁细胞，约占木材总体积的90%。针叶树的髓线较细小而不明显。某些树种，如松树在管胞间尚有树脂道，富含树脂。阔叶树的显微结构较复杂，主要由导管、木纤维及髓线等组成，导管是壁薄而腔大的细胞，约占木材总体积的20%，木纤维是一种厚壁细长的细胞，它是阔叶树的主要成分之一，占木材总体积的50%以上。阔叶树的髓线发达而明显。导管和髓线是鉴别阔叶树的显著特征。

二、木材的宏观构造

宏观构造是指肉眼或放大镜能观察到的木材组织。由于木材具有各向异性，可通过横切面、径切面、弦切面了解其构造，如图9-3所示。

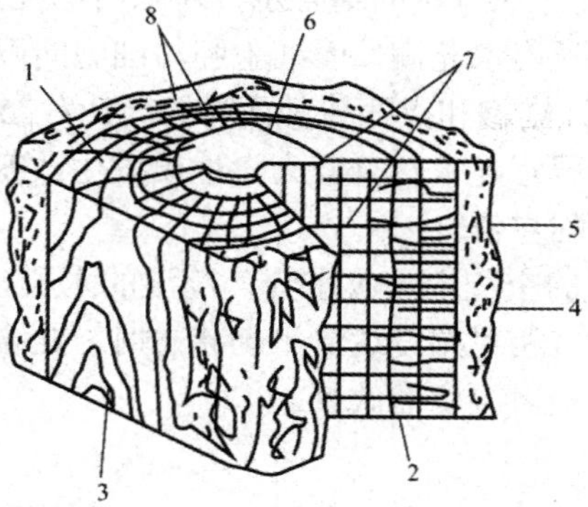

图9-3 木材的宏观构造

1—横切面；2—径切面；3—弦切面；4—树皮；5—木质部；6—髓心；7—髓线；8—年轮

图9-3中横切面是与树纵轴相垂直的横向切面：径切面是通过树轴的纵切面，弦切面是与材心有一定距离、与树轴平行的纵向切面。从图9-3中可知，树木主要由树皮、髓心和木质部组成。木材主要是使用木质部。木质部就是髓心和树皮之间的部分，是木材的主体。在木质部中，靠近髓心的部分颜色较深，称为心材；靠近树皮的部分颜色较浅，称为边材。心材含水量较小，不易翘曲变形，耐蚀性较强；边材含水量较大，易翘曲变形，耐蚀性也不如心材。从横切面可以看到深浅相间的同心圆，称为年轮。每一年轮中，色浅而质软的部分是春季长成的，称为春材或早材；色深而质硬的部分是夏秋季长成的，称为夏材或晚材。夏材越多木材质量越好；年轮越密且均匀，木材质量较好。在木材横切面上，有许多径向的，从髓心向树皮呈辐射状的细线条，或断或续地穿过数个年轮，称为髓线，是木材较脆弱的部位，干燥时常沿髓线发生裂纹。在木材的利用上，它是构成木材美丽花纹的因素之一。

第二节 木材的性质

一、木材的物理性质

木材的物理性质对木材的选用和加工有很重要的现实意义。

（一）含水率

木材的含水率是指木材中所含水的质量占干燥木材质量的百分比。木材内部所含水分，可以分为以下三种：

（1）自由水。存在于细胞腔和细胞间隙中的水分。自由水影响木材的表观密度、保存性、燃烧性、干燥性和渗透性。

（2）吸附水。吸附在细胞壁内的水分。它是影响木材强度和胀缩的主要因素。

（3）化合水。木材化学成分中的结合水，对木材的性能无太大影响。

当木材中细胞壁内被吸附水充满，而细胞腔与细胞间隙中没有自由水时，该木材的含水率被称为纤维饱和点。纤维饱和点随树种而异，一般为25%～35%，平均值约为30%。纤维饱和点的重要意义在于它是木材物理力学性质发生改变的转折点，是木材含水率是否影响其强度和湿胀干缩的临界值。

干燥的木材能从周围的空气中吸收水分，潮湿的木材也能在干燥的空气中失去水分。当木材的含水率与周围空气相对湿度达到平衡状态时，此含水率称为平衡含水率。平衡含水率随周围环境的温度和相对湿度而改变。

（二）湿胀干缩

木材具有显著的湿胀干缩特征。当木材的含水率在纤维饱和点以上时，含水率的变化并不改变木材的体积和尺寸，因为只是自由水在发生变化。当木材的含水率在纤维饱和点以内时，含水率的变化会由于吸附水而发生变化。

当吸附水增加时，细胞壁纤维间距离增大，细胞壁厚度增加，木材体积膨胀，尺寸增加，直到含水率达到纤维饱和点时为止。此后，木材含水率继续提高，也不再膨胀。当吸附水蒸发时，细胞壁厚度减小，体积收缩，尺寸减小。也就是说，只有吸附水的变化，才能引起木材的变形，即湿胀干缩。木材的湿胀干缩随树种不同而有差异，一般来讲，表观密度大、夏材含量高的木材胀缩性较大。

由于木材构造不均匀，各方向的胀缩也不一致，同一木材弦向胀缩最大，径向其次，纤维方向最小。木材干燥时，弦向收缩为6%～12%，径向收缩为3%～6%，顺纤维方向收缩仅为0.1%～0.35%。弦向胀缩最大，主要是受髓线影响所致。

木材的湿胀干缩对其使用影响较大，湿胀会造成木材凸起，干缩会导致木材结构连接处松动。如长期湿胀干缩交替作用，则会使木材产生翘曲开裂。为了避免这种情况，通常在加工使用前将木材进行干燥处理，使木材的含水率达到使用环境湿度下的平衡含水率。

二、木材的力学性能

木材的力学性能是指木材抵抗外力的能力。木构件在外力作用下，其内部单位截面积上所产生的内力，称为应力。木材抵抗外力破坏时的应力，称为木材的极限强度。根据外力在木构件上作用的方向、位置不同，木构件的工作状态分为受拉、受压、受弯、受剪等，如图9-4所示。

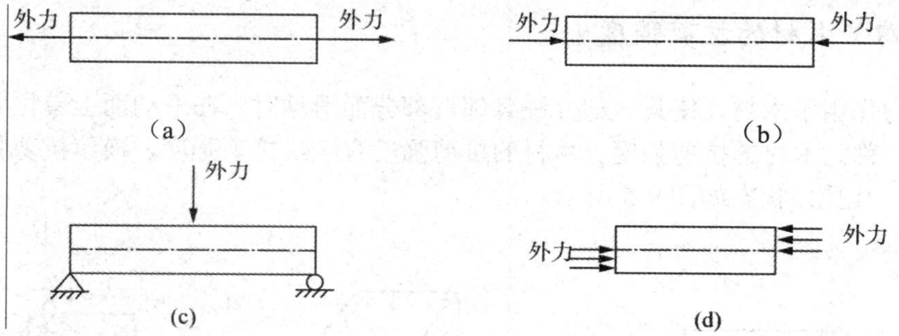

图 9-4　木构件受力状态

（a）受拉；（b）受压；（c）受弯；（d）受剪

（一）木材的抗拉强度

木材的抗拉强度有顺纹抗拉强度和横纹抗拉强度两种。

（1）顺纹抗拉强度即外力与木材纤维方向相平行的抗拉强度。由木材标准小试件测得的顺纹抗拉强度，是所有强度中最大的。但节子、斜纹、裂缝等木材缺陷对抗拉强度的影响很大。因此，在实际应用中，木材的顺纹抗拉强度反而比顺纹抗压强度低。木屋架中的下弦杆、竖杆均为顺纹受拉构件。工程中，对于受拉构件应采用选材标准中的Ⅰ等材。

（2）横纹抗拉强度即外力与木材纤维方向相垂直的抗拉强度。木材的横纹抗拉强度远小于顺纹抗拉强度。对于一般木材，其横纹抗拉强度为顺纹抗拉强度的 1/10～1/4。所以在承重结构中不允许木材横纹承受拉力。

（二）木材的抗压强度

木材的抗压强度有顺纹抗压强度和横纹抗压强度两种。

（1）顺纹抗压强度即外力与木材纤维方向相平行的抗压强度。由木材标准小试件测得的顺纹抗压强度，为顺纹抗拉强度的 40%～50%。由于木材的缺陷对顺纹抗压强度的影响很小，因此，木构件的受压工作要比受拉工作可靠得多。屋架中的斜腹杆、木柱、木桩等均为顺纹受压构件。

（2）横纹抗压强度即外力与木材纤维方向相垂直的抗压强度。木材的横纹抗压强度远小于顺纹抗压强度。

（三）木材的抗弯强度

木材的抗弯强度介于横纹抗压强度和顺纹抗压强度之间。木材受弯时，在木材的横截面上有受拉区和受压区。

梁在工作状态时，截面上部产生顺纹压应力，截面下部产生顺纹拉应力，且越靠近截面边缘，所受的压应力或拉应力也越大。由于木材的缺陷对受拉区影响大，对受压区影响小，因此，对大梁、搁栅、檩条等受弯构件，不允许在其受拉区内存在节子或斜纹等缺陷。

（四）木材的抗剪强度

外力作用于木材，使其一部分脱离邻近部分而滑动时，在滑动面上单位面积所能承受的外力，称为木材的抗剪强度。木材的抗剪强度有顺纹抗剪强度、横纹抗剪强度和剪断强度三种。其受力状态如图 9-5 所示。

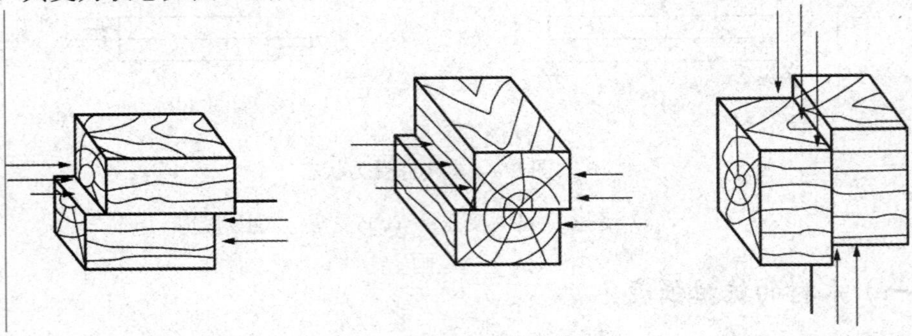

（a）顺纹剪切　　（b）横纹剪切　　（c）剪断

图 9-5　木材受剪形式

（1）顺纹抗剪强度即剪力方向和剪切面均与木材纤维方向平行时的抗剪强度。木材顺纹受剪时，绝大部分是破坏在受剪面中纤维的连接部分，因此，木材顺纹抗剪强度是较小的。

（2）横纹抗剪强度即剪力方向与木材纤维方向相垂直，而剪切面与木材纤维方向平行时的抗剪强度。木材的横纹抗剪强度只有顺纹抗剪强度的 1/2 左右。

（3）剪断强度即剪力方向和剪切面都与木材纤维方向相垂直时的抗剪强度。木材的剪断强度约为顺纹抗剪强度的 3 倍。

常用树种的木材主要力学性能见表 9-1。

表 9-1　常用树种的木材主要力学性能

树种名称		产地	顺纹抗压强度/MPa	顺纹抗拉强度/MPa	抗弯强度（弦向）/MPa	顺纹抗剪强度/MPa	
						径　面	弦　面
针叶树	杉木	湖南	38.8	77.2	63.8	4.2	4.9
		四川	39.1	93.5	68.4	6.0	5.9
	红松	东北	32.8	98.1	65.3	6.3	6.9
	马尾松	湖南	46.5	104.9	91.0	7.5	6.7
		江西	32.9	—	76.3	7.5	7.4
	兴安落叶松	东北	55.7	129.9	109.4	8.5	6.8
	鱼鳞云杉	东北	42.4	100.9	75.1	6.2	6.5
	冷杉	四川	38.8	97.5	70.0	5.0	5.5
	臭冷杉	东北	36.4	78.8	65.1	5.7	6.3
	柏木	四川	45.1	117.8	98.0	9.4	12.2

续表

阔叶树	柞栎	东北	55.6	155.4	124.0	11.8	12.9
	麻栎	安徽	52.1	—	114.2	13.4	15.5
	水曲柳	东北	52.5	138.7	118.6	11.3	10.5
	榔榆	浙江	49.1	149.4	103.8	16.4	18.4
	辽杨	东北	30.5	—	54.3	4.9	6.5

【案例】

应县木塔位于山西省朔州市应县县城内西北角的佛宫寺院内。建于辽清宁二年（公元1056年），金明昌六年（公元1195年）增修完毕，塔高67.31m。据考证，在近千年的岁月中，应县木塔除经受日夜和四季变化、风霜雨雪侵蚀外，还遭受了多次强地震袭击，仅烈度在五度以上的地震就有十几次。它是我国现存最古老、最高大的纯木结构楼阁式建筑，是我国古建筑中的瑰宝、世界木结构建筑的典范。

【问】（1）木结构有哪些特点？

（2）如何增强木材的抗剪承载能力？

【答】（1）木结构建筑由于自身重量轻，地震使其吸收的地震力也相对较少；由于木质构件之间的稳固性和可逆性能相互作用，以至于它们在地震时大多纹丝不动，或整体稍有变形却不会散架，具有较强的抵抗重力、风和地震能力。在1995年日本神户大地震中，木结构房屋基本毫发未损。在美国，已有百年历史的木屋随处可见，年代最久远的木结构房屋的历史可以追溯到18世纪。如果使用得当，木材本身就是一种非常稳定、寿命长、耐久性强的天然建筑材料。

木结构房屋除土地配套设施外，施工现场没有成堆的砖头、钢筋、水泥和尘土，木结构房屋所用的结构构件和连接件都是在工厂按标准加工生产，再运到工地，稍加拼装即可建成一座漂亮的木房子。木结构房屋施工安装速度远远快于混凝土和砖石结构建筑，大大缩短了工期，节省了人工成本，施工质量能够得以保证。另外，木结构房屋也易于改造和维修，易于满足一些个性化需求。

（2）外力作用于木材，使其一部分脱离邻近部分而滑动时，在滑动面上单位面积所能承受的外力，称为木材的抗剪强度。木材的抗剪强度有顺纹抗剪强度、横纹抗剪强度和剪断强度三种。顺纹抗剪强度即剪力方向和剪切面均与木材纤维方向平行时的抗剪强度。木材顺纹受剪时，绝大部分是破坏在受剪面中纤维的连接部分，因此，木材顺纹抗剪强度是较小的。横纹抗剪强度即剪力方向与木材纤维方向相垂直，而剪切面与木材纤维方向平行时的抗剪强度。木材的横纹抗剪强度只有顺纹抗剪强度的1/2左右。剪断强度即剪力方向和剪切面都与木材纤维方向相垂直时的抗剪强度。木材的剪断强度约为顺纹抗剪强度的3倍。

木材的裂缝如果与受剪面重合，将会大大降低木材的抗剪承载能力，常为构件结合破坏的主要原因。这种情况在工程中必须避免。为了增强木材的抗剪承载能力，可以增大剪切面的长度或在剪切面上施加足够的压紧力。

第三节 木材的防腐

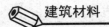

木材防腐，是指使木材免受虫、菌等生物体侵蚀的技术。木材防腐是木材加工工艺之一，广泛用于杆材、方材、板材的防护处理，以延长木材的使用寿命和降低木材的消耗。

木材腐朽主要是受某些真菌的危害产生的。这些真菌习惯上叫木腐菌或腐朽菌。木腐菌是一类低等生物，通常分为两类：白腐菌和褐腐菌。白腐菌侵蚀木材后，木材呈白色斑点，外观以小蜂窝或筛孔为特征，材质变得很松软，用手挤捏，很容易剥落，这种腐朽又称腐蚀性腐朽；褐腐菌侵蚀木材后，木材呈褐色，表面有纵横交错的细裂缝，用手搓捏，很容易捏成粉末状，这种腐朽又称破坏性腐朽。白腐菌和褐腐菌，都将严重破坏木材，尤其是褐腐菌更为严重。

一、木材腐朽的分类

按腐朽在树干上分布的部位不同，分为外部腐朽和内部腐朽两种。

（1）外部腐朽。外部腐朽（边材腐朽）分布在树干的外围，大多是由于树木伐倒后因保管不善或堆积不良而引起的；枯立木受腐朽菌侵蚀也能形成外部腐朽。

（2）内部腐朽。内部腐朽（心材腐朽）分布在树干的内部，大多是因腐朽菌通过树干的外伤、枯枝、断枝或腐朽节等侵入木材内部而形成的。

初期腐朽对材质影响较小，腐朽后期，不但材色、外形有所改变，而且木材的强度、硬度等有很大的降低。因此，在承重结构中不允许采用腐朽的木材。

二、木腐菌生存繁殖的条件

木腐菌生存繁殖必须同时具备以下四个条件：

（1）水分。木材的含水率在18%以上即能生存；含水率在30%～60%之间更为有利。

（2）温度。在2～35 ℃即能生存，最适宜的温度是15～25 ℃，高出60 ℃无法生存。

（3）氧气。有5%的空气即足够存活使用。

（4）营养。以木质素、储藏的淀粉、糖类及分解纤维素葡萄糖为营养。

三、木材的自然防腐等级

表9-2是按树脂及特殊气味定出的木材的自然防腐等级。

表9-2 木材的自然防腐等级

级别	树种举例	用途
第一级（最耐腐）	侧柏、梓、桑、红豆杉、杉等	可做室外用材
第二级（耐腐）	槐、青岗、小叶栎、粟、银杏、马尾松、樟、榉等	可做室外用材，最好做保护处理

续表

第三级（尚可）	合欢、黄榆、白栎、三角枫、核桃木、枫杨、梧桐等	适于保护处理或防腐处理的室外、室内使用
第四级（最差）	柳、杨木、南京椴、毛泡桐、乌柏、榔榆、枫香等	非经防腐处理不适于室外使用

此外，木材还易受到白蚁、天牛、蠹虫等昆虫的蛀蚀，形成很多孔眼或沟道，甚至蛀穴，破坏木质结构的完整性而使强度严重降低。

四、木材的防腐

木材防腐的基本原理在于破坏真菌及虫类生存和繁殖的条件，常用方法有以下两种：一是将木材干燥至含水率在 20%以下，保证木结构处在干燥状态，对木结构物采取通风、防潮、表面涂刷涂料等措施；二是将化学防腐剂施加于木材，常用的方法有表面喷涂法、浸渍法、压力渗透法等。常用的防腐剂有水溶性的、油溶性的及浆膏类的几种。

水溶性防腐剂多用于内部木构件的防腐，常用氯化锌、氟化钠、铜铬合剂、硼氟酚合剂、硫酸铜等。油溶性防腐剂药力持久、不易被水冲走、不吸湿，但有臭味，多用于室外、地下、水下，常用蒽油、煤焦油等。浆膏类防腐剂有恶臭，木材处理后呈黑褐色，不能油漆，如氟砷沥青等。

第四节　木材的综合利用

木材的综合利用就是将木材枝丫、废材及木材加工过程中产生的大量边角、碎料、刨花、木屑等，经过再加工处理，制成各种人造板材，有效提高木材利用率，这对弥补木材资源严重不足有着十分重要的意义。

一、纤维板

纤维板是以植物纤维为主要原料，经切片、浸泡、密浆、施胶、成型及干燥或热压等工序制成的人造板材。纤维板原料丰富，木材采伐加工剩余物如板皮、刨花、树枝、稻草、麦秸、玉米秆、竹材等均可使用。纤维板的特点是材质均匀，完全避免了节子、腐朽、虫眼等缺陷，且胀缩小、不翘曲开裂。

纤维板按体积密度分为硬质纤维板（体积密度大于 800 kg/m^3）、中密度纤维板（体积密度为 500～800 kg/m^3）和软质纤维板（体积密度小于 500 kg/m^3），按表面分为一面光板和两面光板，按原料分为木材纤维板和非木材纤维板。

（1）硬质纤维板。其密度大、强度高、耐磨、不易变形，主要用做壁板、门板、地板、家具和室内装修等。硬质纤维板按其物理力学性能和外观质量分为特级品、一级品、二级品、三级品等四个等级。

（2）中密度纤维板。中密度纤维板按体积密度分为 80 型（体积密度为 800 kg/m^3）、70 型（体积密度为 700 kg/m^3）、60 型（体积密度为 600 kg/m^3）；按胶粘剂类型分为室内用和室外用两种。中密度纤维板表面光滑、材质细密、性能稳定、边缘牢固，且板材表面的再装饰性能好，是家具制造和室内装修的优良材料。中密度纤维板按外观质量分为特级品、一级品、二级品等 3 个等级。

（3）软质纤维板。其表观密度低、结构松软、强度低，用做吸声和绝热材料。

二、胶合板

胶合板是用原木旋切成薄片，经干燥处理后，再用胶粘剂按奇数层数，以各层纤维互相垂直的方向，胶合热压而成的人造板材，一般为 3～13 层，装饰工程中常用的是三合板和五合板。针叶树和阔叶树均可制作胶合板。胶合板的特点是材质均匀、强度高、无明显纤维饱和点存在、吸湿性小、不翘曲开裂、无疵病、幅面大、使用方便、装饰性好。

胶合板广泛用做建筑室内隔墙板、护壁板、天花板、门面板以及各种家具和装修。

三、细木工板

细木工板属于特种胶合板的一种，芯板用木板拼接而成，两面胶粘一层或两层木质单板，经热压熟合制成。细木工板按结构不同，可分为芯板条不胶拼的和芯板条胶拼的两种；按面板的材质和加工工艺质量不同，可分为一级、二级、三级等 3 个等级。它集木板与胶合板之优点于一身，具有质坚、吸声、隔热等特点，适用于家具和建筑物内装修。

四、涂饰人造板

涂饰人造板是指表面用涂料涂饰制成的装饰板材，主要品种有透明涂饰纤维板和不透明涂饰纤维板等。它生产工艺简单、板面美观平滑、立体感较强，主要用于中、低档家具及墙面、顶棚的装饰。

五、保丽板

保丽板是将在树脂中浸渍的基层板材与装饰胶纸一起在高温低压下塑化复合而成的。它光泽柔和、耐热、耐水、耐磨，主要用于家具和室内装饰。同时，可以调节生产工艺和掺入不同的添加剂生产高耐磨装饰板、浮雕装饰板和耐燃装饰板等。

六、刨花板、木丝板和木屑板

刨花板、木丝板和木屑板是利用木材加工中产生的大量刨花碎片、木丝、木屑为原料，经干燥、拌胶料辅料，经热压成型制得的板材。所用胶料有动植物胶（如豆胶、血胶等）、合成树脂胶（酚醛树脂、脲醛树脂等）和无机胶凝材料（水泥、菱苦土等）。

表观密度小、强度低的板材主要用做吸声和绝热材料。经饰面处理后，还可用做吊顶板材等；表观密度大、强度高的板材经饰面处理可用做隔断板材等。

本章小结

本章主要介绍了木材的特性与防腐。木材具有很多优良的性能，如轻质高强，导电、导热性低，有较好的弹性和韧性，能承受冲击和震动，易于加工等。通过本章的学习，读者应可以判断密度、含水量等因素对木材性质的影响，并据此对木材进行应用；能够进行木材的防护；能够对木材废料等进行综合利用。

复习思考题

1．木材的构造可分为哪几个方面？
2．简述木材的物理性质和力学性能。
3．木材腐朽的原因有哪些？如何防腐？
4．简述木材的自然防腐等级。
5．简述如何综合利用木材。

第十章　防水材料

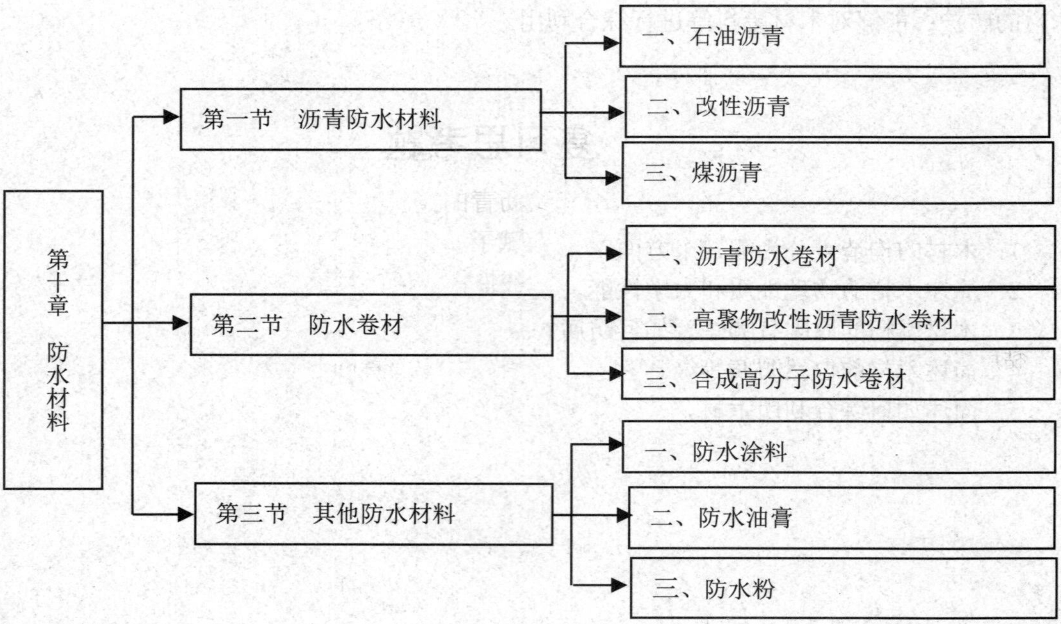

本章结构图

【学习目标】

- 掌握防水材料的主要产品种类、技术性能及应用范围，能根据工程环境选择最佳防水材料;
- 重点掌握沥青、防水卷材、防水涂料的性能和应用;
- 了解防水材料的发展趋势。

第一节　沥青防水材料

沥青材料是一种有机胶凝材料。它是由高分子碳氢化合物及其非金属（氧、硫、氮等）衍生物组成的复杂的混合物。常温下，沥青呈褐色或黑褐色的固体、半固体或液体状态。

沥青按产源可分为地沥青（天然沥青、石油沥青）和焦油沥青（煤沥青、页岩沥青）。目前工程中常用的主要是石油沥青，另外还使用少量的煤沥青。天然沥青是将自然界中的沥青矿经提炼油加工后得到的沥青产品。石油沥青是将原油经蒸馏等提炼出各种轻油（汽油、柴油）及润滑油以后的一种褐色或黑褐色的残留物，并经再加工而得的产品。

沥青是憎水性材料，几乎完全不溶于水，而与矿物材料有较强的黏结力，结构致密，不透水、不导电，耐酸碱侵蚀，并有受热软化、冷却变硬的特点。因此沥青广泛用于工业与民用建筑的防水、防腐、防潮，以及道路和水利工程。

一、石油沥青

石油沥青是由多种碳氢化合物及其非金属（氧、硫、氮）衍生物组成的混合物。由于沥青化学组成结构的复杂性，只能从使用角度将沥青中化学性质相近而且与其工程性能有一定联系的成分划分为几个化学成分组，这些成分组即称为组分。石油沥青中的组分有油分、树脂、沥青质。组分含量的变化直接影响沥青的技术性质：油分含量的多少直接影响沥青的柔软性、抗裂性及施工难度；中性树脂赋予沥青具有一定的塑性、可流动性和黏结性，其含量增加，沥青的黏结力和延伸性增加；酸性树脂能改善沥青对矿物材料的浸润性，特别是提高了与碳酸盐类岩石的黏附性并增强了沥青的可乳化性；沥青质决定沥青的黏结力、黏度、温度稳定性和硬度等，沥青质含量增加时，沥青的黏度和黏结力增加，硬度和软化点提高。

（一）石油沥青的技术标准

建筑石油沥青按针入度划分牌号，每一牌号的沥青还应保证相应的延度、软化点、溶解度、蒸发损失、蒸发后针入度比和闪点等。根据《建筑石油沥青》（GB/T 494—2010）规定，建筑石油沥青的技术要求见表 10-1。

表 10-1　建筑石油沥青的技术要求

项　　目	质量指标			试验方法
	10 号	30 号	40 号	
针入度（25 ℃，100 g，5 s）/（1/10 mm）	10～25	26～35	36～50	GB/T 4509
针入度（46 ℃，100 g，5 s）/（1/10 mm）	报告①	报告①	报告①	
针入度（0 ℃，200 g，5 s）/（1/10 mm），不小于	3	6	6	
延度（25 ℃，5 cm/min）/cm，不小于	1.5	2.5	3.5	GB/T 4509
软化点（环球法）/℃，不低于	95	75	60	GB/T 4507
溶解度（三氯乙烯）/%，不小于	99.0			GB/T 11149
蒸发后质量变化（163 ℃，5 h）/%，不大于	1			GB/T 11964
蒸发后 25 ℃针入度比②/%，不小于	65			GB/T 4509
闪点（开口杯法）/℃，不低于	260			GB/T 267

注：①报告应为实测值。

②测定蒸发损失后样品的 25 ℃针入度与原 25 ℃针入度之比乘以 100 后，所得的百分比，称为蒸发后针入度比。

（二）石油沥青的技术性质

石油沥青的技术性质主要有以下几个：

1．塑性

塑性是指石油沥青在外力作用下产生变形而不被破坏（产生裂缝或断开），除去外力后仍保持变形后的形状不变的性质，又称延展性。塑性是沥青性质的重要指标之一。

石油沥青的塑性大小与组分有关。若石油沥青中树脂含量较多，且其他组分含量适当，则塑性较大。影响沥青塑性的因素有温度和沥青膜层厚度。温度升高，塑性增大；膜层越厚，塑性越高。反之，膜层越薄，则塑性越差。当膜层厚度薄至 1 μm 时，塑性消失，即接近于弹性。在常温下，塑性较好的沥青在产生裂缝时，也可能由于特有的黏塑性而自行愈合。故塑性还反映了沥青开裂后的自愈能力。沥青之所以能用来制造性能良好的柔性防水材料，很大程度取决于沥青的塑性。沥青的塑性对冲击振动有一定的吸收能力，能减少摩擦时的噪声，故沥青也是一种优良的地面材料。

石油沥青的塑性用延度表示，延度越大，塑性越好。

沥青延度是将沥青制成 8 字形标准试件（中间最小截面积 1 cm^2），在规定拉伸速度（5 cm/min）和规定温度（25 ℃）下拉断时的长度（cm），如图 10-1 所示。

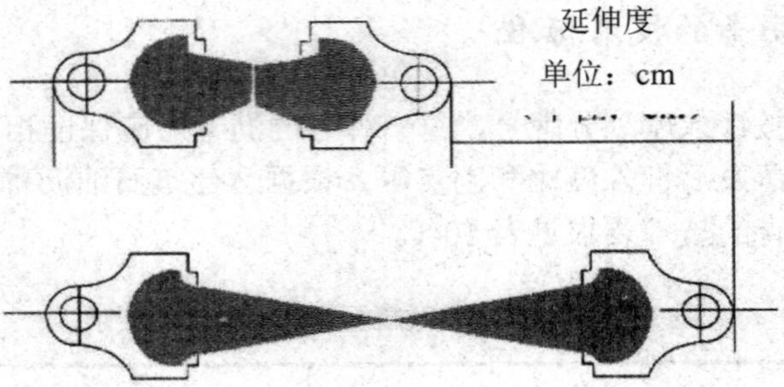

图 10-1　沥青延度测定示意图

2．黏滞性（黏性）

石油沥青的黏滞性是反映沥青材料内部阻碍其相对流动的一种特性。以绝对黏度表示，它是沥青性质的重要指标之一。

石油沥青的黏滞性大小与组分及温度有关。若沥青质含量高，同时有适量的树脂，而油分含量较少，则黏滞性较大。在一定温度范围内，当温度上升时，黏滞性随之降低，反之则随之增大。

绝对黏度的测定方法因材而异，且较为复杂，工程上常用相对黏度（条件黏度）表示。测定相对黏度的主要方法是用标准针入度仪或黏度计。

黏稠石油沥青的相对黏度用针入度仪测定的针入度来表示，如图 10-2 所示。针入度值越小，表明石油沥青的黏度越大。黏稠石油沥青的针入度是在规定温度 25 ℃条件下，以规定重量（100 g）的标准针，经历规定时间（5 s）贯入试样中的深度。以 1/10 mm 为单位表示，符号为 P（25 ℃，100 g，5 s）。

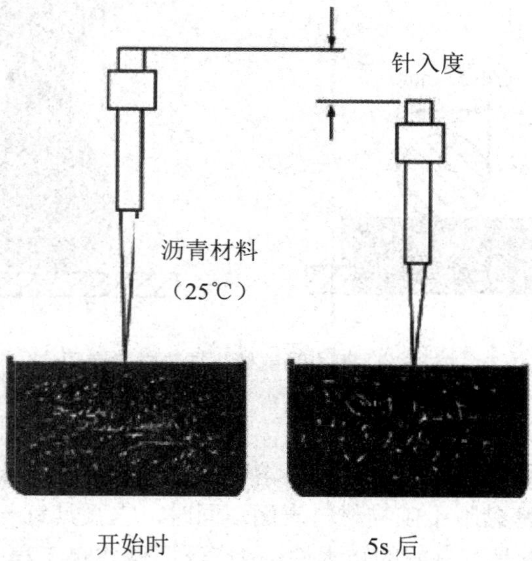

图 10-2　针入度示意图

对于液体石油沥青或较稀的石油沥青，其相对黏度可用标准黏度计测定的标准黏度表示。若标准黏度值越大，则表明石油沥青的黏度越大。标准黏度是在规定温度（20 ℃、25 ℃、30 ℃或 60 ℃）下，由规定直径（3 mm，5mm 或 10 mm）的孔口流出 50 mL 沥青所需的时间。符号为 $C_d^t T$，其中 d 为流口孔径，t 为试样温度，T 为流出 50 mL 沥青所需的时间。

3．温度敏感性（温度稳定性）

温度敏感性是指石油沥青的黏滞性和塑性随温度升降而变化的性能，也称温度稳定性，温度敏感性也是沥青性质的重要指标之一。

石油沥青中沥青质含量较多时，在一定程度上能够减少其温度敏感性（提高温度稳定性）；其中含蜡量较多时，则会增大温度敏感性。建筑工程上要求选用温度敏感性较小的沥青材料，因而在工程使用时往往加入滑石粉、石灰石粉或其他矿物填料来减小其温度敏感性。沥青的温度敏感性用软化点表示。采用“环球法”测定，如图 10-3 所示，它是将沥青试样装入规定尺寸（直径约 16 mm，高约 6mm）的铜环内，试样上放置一个标准钢球（直径 9.53 mm，重 3.5 g），浸入水中或甘油中，以规定的升温速度（5 ℃/min）加热，使沥青软化下垂，当下垂到规定距离（25.4 mm）时的温度即为软化点（单位℃）。软化点越高，则温度敏感性越小。

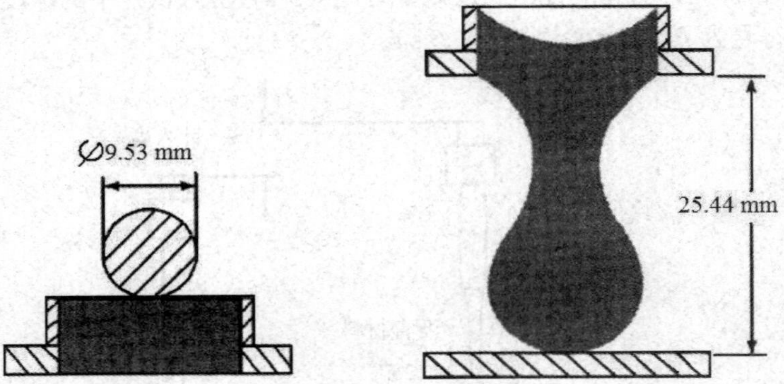

图 10-3　软化点测定示意图

4. 防水性

石油沥青是憎水性材料，几乎完全不溶于水，且本身构造致密；它与矿物材料表面有很好的黏结力，能紧密黏附于矿物材料表面。同时，它又具有一定的塑性，能适应材料或构件的变形。所以沥青具有良好的防水性，故广泛用做建筑工程的防潮、防水、抗渗材料。

5. 大气稳定性

大气稳定性是指石油沥青在热、阳光、氧气和潮湿等因素的长期综合作用下抵抗老化的性能。

在阳光、空气和热等的综合作用下，沥青各组分会不断递变，低分子化合物将逐步转变成高分子物质，即油分和树脂逐渐减少，而沥青质逐渐增多，从而使沥青流动性和塑性逐渐减小，硬脆性逐渐增大，直至脆裂，这个过程称为石油沥青的老化。

石油沥青的大气稳定性用沥青试样在 160 ℃下加热蒸发 5 h 后质量蒸发损失百分比和蒸发后的针入度比表示。蒸发损失百分比越小，蒸发后针入度比值越大，则表示沥青的大气稳定性越好，即老化越慢。

6. 施工安全性

黏稠沥青在使用时必须加热，当加热至一定温度时，沥青材料中挥发的油分蒸气与周围空气组成混合气体，此混合气体遇火焰易发生闪火。若继续加热，则油分蒸气的饱和度增加。由于此种蒸气与空气组成的混合气体遇火焰极易燃烧而引发火灾，为此，必须测定沥青加热闪火和燃烧的温度，即闪点和燃点。

闪点是指加热沥青挥发出的可燃气体和空气的混合物，在规定条件下与火焰接触，初次闪火（有蓝色闪光）时的沥青温度（单位为℃）。

燃点是指加热沥青产生的气体和空气的混合物，与火焰接触能持续燃烧 5 s 以上时沥青的温度（单位为℃）。燃点温度比闪点温度约高 10 ℃。沥青质含量越多，闪点和燃点相差越大。液体沥青由于油分较多，闪点和燃点相差很小。

闪点和燃点的高低表明沥青引起火灾或爆炸的可能性大小，它关系运输、储存和加热使用等方面的安全。

7．溶解度

溶解度是指石油沥青在三氯乙烯、四氯化碳或苯中溶解的百分比，以表示石油沥青中有效物质的含量，即纯净程度。那些不溶解的物质会降低沥青的性能（如黏性等），应把不溶物视为有害物质（如沥青碳或似碳物）而加以限制。

（三）石油沥青的选用

选用石油沥青材料时，应根据工程性质（房屋、道路、防腐）及当地气候条件、所处工程部位（屋面、地下）来选用不同品种和牌号的沥青。

建筑石油沥青黏性较大、耐热性较好，但塑性较小，主要用于制造油毡、油纸、防水涂料和沥青胶等防水材料。它们绝大部分用于屋面及地下防水，沟槽防水、防腐及管道防腐等工程。

（四）沥青的掺配

某一种牌号沥青的特性往往不能满足工程技术要求，因此需用不同牌号沥青进行掺配。在进行掺配时，为了不使掺配后的沥青胶体结构破坏，应选用表面张力相近和化学性质相似的沥青。试验证明，同产源的沥青容易保证掺配后的沥青胶体结构的均匀性。所谓同产源，是指同属石油沥青，或同属煤沥青（或焦油沥青）。

两种沥青掺配的比例可用下式估算：

$$Q_1=\frac{T_2-T}{T_2-T_1}\times100\% \tag{10-1}$$

$$Q_2=100\%-Q_1 \tag{10-2}$$

式中 Q_1——较软沥青用量（%）；

Q_2——较硬沥青用量（%）；

T——掺配后的沥青软化点（℃）；

T_1——较软沥青软化点（℃）；

T_2——较硬沥青软化点（℃）。

【案例】

某道路工程为城市主干路兼顾公路功能，设计行车速度为 60 km/h，项目起点连接鄞州区明州大道，东与现状环湖南路相接，工程全长 0.8 km。道路标准路幅宽度为 53 m。道路纵断面设计与地势走向吻合，与现状道路（环湖南路、奉钱线）相交平顺；道路设计标高为 3.866~10.599 m，道路纵坡为 0.3%~1.85%，纵坡控制点为道路中心点。工程实施断面宽度 53 m，布置为 4 m 人行道＋6m 非机动车道＋1.75 m 绿化隔离带＋12.25 m 机动车道＋5 m 中央绿化带＋12.25 m 机动车道＋1.75 m 绿化隔离带＋6m 非机动车道＋4 m 人行道。该工程需要用软化点为 80 ℃的石油沥青，现有 10 号和 40 号两种石油沥青。

【问】（1）这两种石油沥青的参量如何计算？

（2）应如何掺配才能满足工程需要？

【解】（1）由表10-1可得，10号石油沥青的软化点为95 ℃，40号石油沥青的软化点为60 ℃。估算掺配量：

40号石油沥青的掺量（%）$Q_1=\dfrac{T_2-T}{T_2-T_1}\times 100\%=\dfrac{95-80}{95-60}\times 100\%=42.9\%$。

10号石油沥青的掺量（%）$Q_2=100\%-Q_1=100\%-42.9\%=57.1\%$。

（2）根据估算的掺配比例和其邻近的比例（±5%～±10%）进行试配（混合熬制均匀），测定掺配后沥青的软化点，然后绘制掺配比-软化点曲线，即可从曲线上确定所要求的掺配比例。同样，可采用针入度指标按上述方法进行估算及试配。

石油沥青过于黏稠，需要进行稀释，通常可以采用石油产品中的轻质油，如汽油、煤油和柴油等。

二、改性沥青

建筑上使用的沥青须具有一定的物理性质和黏附性.即在低温条件下，应有弹性和塑性；在高温条件下，要有足够的强度和稳定性；在加工和使用条件下，具有抗老化能力；还应与各种矿物料和结构表面有较强的黏附力；对构件变形的适应性和耐疲劳性等。通常，石油加工厂制备的沥青不一定能全面满足这些要求，如只控制了耐热性（软化点），其他方面就很难达到要求，致使目前沥青防水屋面渗漏现象严重，使用寿命短。为此，常用橡胶、树脂和矿物填料等对沥青进行改性。橡胶、树脂和矿物填料等通称为石油沥青改性材料。

（一）橡胶沥青

橡胶是沥青的重要改性材料，它和沥青有较好的混溶性，并能使沥青具有橡胶的很多优点，如高温变形小、低温柔性好。由于橡胶的品种不同，掺入的方法也有所不同，因而各种橡胶沥青的性能也有差异,常用的品种有以下几个：

1．氯丁橡胶沥青

沥青中掺入氯丁橡胶后，可使其气密性、低温柔性、耐化学腐蚀性、耐光性、耐臭氧性、耐气候性和耐燃烧性得到很大的改善。

氯丁橡胶掺入沥青中的方法有溶剂法和水乳法。先将氯丁橡胶溶于一定的溶剂（如甲苯）中形成溶液，然后掺入沥青（液体状态）中，混合均匀即成为氯丁橡胶沥青；或者分别将橡胶和沥青制成乳液，再混合均匀即可使用。

2．丁基橡胶沥青

丁基橡胶沥青具有优异的耐分解性，并具有较好的低温抗裂性能和耐热性能。配制的方法是，将丁基橡胶碾切成小片，于搅拌条件下把小片加入到100 ℃的溶剂中（不得超过

100 ℃），制成浓溶液，同时将沥青加热脱水熔化成液体状沥青。通常，在 100 ℃左右把两种液体按比例混合搅拌均匀进行浓缩 15～20 min，达到要求性能指标。同样也可以分别将丁基橡胶和沥青制备成乳液，然后按比例把两种乳液混合即可。丁基橡胶在混合物中的含量一般为 2%～4%。

3．再生橡胶沥青

再生橡胶掺入沥青中后，可大大提高沥青的气密性、低温柔性、耐光性、耐热性、耐臭氧性和耐气候性。

再生橡胶沥青材料的制备方法是，先将废旧橡胶加工成 1.5 mm 以下的颗粒，然后与沥青混合，经加热搅拌脱硫，就能得到具有一定弹性、塑性和黏结力良好的再生橡胶沥青材料。废旧橡胶的掺量视需要而定，一般为 3%～15%。

（二）树脂沥青

用树脂改性石油沥青，可以改进沥青的耐寒性、黏结性和不透气性。由于石油沥青中的芳香性化合物含量很少，故树脂和石油沥青的相溶性较差，而且可用的树脂品种也较少。常用的树脂沥青品种有古马隆树脂沥青（香豆桐树脂沥青）、聚乙烯树脂沥青、无规聚丙烯树脂沥青等。

（三）橡胶和树脂共混改性沥青

橡胶和树脂同时用于改善石油沥青的性质，使石油沥青同时具有橡胶和树脂的特性。树脂比橡胶便宜，橡胶和树脂又有较好的混溶性，故效果较好。橡胶、树脂和沥青在加热熔融状态下，沥青与高分子聚合物之间发生相互侵入和扩散，沥青分子填充在聚合物大分子的间隙内，同时聚合物分子的某些链节扩散进入沥青分子中，形成凝聚的网状混合结构，故可以得到较优良的性能。

配制时，采用的原材料品种、配比、制作工艺不同，可以得到很多性能各异的产品，主要有卷材、片材、密封材料、防水材料等。

（四）矿物填充料改性沥青

矿物填充料改性沥青是在沥青中掺入适量粉状或纤维状矿物填充料经均匀混合而成的。矿物填充料掺入沥青中后，能被沥青包裹形成稳定的混合物，由于沥青对矿物填充料的湿润和吸附作用，沥青可能成单分子状排列在矿物颗粒（或纤维）表面，形成结合力牢固的沥青薄膜，具有较高的黏结性和耐热性等。因而提高了沥青的黏结能力、柔韧性和耐热性，减少了沥青的温度敏感性，并且可以节省沥青。常用的矿物填充料大多数是粉状的和纤维状材料，主要有滑石粉、石灰石粉、硅藻和石棉等。掺入粉状填充料时，合适的掺量一般为沥青重量的 10%～25%；采用纤维状填充料时，其合适掺量一般为 5%～10%。

矿物填充料改性沥青主要用于粘贴卷材、嵌缝、接头、补漏及做防水层的底层。矿物填充料既可热用也可冷用。热用时，是将石油沥青完全熔化脱水后，再慢慢加入填充料，同时不停地搅拌至均匀为止，要防止粉状填充料沉入锅底。填充料在掺入沥青前应干燥并宜加热。热沥青玛碲脂的加热温度不应超过 240 ℃，使用温度不应低于 190 ℃。冷用时，是将沥青熔化脱水后，缓慢加入稀释剂，再加入填充料搅拌而成的。它可在常温下施工，改善劳动条件，同时减少沥青用量，但成本较高。

三、煤沥青

煤沥青是烟煤炼焦炭或制煤气时，将干馏挥发物中冷凝得到的煤焦油继续蒸馏出轻油、中油、重油后所剩的残渣。煤沥青又分为软煤沥青和硬煤沥青两种。软煤沥青中含有较多的油分，呈黏稠状或半固体状。硬煤沥青是蒸馏出全部油分后的固体残渣，质硬脆，性能不稳定。建筑上采用的煤沥青多为黏稠或半固体的软煤沥青。

煤沥青是芳香族碳氢化合物及氧、硫和氮的衍生物的混合物。煤沥青的主要化学组分为油分、脂胶、游离碳等。与石油沥青相比，煤沥青有以下主要技术特性：

（1）煤沥青因含可溶性树脂多，由固体变为液体的温度范围较窄，受热易软化，受冷易脆裂，故其温度稳定性差。

（2）煤沥青中不饱和碳氢化合物含量较多，易老化变质，故大气稳定性差。

（3）煤沥青因含有较多的游离碳，使用时易变形、开裂，塑性差。

（4）煤沥青中含有的酸、碱物质均为表面活性物质，所以能与矿物表面很好地黏结。

（5）煤沥青因含酚、蒽等有毒物质，防腐蚀能力较强，故适用于木材的防腐处理。但因酚易溶于水，故防水性不如石油沥青。

煤沥青具有很好的防腐能力、良好的黏结能力，因此可用于木材防腐，路面铺设，配制防腐涂料、胶粘剂、防水涂料、油膏以及制作油毡等。

第二节　防水卷材

防水卷材是一种可卷曲的片状防水材料，是建筑防水材料的重要品种。目前，防水卷材的主要品种为沥青防水卷材、高聚物改性沥青防水卷材和合成高分子防水卷材三大类。

一、沥青防水卷材

凡用原纸或玻璃布、石棉布、棉麻织品等胎料浸渍石油沥青（或焦油沥青）制成的卷状材料，均称为浸渍卷材（有胎卷材）。将石棉、橡胶粉等掺入沥青材料中，经碾压制成的卷状材料称为辊压卷材（无胎卷材）。这两种卷材统称为沥青防水卷材。

（一）石油沥青纸胎油毡

石油沥青纸胎油毡是采用低软化点石油沥青浸渍原纸，然后用高软化点石油沥青涂盖油纸两面，再涂或撒隔离材料所制成的一种纸胎防水卷材。《石油沥青纸胎油毡》（GB 326—2007）规定：石油沥青纸胎油毡按卷重和物理性能分为Ⅰ型、Ⅱ型、Ⅲ型。

（二）有胎沥青防水卷材

有胎沥青防水卷材主要有麻布油毡、石棉布油毡、玻璃纤维布油毡、合成纤维布油毡等。这些油毡的制法与纸胎油毡相同，但抗拉强度、耐久性等都比纸胎油毡好得多，适用于防水性、耐久性和防腐性要求较高的工程。

（三）铝箔防水卷材

铝箔防水卷材是采用玻纤毡为胎基，浸涂氧化沥青，其表面用压纹铝箔贴面，底面撒以细颗粒矿物料或覆盖聚乙烯膜所制成的一种具有热反射和装饰功能的新型防水卷材。该防水卷材幅宽 1 000 mm，按每卷标称质量（kg）分为 30、40 两种标号；按物理性能分为优等品、一等品和合格品三个等级。30 号适用于多层防水工程的面层，40 号适用于单层或多层防水工程的面层。

二、高聚物改性沥青防水卷材

高聚物改性沥青防水卷材是以合成高分子聚合物改性沥青为涂盖层，纤维织物或纤维毡为胎体，粉状、粒状、片状或薄膜材料为覆面材料制成的可卷曲片状防水材料。

高聚物改性沥青防水卷材克服了传统沥青防水卷材温度稳定性差、延伸率小的不足，具有高温不流淌、低温不脆裂、拉伸强度高、延伸率较大等优异性能，且价格适中，在我国属中高档防水卷材。常见的有弹性体改性沥青防水卷材、塑性体改性沥青防水卷材。

（一）弹性体改性沥青防水卷材

1. 弹性体改性沥青防水卷材的特性

弹性体改性沥青防水卷材（SBS 防水卷材）是以热塑性弹性体为改性剂，将石油沥青改性后作浸渍涂盖材料，以玻纤毡或聚酯毡等增强材料为胎体，以塑料薄膜、矿物粒、片料等作为防粘隔离层，经过选材、配料、共熔、浸渍、辊压、复合成型、卷曲、检验、分卷、包装等工序加工而成的一种柔性中、高档的可卷曲的片状防水材料，属弹性体沥青防水卷材中有代表性的品种。

2. 弹性体改性沥青防水卷材的技术要求

根据《弹性体改性沥青防水卷材》（GB 18242—2008）的规定，弹性体改性沥青防水卷材的技术要求如下：

（1）SBS 防水卷材单位面积质量、面积及厚度应符合表 10-2 的规定。

表 10-2 SBS、APP 防水卷材单位面积质量、面积及厚度

序号	规格（公称厚度）/mm	3			4			5		
1	上表面材料	PE	S	M	PE	S	M	PE	S	M
2	下表面材料	PE	PE、S		PE	PE、S		PE	PE、S	

续表

3	面积/（m^2·卷$^{-1}$）	公称面积	10、15			10、7.5			7.5		
		偏　　差	±0.10			±0.10			±0.10		
4	单位面积质量/（kg·m^{-2}）		≥3.3	≥3.5	≥4.0	≥4.3	≥4.5	≥5.0	≥5.3	≥5.5	≥6.0
5	厚度/mm	平均值	≥3.0			≥4.0			≥5.0		
		最小单值	2.7			3.7			4.7		

（2）SBS 防水卷材外观要求见表 10-3。

表 10-3　SBS 防水卷材外观要求

序号	项　　目	外观要求
1	卷材规整度	成卷卷材应卷紧卷齐，端面里进外出不得超过 10 mm
2	卷材展形	成卷卷材在 4～50 ℃任一产品温度下展开，在距卷芯 1 000mm 长度外不应有 10 mm 以上的裂纹或黏结
3	胎　　基	胎基应浸透，不应有未被浸渍处
4	卷材表面	卷材表面应平整，不允许有孔洞、缺边和裂口、疙瘩，矿物粒料粒度应均匀一致并紧密地黏附于卷材表面
5	卷材接头	每卷卷材接头处不应超过一个，较短的一段长度不应少于 1 000 mm，接头应剪切整齐，并加长 150 mm

（3）SBS 防水卷材材料性能应符合表 10-4 的要求。

表 10-4　SBS 防水卷材材料性能指标

序号	项　　目		指　　标				
			Ⅰ型		Ⅱ型		
			PY	G	PY	G	PYG
1	可溶物含量/（g·m^{-2}）	3 mm	≥2 100				—
		4 mm	≥2 900				—
		5 mm	≥3 500				
		试验现象	—	胎基不燃	—	胎基不燃	—
2	耐热性	℃	90		105		
		/mm	≤2				
		试验现象	无流淌、滴落				
3	低温柔性/℃		−20		−25		
			无裂缝				
4	不透水性，30 min/MPa		0.3	0.2	0.3		

续表

5	拉力	最大峰拉力/（N·50 m^{-1}）	≥500	≥350	≥800	≥500	≥900
		次高峰拉力/（N·50 mm^{-1}）	—	—	—	—	800
		试验现象	拉伸过程中，试件中部无沥青涂盖层开裂或与胎基分离现象				
6	延伸率	最大峰时延伸率/%	≥30	—	≥40	—	—
		第二峰时延伸率/%	—		—		≥15
7	浸水后质量增加/% ≤	PE、S	1.0				
		M	2.0				
8	热老化	拉力保持率/%	≥90				
		延伸率保持率/%	≥80				
		低温/℃	−15		−20		
			无裂缝				
		尺寸变化率/%	≤0.7	—	≤0.7	—	≤0.3
		质量损失/%	≤1.0				
9	渗油性	张数 ≤	2				
10	接缝剥离强度/（N·mm^{-1}）		≥1.5				
11	钉杆撕裂强度①/N		—				≥300
12	矿物粒料黏附性②/g		≤2.0				
13	卷材下表面沥青涂盖层厚度③/mm		1.0				
14	人工气候加速老化	外观	无滑动、流淌、滴落				
		拉力保持率/%	≥80				
		低温/℃	−15		−20		
			无裂缝				

注：①仅适用于单层机械固定施工方式的卷材；

②仅适用于矿物粒料表面的卷材；

③仅适用于热熔施工的卷材。

3．弹性体改性沥青防水卷材的应用

弹性体改性沥青防水卷材适用于工业与民用建筑的屋面及地下防水工程，尤其适用于较低气温环境的建筑防水。

（二）塑性体改性沥青防水卷材

塑性体改性沥青防水卷材（简称 APP 防水卷材）是以纤维毡或纤维织物为胎体，浸涂 APP（无规聚丙烯）改性沥青，上表面撒布矿物粒、片料或覆盖聚乙烯膜，经一定生产工艺加工制成的一种可卷曲片状的中、高档改性沥青防水卷材。

1．塑性体改性沥青防水卷材的技术要求

根据《塑性体改性沥青防水卷材》（GB 18243—2008）的规定，塑性体改性沥青防水卷材的技术要求如下：

（1）APP 防水卷材单位面积质量、面积及厚度应符合表 10-2 的规定。

（2）塑性体改性沥青防水卷材外观要求见表 10-5。

表 10-5　塑性体改性沥青防水卷材外观要求

序号	项　　目	外观要求
1	卷材规整度	成卷卷材应卷紧卷齐，端面里进外出不得超过 10mm
2	卷材展开	成卷卷材在 4～60 ℃任一产品温度下展开，在距卷芯 1 000mm 长度外不应有 10mm 以上的裂纹或黏结
3	胎基	胎基应浸透，不应有未被浸渍处
4	卷材表面	卷材表面应平整，不允许有孔洞、缺边和裂口、疙瘩，矿物粒料粒度应均匀一致并紧密地黏附于卷材表面
5	卷材接头	每卷卷材接头处不应超过一个，较短的一段长度不应少于 1 000mm，接头应剪切整齐，并加长 150mm

（3）塑性体改性沥青防水卷材的材料性能应符合表 10-6 的要求。

表 10-6　塑性体改性沥青防水卷材材料性能指标

序号	项　　目		指　　标				
			Ⅰ型		Ⅱ型		
			PY	G	PY	G	PYG
1	可溶物含量/（g·m^{-2}）	3 mm	≥2 100				—
		4 mm	≥2 900				—
		5 mm	≥3 500				
		试验现象	—	胎基不燃	—	胎基不燃	—
2	耐热性	℃	110		130		
		/mm	≤2				
		试验现象	无流淌、滴落				
3	低温柔性/℃		−7		−15		
			无裂缝				
4	不透水性，30min/MPa		0.3	0.2	0.3		
5	拉力	最大峰拉力/（N·50 m-1）	≥500	≥350	≥800	≥500	≥900
		次高峰拉力/（N·50 mm-1）	—	—	—	—	≥800
		试验现象	拉伸过程中，试件中部无沥青涂盖层开裂或与胎基分离现象				

续表

6	延伸率	最大峰时延伸率/%		≥25	—	≥40	—	—
		第二峰时延伸率/%		—		—		≥15
7	浸水后质量增加/%		PE、S	≤1.0				
			M	≤2.0				
8	热老化	拉力保持率/%		≥90				
		延伸率保持率/%		≥80				
		低温/℃		−2		−10		
				无裂缝				
		尺寸变化率/%		0.7	—	0.7	—	0.3
		质量损失率/%		≤1.0				
9	接缝剥离强度/（N·mm-1）			≥1.0				
10	钉杆撕裂强度①/N			—				≥300
11	矿物粒料黏附性②/g			≤2.0				
12	卷材下表面沥青涂盖层厚度③/mm			≥1.0				
13	人工气候加速老化	外观		无滑动、流淌、滴落				
		拉力保持率/%		≥80				
		低温/℃		−15		−20		
				无裂缝				

注：①仅适用于单层机械固定施工方式的卷材。

②仅适用于矿物粒料表面的卷材。

③仅适用于热熔施工的卷材。

2．塑性体改性沥青防水卷材的应用

塑性体改性沥青防水卷材适用于工业与民用建筑的屋面和地下防水工程。玻纤增强聚酯毡卷材可用于机械固定单层防水，但需通过抗风荷载试验。玻纤毡卷材适用于多层防水中的底层防水。外露使用应采用上表面隔离材料为不透明的矿物粒料的防水卷材。地下工程防水应采用表面隔离材料为细砂的防水卷材。

三、合成高分子防水卷材

随着合成高分子材料的发展，出现了以合成橡胶、合成树脂为主的新型防水卷材——合成高分子防水卷材。合成高分子防水卷材是以合成橡胶、合成树脂或它们两者的共混体为基料，再加入硫化剂、软化剂、促进剂、补强剂和防老剂等助剂和填充料，经过密炼、拉片、过滤、挤出（或压延）成型、硫化、检验和分卷等工序而制成的可卷曲的片状防水卷材。合成高分子防水卷材可分为加筋增强型和非加筋增强型两种。

（一）聚氯乙烯防水卷材

聚氯乙烯防水卷材是以聚氯乙烯为主要原料，并且加入适量的填充料、增塑剂、改性剂、抗氧剂、紫外线吸收剂等，经过捏合、塑合、压延成型（或挤出成型）等工序加工而成的。聚氯乙烯防水卷材具有拉伸强度高、伸长率较大、耐高低温性能较好的特点，而且热熔性能好，卷材接缝时，既可采用冷粘法，也可以采用热风焊接法，使其形成接缝黏结牢固、封闭严密的整体防水层。

1．聚氯乙烯防水卷材的技术要求

根据《聚氯乙烯防水卷材》（GB 12952—2011）的规定，聚氯乙烯（PVC）防水卷材的技术要求如下：

（1）聚氯乙烯（PVC）防水卷材长度、宽度不小于规定值的 99.5%，厚度不应小于 1.20mm，厚度允许偏差和最小单值见表 10-7。

表 10-7　聚氯乙烯（PVC）防水卷材厚度允许偏差和最小单值

厚度/mm	允许偏差/%	最小单值/mm
1.20	－5，＋10	1.05
1.50		1.35
1.80		1.65
2.00		1.85

（2）聚氯乙烯（PVC）防水卷材外观要求见表 10-8。

表 10-8　聚氯乙烯（PVC）防水卷材外观要求

序号	项　目	外观要求
1	卷材接头	卷材的接头不应多于一处，其中较短的一段长度不应少于 1.5 m，接头应剪切整齐，并加长 150 mm
2	卷材表面	卷材表面应平整，边缘整齐，无裂纹、孔洞、黏结、气泡和疤痕

（3）聚氯乙烯（PVC）防水卷材的性能应符合表 10-9 的规定。

表 10-9　聚氯乙烯（PVC）防水卷材性能指标

序号	项　目		指标				
			H[①]	L[①]	P[①]	G[①]	GL[①]
1	中间胎基上面树脂层厚度/mm		—			≥0.40	
2	拉伸性能	最大拉力/（$N\cdot cm^{-1}$）	—	≥120	≥250	—	≥120
		拉伸强度/MPa	≥10.0	—	—	≥10.0	—
		最大拉力时伸长率/%	—	—	≥15	—	—
		断裂伸长率/%	≥200	≥150	—	≥200	≥100

续表

3	热处理尺寸变化率/%		≤2.0	≤1.0	≤0.5	≤0.1	≤0.1
4	低温弯折性		- 25 ℃无裂纹				
5	不透水性		0.3 MPa，2 h 不透水				
6	抗冲击性能		0.5 kg·m，不渗水				
7	抗静态荷载②		—	—	20 kg 不渗水		
8	接缝剥离强度/（$N\cdot mm^{-1}$）		≥4.0 或卷材破坏		≥3.0		
9	直角撕裂强度/（$N\cdot mm^{-1}$）		≥50	—	—	≥50	—
10	梯形撕裂强度/N		—	≥150	≥250	—	≥220
11	吸水率（70℃×168 h）/%	浸水后	≤4.0				
		晾置后	≥－0.40				
12	热老化（80 ℃）	时间/h	672				
		外观	无起泡、裂纹、分层、黏结和孔洞				
		最大拉力保持率/%	—	≥85	≥85	—	≥85
		拉伸强度保持率/%	≥85	—	—	≥85	—
		最大拉力时伸长率保持率/%	—	—	≥80	—	—
		断裂伸长率保持率/%	≥80	80	—	≥80	≥80
		低温弯折性	-20℃无裂纹				
13	耐化学性	外观	无起泡、裂纹、分层、黏结和孔洞				
		最大拉力保持率/%	—	≥85	≥85	—	≥85
		拉伸强度保持率/%	≥85	—	—	≥85	—
		最大拉力时伸长率保持率/%	—	—	≥80	—	—
		断裂伸长率保持率/%	≥80	≥80	—	≥80	≥80
		低温弯折性	-20℃无裂纹				
14	人工气候加速老化④	时间/h	1 500③				
		外观	无起泡、裂纹、分层、黏结和孔洞				
		最大拉力保持率/%	—	≥85	≥85	—	≥85
		拉伸强度保持率/%	≥85	—	—	≥85	—
		最大拉力时伸长率保持率/%	—	—	≥80	—	—
		断裂伸长率保持率/%	≥80	≥80	—	≥80	≥80
		低温弯折性	- 20℃无裂纹				

注：①代号 H 指均质卷材，代号 L 指纤维背衬卷材，代号 P 指织物内增强卷材，代号 G 指玻璃纤维内增强卷材，代号 GL 指玻璃纤维内增强带纤维背衬卷材。

②抗静态荷载仅对用于压铺屋面的卷材要求。

③单层卷材屋面使用产品的人工气候加速老化时间为 2 500 h。

④非外露使用的卷材不要求测定人工气候加速老化。

（4）采用机械固定方法施工的单层屋面卷材，其抗风揭能力的模拟风压等级应不低于 4.3 kPa。

2．聚氯乙烯防水卷材的应用

聚氯乙烯防水卷材适用于大型屋面板、空心板作防水层，亦可作刚性层下的防水层及旧建筑物混凝土构件屋面的修缮，以及地下室或地下工程的防水、防潮，水池、储水槽及污水处理池的防渗，有一定耐腐蚀要求的地面工程的防水、防渗。

（二）三元丁橡胶防水卷材

三元丁橡胶防水卷材（简称三元丁卷材）是以三元乙丙橡胶为主要原料，掺入适量的丁基橡胶、硫化剂、促进剂、增塑剂、填充剂（如炭黑）等助剂，经密炼、滤胶、切胶、压延、挤出、硫化等工序合成的可卷曲的高分子橡胶片状防水材料。三元丁橡胶防水卷材具有质量轻、弹性大、耐高低温、耐化学腐蚀及绝缘性能好等特点，用其维修旧的油毡屋面，可以不拆除原防水层而直接粘贴该卷材，施工方便，工程造价也较低。

1．三元丁橡胶防水卷材的技术要求

根据《三元丁橡胶防水卷材》（JC/T 645—2012）的规定，三元丁橡胶防水卷材的技术要求如下：

（1）三元丁橡胶防水卷材尺寸允许偏差应符合表 10-10 的规定。

表 10-10　三元丁橡胶防水卷材尺寸允许偏差

序号	项　目	允许偏差
1	厚度/mm	±0.1
2	长度/m	不允许出现负值
3	宽度/mm	不允许出现负值

注：1.2mm 厚规格不允许出现负偏差。

（2）三元丁橡胶防水卷材外观质量要求见表 10-11。

表 10-11　三元丁橡胶防水卷材外观质量要求

序号	项　目	外观质量要求
1	成卷卷材	成卷卷材应卷紧卷齐，端面里进外出不得超过 10 mm；成卷卷材在环境温度为低温弯折性规定的温度以上时应易于展开
2	卷材表面	卷材表面应平整，不允许有孔洞、缺边、裂口和夹杂物
3	卷材接头	每卷卷材的接头不应超过一个。较短的一段不应少于 2 500 mm，接头处应剪整齐，并加长 150 mm。一等品中，有接头的卷材不得超过批量的 3%

（3）三元丁橡胶防水卷材物理力学性能应符合表 10-12 的规定。

表 10-12 三元丁橡胶防水卷材物理力学性能指标

序号	产品等级		一等品	合格品
1	不透水性	压力/MPa	≥0.3	
		保持时间/min	≥90，不透水	
2	纵向拉伸强度/MPa		≥2.2	≥2.0
3	纵向断裂伸长率/%		≥200	≥150
4	低温弯折性（－30 ℃）		无裂纹	
5	耐碱性	纵向拉伸强度的保持率/%	≥80	
		纵向断裂伸长率的保持率/%	≥80	
6	热老化处理	纵向拉伸强度保持率（80±2 ℃，168 h）/%	≥80	
		纵向断裂伸长率保持率[（80±2 ）℃，168 h]/%	≥70	
7	热处理尺寸变化率[（80±2） ℃，168 h]/%		≤－4，≤＋2	
8	人工气候加速老化27周期	外观	无裂纹，无起泡，不黏结	
		纵向拉伸强度的保持率/%	≥80	
		纵向断裂伸长率的保持率/%	≥70	
		低温弯折性	－20℃，无裂缝	

2．三元丁橡胶防水卷材的应用

三元丁橡胶防水卷材适用于工业与民用建筑及构筑物的防水，尤其适用于寒冷及温差变化较大地区的防水工程。

（三）氯化聚乙烯-橡胶共混防水卷材

氯化聚乙烯—橡胶共混防水卷材以氯化聚乙烯为主要材料，以橡胶为共混改性材料，按适当的比例，并掺入适量的硫化剂、促进剂、稳定剂、填充料等，经过塑炼、混炼、过滤、压延和硫化等工序加工而制成。

氯化聚乙烯—橡胶共混防水卷材不但具有氯化聚乙烯所特有的高强度和优异的耐臭氧、耐老化性能，而且具有橡胶类材料的高弹性、高伸长性以及良好的低温柔韧性能。

1．氯化聚乙烯—橡胶共混防水卷材的技术要求

根据《氯化聚乙烯—橡胶共混防水卷材》（JC/T 684—1997）的规定，氯化聚乙烯—橡胶共混防水卷材的技术要求如下：

（1）氯化聚乙烯—橡胶共混防水卷材外观质量要求如下：

①表面平整，边缘整齐。

②表面缺陷应不影响防水卷材使用，并符合表 10-13 的规定。

表 10-13　氯化聚乙烯-橡胶共混防水卷材外观质量要求

序号	项　　目	质量要求
1	折痕	每卷不超过 2 处，总长不大于 20 mm
2	杂质	不允许有大于 0.5mm 颗粒
3	胶块	每卷不超过 6 处，每处面积不大于 4mm2
4	缺胶	每卷不超过 6 处，每处不大于 7 mm^2，深度不超过卷材厚度的 30%
5	接头	每卷不超过 1 处，短段不得小于 3 000 mm，并应加长 150 mm 备作搭接

（2）氯化聚乙烯—橡胶共混防水卷材尺寸允许偏差应符合表 10-14 的规定。

表 10-14　氯化聚乙烯-橡胶共混防水卷材尺寸允许偏差

厚度允许偏差/%	宽度与长度允许偏差
＋15 −10	不允许出现负值

（3）氯化聚乙烯-橡胶共混防水卷材物理力学性能应符合表 10-15 的规定。

表 10-15　氯化聚乙烯-橡胶共混防水卷材物理力学性能

序号	项　　目		指　　标	
			S 型	N 型
1	拉伸强度/MPa		≥7.0	≥5.0
2	断裂伸长率/%		≥400	≥250
3	直角形撕裂强度/（$kN\cdot m^{-1}$）		≥24.5	≥20.0
4	不透水性，30min		0.3 MPa 不透水	0.2 MPa 不透水
5	热老化保持率[（80±2）℃，168 h]	拉伸强度/%	≥80	
		断裂伸长率/%	≥70	
6	脆性温度		≤-40 ℃	≤-20 ℃
7	臭氧老化 500 pphm，168 h×40 ℃，静态		伸长率 40%无裂纹	伸长率 20%无裂纹
8	黏结剥离强度（卷材与卷材）	/（$kN\cdot m^{-1}$）	≥2.0	
		浸水 168 h，保持率/%	≥70	
9	热处理尺寸变化率/%		≤＋1	≤＋2
			≤−2	≤−4

2．氯化聚乙烯—橡胶共混防水卷材的应用

氯化聚乙烯—橡胶共混防水卷材适用于屋面、地下室、水库、堤坝电站、桥梁、隧道、水池、浴室、排污管道等各种建筑防水工程，也适用于跨度较大的工业建筑，如厂房、冷库，屋面及高中层建筑，民用建筑等工程。

第三节　其他防水材料

一、防水涂料

防水涂料是一种流态或半流态物质，涂布在基层表面，经溶剂或水分挥发或各组分间的化学反应，形成有一定弹性和一定厚度的连续薄膜，使基层表面与水隔绝，起到防水、防潮作用。

防水涂料固化成膜后的防水涂膜具有良好的防水性能，特别适合于各种复杂、不规则部位的防水，能形成无接缝的完整防水膜。它大多采用冷施工，不必加热熬制，既减少了环境污染，改善了劳动条件，又便于施工操作，加快了施工进度。此外，涂布的防水涂料既是防水层的主体，又是黏结剂，因而施工质量容易保证，维修也较简单。但是，防水涂料须采用刷子或刮板等逐层涂刷（刮），故防水膜的厚度较难保持均匀一致。因此，防水涂料广泛适用于工业与民用建筑的屋面防水工程、地下室防水工程和地面防潮、防渗等。

防水涂料按液态类型可分为溶剂型、水乳型和反应型 3 种；按成膜物质的主要成分可分为沥青类、高聚物改性沥青类和合成高分子类。

（一）防水涂料的性能

防水涂料的品种很多，各品种之间的性能差异很大，但无论何种防水涂料，要满足防水工程的要求，必须具备以下性能：

（1）固体含量。固体含量指防水涂料中所含固体比例。由于涂料涂刷后靠其中的固体成分形成防水涂膜，因此固体含量多少与成膜厚度及防水涂膜质量密切相关。

（2）耐热度。耐热度指防水涂料成膜后的防水薄膜在高温下不发生软化变形、不流淌的性能。它反映防水涂膜的耐高温性能。

（3）延伸性。延伸性指防水涂膜适应基层变形的能力。防水涂料成膜后必须具有一定的延伸性，以适应由于温差、干湿等因素造成的基层变形，保证防水效果。

（4）不透水性。不透水性指防水涂料在一定水压（静水压或动水压）和一定时间内不出现渗漏的性能。它是防水涂料满足防水功能要求的主要质量指标。

（5）柔性。柔性指防水涂料成膜后的膜层在低温下保持柔韧的性能。它反映防水涂料在低温下的施工和使用性能。

（二）沥青基防水涂料

沥青基防水涂料指以沥青为基料配制而成的水乳型或溶剂型防水涂料。这类涂料对沥青基本没有改性或改性作用不大，有冷底子油、沥青胶等。它主要适用于Ⅲ级和Ⅳ级防水等级的工业与民用建筑屋面、混凝土地下室和卫生间防水。

（1）冷底子油。冷底子油是用建筑石油沥青加入汽油、煤油、苯等溶剂（稀释剂）融合，或用软化点为 50～70 ℃的煤沥青加入苯融合而配成的沥青涂料。由于它一般在常温下用于防水工程的底层，故名冷底子油。冷底子油流动性能好，便于喷涂。施工时将冷底子油涂刷在混凝土砂浆或木材等基面后，能很快渗透进基面表面的毛细孔隙中，待溶剂挥发后，便与基面牢固结合，并使基面具有憎水性，为黏结同类防水材料创造了有利条件。若在这种冷底子油层上面铺热沥青胶称贴卷材时，则可使防水层与基层粘贴牢固。

冷底子油常用 30%～40%的石油沥青和 60%～70%的溶剂（汽油或煤油）混合而成，施工时随用随配。首先将沥青加热至 108～200 ℃，脱水后冷却至 130～140 ℃，并加入溶剂量 10%的煤油，待温度降至约 70 ℃时，再加入余下的溶剂搅拌均匀为止。储存时应采用密闭容器，以防溶剂挥发。

（2）沥青胶。沥青胶是用沥青材料加入粉状或纤维的矿质填充料均匀混合制成的。填充料主要有粉状，如滑石粉、石灰石粉、普通水泥和白云石等，还有纤维状，如石棉粉、木屑粉等，或用二者的混合物。填充料加入量一般为 10%～30%，由试验确定。加入适当的填充料可以提高沥青胶的黏结性、耐热性和大气稳定性，增加韧性，降低低温脆性，节约沥青用量。沥青胶主要用于粘贴各层石油沥青油毡、涂刷面层油、铺设绿豆砂、油毡面层补漏以及做防水层的底层等，它与水泥砂浆或混凝土都有良好的黏结性。

沥青胶的技术性能要符合耐热度、柔韧度和黏结力 3 项要求，见表 10-16。

表 10-16　沥青胶的质量要求

标号名称指标	S—60	S—65	S—70	S—75	S—80	S—85
耐热度	用 2 mm 厚的沥青玛蹄脂粘合 2 张沥青油纸，在不低于下列温度时，在 1∶1 坡度上停放 5 h 的玛蹄脂不应流淌，油纸不应滑动					
	60 ℃	65 ℃	70 ℃	75 ℃	80 ℃	85 ℃
柔韧性	涂在沥青油纸上的 2mm 厚的沥青玛蹄脂层，在（18±2）℃时，围绕下列直径的圆棒，用 2 s 的时间以均衡速度弯成半周，沥青玛蹄脂不应有裂纹					
	10 mm	15 mm	15 mm	20 mm	25 mm	30 mm
黏结力	将两张用沥青胶粘贴在一起的油纸慢慢地一次撕开，从油纸和沥青玛蹄脂的黏结面的任何一面的撕开部分，应不大于粘贴面积的 1/2					

沥青胶的配置和使用方法分为热用和冷用两种。热用沥青胶（热沥青玛碲脂）是将 70%～90%的沥青加热至 108～200 ℃，使其脱水后，与 10%～30%干燥填充料加热混合均匀后，热用施工；冷用沥青胶（冷沥青玛碲脂）是将 40%～50%的沥青熔化脱水后，缓慢加入 25%～30%的溶剂，再掺入 10%～30%的填充料，混合均匀制成的，在常温下施工。冷用沥青胶比热用沥青胶施工方便，涂层薄，节省沥青，但耗费溶剂。

（三）高聚物改性沥青防水涂料

高聚物改性沥青防水涂料指以沥青为基料，用合成高分子聚合物进行改性，制成水乳型或溶剂型防水涂料。这类涂料在柔韧性、抗裂性、拉伸强度、耐高低温性能、使用寿命等方面比沥青基涂料有很大的改善。其品种有再生橡胶改性沥青防水涂料、水乳型氯丁橡胶沥青防水涂料和 SBS 橡胶改性沥青防水涂料等，适用于Ⅱ、Ⅲ、Ⅳ级防水等级的屋面、地面、混凝土地下室和卫生间等的防水工程。涂膜厚度选用应符合表 10-17 的规定。

表 10-17　涂膜厚度选用表

屋面防水等级	设防道数	高聚物改性沥青防水涂料	合成高分子防水涂料
Ⅰ级	三道或三道以上设防	—	不应小于 1.5 mm
Ⅱ级	两道设防	不应小于 3 mm	不应小于 1.5 mm
Ⅲ级	一道设防	不应小于 3 mm	不应小于 2 mm
Ⅳ级	一道设防	不应小于 2 mm	—

（四）合成高分子防水涂料

合成高分子防水涂料指以合成橡胶或合成树脂为主要成膜物质制成的单组分或多组分的防水涂料。这类涂料具有高弹性、高耐久性及优良的耐高低温性能，品种有聚氨酯防水涂料、丙烯酸酯防水涂料、聚合物水泥涂料和有机硅防水涂料等。合成高分子防水涂料适用于Ⅰ、Ⅱ、Ⅲ级防水等级的屋面、地下室、水池及卫生间等的防水工程。涂膜厚度选用应符合表 10-17 的规定。

二、防水油膏

防水油膏是一种非定型的建筑密封材料，也称密封膏、密封胶、密封剂，它是溶剂型、乳液型、化学反应型等黏稠状的材料。防水油膏与被黏基层应具有较高的黏结强度，具备良好的水密性和气密性，良好的耐高低温性和耐老化性，以及一定的弹塑性和拉伸—压缩循环性能，以适应屋面板和墙板的热胀冷缩、结构变形、高温不流淌、低温不脆裂的要求，保证接缝不渗漏、不透气的密封作用。

防水油膏的选用，应考虑它的黏结性能和使用部位。密封材料与被黏基层的良好黏结，是保证密封的必要条件，因此，应根据被黏基层的材质、表面状态和性质来选择黏结性良好的防水油膏；建筑物中不同部位的接缝，对防水油膏的要求不同，如室外的接缝要求较高的耐气候性，而伸缩缝则要求较好的弹塑性和拉伸—压缩循环性能。

目前，常用的防水油膏有沥青嵌缝油膏、聚氯乙烯接缝膏和塑料油膏、丙烯酸类密封膏、聚氨酯密封膏和硅酮密封膏等。

（一）沥青嵌缝油膏

沥青嵌缝油膏主要用做屋面、墙面、沟和槽的防水嵌缝材料。使用沥青嵌缝油膏嵌缝时，缝内应洁净干燥，先刷一道涂冷底子油，待其干燥后即嵌填油膏。油膏表面可加石油沥青、油毡、砂浆、塑料作为覆盖层。

（二）聚氯乙烯接缝膏和塑料油膏

聚氯乙烯接缝膏和塑料油膏具有良好的黏结性、防水性、弹塑性，耐热、耐寒、耐腐蚀和抗老化性能也较好。它们可以热用，也可以冷用。热用时，将聚氯乙烯接缝膏或塑料油膏用文火加热，加热温度不得超过 140 ℃，达到塑化状态后，应立即浇灌于清洁干燥的缝隙或接头等部位。冷用时，加溶液稀释。

聚氯乙烯接缝膏和塑料油膏适用于各种屋面嵌缝或表面涂布作为防水层，也可用于水渠、管道等接缝，用于工业厂房自防水屋面嵌缝的效果也好。

（三）丙烯酸类密封膏

丙烯酸类密封膏在一般建筑基地上不产生污渍。它具有优良的抗紫外线性能，尤其是对于透过玻璃的紫外线。它的延伸性很好，初期固化阶段为 200%～600%，经过热老化、气候老化试验后达到完全固化时为：100%～350%。它在－34～80 ℃温度范围内具有良好的性能。

丙烯酸类密封膏比橡胶类便宜，属于中等价格及性能的产品。丙烯酸类密封膏主要用于屋面、墙板、门、窗嵌缝，但它的耐水性能不算太好，所以不宜用于经常泡在水中的工程，如不宜用于广场、公路、桥面等有交通来往的接缝中，也不用于水池、污水处理厂、灌溉系统、堤坝等水下接缝中。丙烯酸类密封膏一般在常温下用挤枪嵌填于各种清洁、干燥的缝内，为节省材料，缝宽不宜太大，一般为 9～15 mm。

（四）聚氨酯密封膏

聚氨酯密封膏一般用双组分配制，使用时，将甲乙两组分按比例混合，经固化反应成弹性体。聚氨酯密封膏的弹性、黏结性及耐气候老化性能特别好，与土壤的黏结性也很好，因此不需要打底。聚氨酯密封材料可以做屋面、墙面的水平或垂直接缝，尤其适用于游泳池工程。它还是公路及机场跑道补缝、接缝的好材料，也可用于玻璃、金属材料的嵌缝。

（五）硅酮密封胶

硅酮密封胶具有优异的耐热、耐寒性和良好的耐气候性，与各种材料都有较好的黏结性能，耐拉伸—压缩疲劳性强，耐水性好。

根据《硅酮建筑密封胶》（GB/T 14683 一 2003）的规定，硅酮建筑密封胶分为 F 类和 G 类两种类别。其中，F 类为建筑接缝用密封胶，适用于预制混凝土墙板、水泥板、大理石板的外墙接缝，混凝土和金属框架的黏结，卫生间和公路接缝的防水密封等；G 类为镶装玻璃用密封胶，主要用于镶嵌玻璃和建筑门、窗的密封。单组分硅酮密封胶是在隔绝空气的条件下将各组分混合均匀后装于密闭包装筒中；施工后，密封胶借助空气中的水分进行交联作用，形成橡胶弹性体。

三、防水粉

防水粉是一种粉状的防水材料。它是利用矿物粉或其他粉料与有机憎水剂、抗老化剂和其他助剂等采用机械力化学原理，使基料中的有效成分与添加剂经过表面化学反应和物理吸附作用，生成链状或网状结构的拒水膜，包裹在粉料的表面，使粉料由亲水材料变成憎水材料，达到防水效果。

防水粉主要有两种类型：一种以轻质碳酸钙为基料，通过与脂肪酸盐作用形成长链憎水膜包裹在粉料表面：另一种是以工业废渣（炉渣、矿渣、粉煤灰等）为基料，利用其中有效成分与添加剂发生反应，生成网状结构拒水膜，包裹在粉料表面。

防水粉施工时是将其以一定厚度铺于屋面，利用颗粒本身的憎水性和粉体的反毛细管压力，达到防水目的。在其上覆盖隔离层和保护层即可组成松散型防水体系。这种防水体系具有三维自由变形的特点，不会发生其他防水材料由于变形引起本身开裂而丧失抗渗性能的现象，但必须精心施工，铺洒均匀以保证质量。

防水粉具有松散、应力分散、透气不透水、不可燃、抗老化、性能稳定等特点，适用于屋面防水、地面防潮，地铁工程的防潮、抗渗等。它的缺点是露天风力过大时施工困难，建筑节点处理稍难，立面防水不好解决。如果解决这几方面的不足，或配以复合防水，提高设防能力，防水粉还是很有发展前途的。

本章小结

本章重点介绍了沥青材料、防水卷材的技术要求、主要类型及应用，并简单介绍了防水涂料、建筑密封材料的性能及应用。通过本章的学习，读者能辨别石油沥青与煤沥青；能根据工程特点选用防水材料；能根据相关标准对防水材料进行质量检测；能分析和处理施工中由于防水材料的质量等原因导致的工程技术问题。

复习思考题

1．什么是沥青材料？沥青按产源可分为哪些种类？

2．石油沥青的组分包括哪些？各组分的性能是什么？

3．满足防水工程的需要，防水卷材应具备哪些方面的性能？

4．与传统沥青防水卷材相比较，高聚物改性沥青防水卷材、合成高分子防水卷材各有什么优点？

5．防水涂料应具备哪些性能？应该如何选用？

参考文献

[1] 赵华伟．建筑材料应用与检测[M]．北京：中国建筑工业出版社，2011.6.

[2] 张晓翘，李福志．建筑材料[M]．北京：中央广播电视大学出版社，2012.5.

[3] 李东侠．建筑材料[M]．北京：北京理工大学出版社，2012.10.

[4] 谭平，张立，张瑞红．建筑材料[M]．北京：北京理工大学出版社，2013.8.

[5] 张涛．建筑材料[[M]．北京：科学出版社 2016.1.

[6] 本书编委会．施工现场材料管理[M]．北京：中国建筑工业出版社 2016.4.

[7] 李崇智，周文娟，王林．建筑材料[M]．北京：清华大学出版社 2014.6.

[8] 王培铭，王茹，张国防等．干混砂浆原材料及产品检测方法[M]．北京：中国建材工业出版社 2016.3.

[9] 张伟．著建筑材料管理[M]．北京：中国电力出版社 2016.3.

[10] 葛新亚．混凝土质量控制与检验[M]．北京：化学工业出版社 2016.3.

[11] 马立建．建筑材料[M]．北京：科学出版社 2016.2.

[12] 贾福根．土木工程材料[M]．北京：清华大学出版社 2016.2.